"十三五"江苏省高等学校重点教材

编号：2019-2-061

U0171401

工业工程专业新形态

"十三五"江苏省高等学校重点教

人 因 工 程

（第二版）

蔡启明　刘文杰　主编

科学出版社

北 京

内 容 简 介

本书系统介绍了人因工程的基本原理和影响生产生活效率的人、环境与人机系统的交互作用。全书分为概述、基础篇、应用篇和扩展篇四大部分，共 12 章。概述主要介绍人因工程的起源与发展、主要研究任务和研究方法；基础篇从人的因素（包括人的生理与心理、体力与脑力工作负荷、人体尺寸测量与作业姿势）与环境因素（包括微气候、照明、声音、色彩）两个维度，系统阐述人因工程所涉及的相关基础知识；应用篇主要关注两类核心装置（包括显示装置和操纵装置）的设计；扩展篇侧重于综合基础篇和应用篇的知识与方法，设计系统完整、功能宜人的人机总体体系。

本书适合作为高等院校管理科学与工程、工业工程等学科专业的本科教学用书，同时也可作为飞行器设计、飞行器环境与生命保障工程、民航机务工程等航空航天类专业的选修用书，以及相关工程技术与管理人员的参考用书。

图书在版编目（CIP）数据

人因工程 / 蔡啟明，刘文杰主编. —2 版. —北京：科学出版社，2020.8
工业工程专业新形态系列教材

ISBN 978-7-03-065016-0

Ⅰ. ①人⋯ Ⅱ. ①蔡⋯ ②刘⋯ Ⅲ. ①人因工程－高等学校－教材
Ⅳ. ①TB18

中国版本图书馆 CIP 数据核字（2020）第 075050 号

责任编辑：郝 静 / 责任校对：贾娜娜
责任印制：张 伟 / 封面设计：蓝正设计

科 学 出 版 社 出版
北京东黄城根北街 16 号
邮政编码：100717
http://www.sciencep.com

北京中科印刷有限公司 印刷
科学出版社发行 各地新华书店经销

*

2005 年 10 月第 一 版 开本：787×1092 1/16
2020 年 8 月第 二 版 印张：17
2023 年 11 月第五次印刷 字数：380 000

定价：52.00 元
（如有印装质量问题，我社负责调换）

前　　言

　　现代社会越来越重视人的因素，强调设计的生产生活系统应以人为本。人因工程主要是对人—机—环境综合体进行系统分析，利用先进科技知识、方法设计人机系统方案，使人获得舒适、安全、健康的工作环境，同时达到提高生产生活效率的目的。

　　人因工程具有学科交叉和应用性强的典型特征，为此本书主要突出如下特色：①在结构上突出教学的逻辑性，从概论到基础知识，再到实践应用以及扩展，由浅及深，便于师生开展教学；②在知识广度与深度上涵盖人因工程经典理论与方法，并适度补充航空航天人因工程特色内容，教材充分体现并兼顾通用性与适度专用性；③在内容上注重吸收国内外同类教材先进思想与最新研究成果，强调教学、科研与实践案例有机融合，力求全面提升学生综合素质与创新能力。

　　本书分为概述、基础篇、应用篇和扩展篇四大部分，共12章。

　　概述包括第1章，在简要介绍人因工程概念与特点的基础上，着重阐述其主要研究任务和研究方法，并全面归纳本学科的应用领域。

　　基础篇包括人的因素与环境因素两部分，人的因素涉及第2~5章，环境因素涉及第6~9。第2章围绕生理学知识，概述人的感觉与知觉、视觉、听觉以及其他感觉的主要机能及特征，为后续章节提供研究基础；第3章和第4章分别围绕人的体力工作与脑力工作，重点描述两种工作疲劳的测定方法，并提出消除疲劳的有效措施；第5章围绕人体三维尺寸和作业姿势，重点描述各种人体尺寸测量方法以及各类作业姿势，并应用人体测量开展作业椅和工作台设计；第6章针对微气候与气体环境因素，在介绍微气候主观感受指标和空气污染物来源与成分的基础上，重点分析微气候的影响与空气污染物的危害，提出改善微气候和防治空气污染的主要途径与措施；第7章和第8章分别面向照明因素和声音因素，简要介绍光与声音的基本物理量，分析环境照明和噪声对人体作业的影响，据此开展作业场所照明设计以及噪声控制；第9章围绕色彩因素，简述色彩的表示方法，分析色彩的生理与心理效应，并指明色彩的具体应用。

　　应用篇包括第10章和第11章。第10章围绕视觉显示装置，结合其主要种类与选择依据，阐述各类视觉显示装置（包括模拟显示器、信号、显示屏、图形符号以及听觉传示装置）的设计；第11章则围绕操纵装置，介绍操纵装置的主要类型及其特征，重点开展手动控制器和脚动控制器的设计。

扩展篇包括第 12 章。第 12 章围绕人机总体系统，简明介绍人机系统总体设计的概念与主要程序，着重阐述人机总体系统的设计方法与评价方法。

本书由南京航空航天大学经济与管理学院管理科学与工程系蔡启明教授和刘文杰教授编写。在编写过程中，学院研究生刘静、王思雨以及工业工程 0916101 班（卓越工程师班）全体本科生做了大量的资料收集和整理工作，在此表示深深的感谢！

限于作者水平，书中不妥之处在所难免，诚请广大读者批评指教，本书的作者愿和各位一起为工业工程技术在中国的发展做出贡献！

作 者

2020 年 3 月

目　　录

第一篇　概　　述

第二篇　基　础　篇
人　的　因　素

第四篇　扩　展　篇

第一篇

概　述

第1章

人因工程概述

随着人类科技文明的不断发展，林林总总的新产品、新设备以及新技术不断推陈出新。然而，很多产品以及技术的研发过程却未充分考虑人的因素（人因工程），这给人们的工作生活带来了诸多不便，造成工作生活效率不高、感觉不舒适，更有甚者带来了重大安全隐患，在一定程度上严重影响了社会的发展进步。

人因工程作为一门新兴的边缘交叉学科，它起源于欧洲、形成于美国，作为一门独立的学科已有60多年的历史。该学科的主要任务和使命是：深入分析与探究人、机器以及环境三者之间的相互作用机理，使所设计的机器与环境系统以及所研发的新技术适合人的生理、心理特征，从而在生产生活中达到切实保障安全与健康和全面提升效率与舒适性的主要目的，进而推动和促进产品研发与科技应用朝着更有利于人类运用的方向发展。

1.1 人因工程的命名与定义

1.1.1 人因工程的命名

关于人因工程，不同国家和地区有着不尽相同的命名。

（1）工效学（ergonomics）：以英国为代表的西欧学术界广泛使用"ergonomics"来命名这门新兴的学科。"ergonomics"一词来自希腊文，"ergos"意指工作，"nomos"意指规律，是波兰雅斯特莱鲍夫斯基教授于1957年首先提出来的。他认为该词便于各国语言翻译上的统一，而且能够保持中立性，不显露组成学科的亲密疏间。因此，该名词被国际性的工效学会会刊采用。日本和苏联均沿用西欧的称谓，日语译为"人间工学"，俄语音译为"Эргономика"。

（2）人类因素（human factors）和人类工程学（human engineering）：美国科学界与工程界对这门学科一般称谓"人类因素"和"人类工程学"，有时也称"工程心理学"（engineering psychology）或"应用实验心理学"（applied experimental psychology）。它更侧重于从人类因素的角度和心理学角度来说明这门学科的理念与深意。

我国的人因工程从西方引入，由于受各个流派的影响，所译的名称也不完全一致，如"工效学""人机学""人机工程学""人体工程学""人类工程学"等。我国过去常用"工效学"这个名称。近年来，随着认识能力的提高和学科发展，"人因工程"作为这门科学的一般称谓已经被国内学术界和工程界接受。

1.1.2　人因工程的定义

由于该学科在各国的发展过程不同，实际应用侧重点亦不相同。因此，国内外学者和研究机构对于人因工程给出了各自的定义。

Chapanis（1985）对人因工程的定义为：旨在发掘人类行为、能力、限制和其他特性等知识，并将这些知识应用于产品、工具、机器、系统、工作和环境的设计与改善，使得人们在工作和生活中与事（工作）、物（产品、工具、机器）、环境（系统与空间环境）均有和谐之关系。它不但要避免人员伤害、疲劳等不安全、不健康的事情发生，更要提升工作生活的效率性、舒适性与人员的主观满意度。

Sanders 和 McCormick（1987）对人因工程的定义为：旨在发现关于人类行为，能力、限制和其他特性等知识，并将这些知识应用于工具、机器、系统、任务、工作和环境等的设计，使人类对于它们的使用更具生产力、安全、舒适和有效果。

Charles. C. Wood（美国人因工程专家）对人因工程的定义为："设备的设计适合人各方面因素，以便在操作上付出最小代价而求得高效率。"

W. B. Woodson 对人因工程的定义为："人与机器相互关系的合理方案，亦即对人的知觉显示、操纵控制、人机系统的设计及其部署和作业系统的组合等进行有效研究，其目的在于获得最高的效率和作业时感到安全和舒适。"

A. Chapanis（美国著名人因工程和应用心理学家）对人因工程的定义为："人因工程是在机械设计中考虑如何使人获得操作简便而又准确的一门科学。"

苏联对人因工程的定义为："研究人在生产过程中的可能性、劳动活动方式、劳动的组织安排，从而提高人的工作效率，同时创造舒适和安全的劳动环境，保障劳动者的健康，从而使人从生理上和心理上得到全面发展的科学。"

国际人因工程联合会对人因工程的定义为："研究人在某种工作环境中的解剖学、生理学和心理学等方面的各种因素；研究人和机器及环境的相互作用条件下，在工作中、家庭生活中和休假时，怎样统一考虑工作效率，人的健康、安全和舒适等达到最优化的问题。"

我国在《中国企业管理百科全书》中对人因工程的定义为："研究人和机器、环境的相互作用及其合理结合，使设计的机器和环境系统适合人的生理、心理等特点，达到在生产中提高效率、安全、健康和舒适的目的。"

尽管各国学者和研究机构对人因工程所下的定义不同，但在以下两个方面却是保持一致的：一是人因工程的研究对象是人与广义环境的相互关系（包括生理的、心理的）；二是人因工程的研究目的是如何达到安全、健康和舒适以及工作效率的最优化。

1.1.3　人因工程的特点

作为一门工程技术学科，人因工程不同于其他一般工程技术学科，其具有如下主要特点。

（1）学科的目标是以人为中心的，强调人的健康性、舒适性和作业的安全性、有效性。

（2）必须意识到个体在能力和限制上的差异，并且充分考虑到这些差异对各种设计可能产生的影响。

（3）强调设计过程中经验数据和评价的重要性，依靠科学办法，使用客观数据去检验假设，推出人类行为方式的基础数据。

（4）用系统观点考虑问题，意识到事物、过程、环境和人都不是独立存在的。

针对上述特点，在学习和研究过程中，需要特别注意避免以下情况的发生。

（1）人因工程不只是基于表格数据和一些指标来进行设计。实践中，人因工程师要制定和使用列表与指标，但这并不是工作的全部意义。如果使用不当，同样不能设计出好的产品。一些设计中非常重要的因素、具体的应用和思想方法是不可能通过列表或指标得到的。

（2）人因工程不是以设计者本身作为设计物品时的模型。对设计师而言，成熟的工作程序并不能保证所有人都能成功地进行工作。人因工程师必须通过研究个体差异，从而在为用户设计产品时考虑到不同的个体特征。

（3）人因工程不只是普通常识。从某种程度上来说，应用常识也能够改进设计，而人因工程远不止这些。譬如，警示标志上的文字要多大才能保证在一定距离就可以看到？如何选择报警声，使它能够不受其他噪声的干扰？这些都是简单的常识做不到的，常识也测不出驾驶员对报警灯和汽笛的反应时间。

1.2　人因工程的起源与发展

1. 人因工程的起源

1）考虑体力劳动疲劳的工作效率提升发展阶段（19世纪80年代至第一次世界大战期间）

自从人类诞生以来，就存在着人与工具、环境的关系。因此，随着人类的进步，便不断地改造工具、改造环境，以期安全、健康、舒适和工作效率达到优化。但研究一般是从各个分离的角度开展，或者只是着重于技术方面的研究，对于人与机器、工具、环境相互结合的研究甚少。直到工业革命时期，由于人们所从事的劳动在复杂程度上和负荷量上都发生了巨大变化，人们才开始综合起来探讨提高工作效率的问题。

1884 年，德国学者 A. 莫索（A. Mosso）第一个对人体劳动疲劳进行了研究。在人进行劳动时，将人体通以微电流，随着人体疲劳程度不同，电流也随之变化，通过变化的电流测量人体的疲劳程度。

1889 年，美国学者 F. W. 泰勒（Frederick W. Taylor）从提高工作效率的角度出发，对装卸工使用的铁铲的劳动效率进行了研究。他发现每次铲运的重量在 10 kg（22 lb）左右时，劳动效率最高，而不致引起过度疲劳。因此，便设计了许多大小不同的铁铲，以适应装卸不同的物料。在此之后，他还进行了搬运生铁的工效研究，制定每次的搬运量、搬运速度、休息时间，使作业者大大发挥劳动潜力，从而提高工效。

1911 年，吉尔布雷斯（Frank B. Gilbreth）对某建筑公司工人砌砖作业进行了研究，通过去掉砌砖动作中的无效动作，提高了工作效率，使砌砖效率由过去每小时 170 块提高到每小时 350 块。

第一次世界大战期间，为了提高劳动生产率，英国首先成立了工业疲劳研究所，研究如何安排工作和休息时间，才能达到既减轻疲劳又提高工效的目的。

2）开始重视人机交互影响和心理感受的人因工程初中级发展阶段（第二次世界大战期间至 20 世纪 80 年代）

第二次世界大战期间，一些国家（特别是美国）大力发展高效能和大威力的新式武器装备。由于片面地注重了工程技术方面的研究，忽视了对使用者操作能力的研究和训练，因此常常遭到失败。以飞机为例，由于座舱及仪表的显示位置设计不当，驾驶员误读、误操作而发生失事，或战斗时操作不灵活、命中率降低等现象不时出现。分析其原因可归结为两点：一是显示、控制仪器的设计没有充分考虑人的生理特性、心理特性，致使仪器的设计和配置不当，不能适应人的要求；二是操作人员缺乏训练，不能适应复杂机器系统的操作要求。这些原因引起了决策者和工程师的高度重视。工程师开始认识到"人的因素"在设计中是一项不能忽视的重要条件。要设计一个好的现代化设备，只具备工程技术知识是远远不够的，还必须具备生理和心理等其他学科方面的知识，于是形成了一门新兴的边缘学科——人因工程。

第二次世界大战后，机械化、自动化和电子化进一步发展。人的因素在生产中的影响越来越大，人与机器的关系扩大为人与广义环境的关系，从而促进了人因工程的进一步发展。1949 年，在以马列尔为首的英国学者倡导下，成立了第一个"工效学研究会"，把解剖学家、生理学家、心理学家、工业卫生学家、设计工程师、工作研究设计师、建筑师、照明工程师等一切与劳动行为有关的科技人员集中起来，共同研究如何提高工作效率的问题。然而，在 20 世纪四五十年代，人因工程的发展并不快，主要因为战后各国忙于恢复经济，不可能对机器设备进行根本性的更新换代。人因工程的任务只是对旧机器设备进行小改变。到了 20 世纪 60 年代之后，欧美各国进入大规模的经济发展时期，科学技术日新月异，特别是国防科技与尖端科学的需要，使人因工程随之得到充分的发展。例如，宇宙航行的出现，就为人因工程提出了失重情况下如何操作，如何解决失重情况下人的生理和心理感觉等方面的新问题。

3）融合神经科学和实验心理学的人因工程高级发展阶段（20世纪90年代至今）

自20世纪90年代以来，人因工程在工农业生产、航空航天、生物医学等诸多领域得以广泛应用。特别是进入21世纪以来，随着我国大飞机和载人航天等重大工程的深入开展，结合神经科学和实验心理学的人因工程研究不断涌现。譬如，在载人航天工程中，由于恶劣而复杂的舱外环境，开展基于脑电控制的舱外机器人研究与设计对于完成宇航员高危舱外工作具有重要意义。因此，人因工程研究全面进入高级发展阶段。

2. 世界主要国家人因工程的发展概况

人因工程在美国、苏联、日本以及西欧各国都得到了广泛的应用。目前各国都十分重视人因工程的研究，几乎所有工业发达国家都建立和发展了这门科学。

1）西欧国家人因工程发展情况

英国是欧洲研究人因工程最早的国家，早在1949年就成立了人因工程研究会。该会1957年发行了会刊 *Ergonomics*。该会刊由英国剑桥大学心理研究所（Psychological Laboratory）的A. T. Welford担任主编，该会刊目前已成为国际性刊物。法国、德国、荷兰、瑞士和瑞典等国的代表也参加了该会刊的编辑委员会。著名的伯明翰大学（University of Birmingham）开设了人因工程课程，它们有完善的实验室，并对社会承担咨询和研究任务。1961年在瑞典斯德哥尔摩举行了第一次国际人因工程会议，并成立了国际人因工程联合会，简称IEA（The International Ergonomics Association）。该联合会现已有近20个分会，在30多个国家设有专门机构，每3年举行一次学术交流会。人因工程已被广泛地应用到国民经济的各个部门。例如，Wilkinson在1978年研究分析了不同类型的轮班工作和时区转变对人体的影响；Haslegrave在1980年提供了英国汽车司机的详细人体测量资料；Mcleod、Poulton、DuRoss和Lewis在1980年提出了船舶运动对于手的控制工作影响的报告。

2）苏联和东欧人因工程发展情况

苏联和东欧经济互助委员会成员国的工效学研究是以协作方式进行的。苏联侧重于工程心理学方面的研究，它们认为工程心理学是人因工程的主要基础学科之一，人因工程是工程技术学科的联系纽带。经济互助委员会把"探讨人因工程标准和要求的科学原理"问题列入经互会的协作规划之中。该计划规定要研究劳动条件适宜化问题，"人—机—环境"系统的最优化问题，自动控制系统的设计、制造和维修的人因工程问题，信息显示手段的人因工程问题，产品的人因工程标准问题等。其中特别把人因工程的方法论研究提到首要地位。此外，还规定编拟产品设计的人因工程目录手册，以及与经济学、社会学等各方面专家协作把人因工程研究成果用于提高社会经济效益等方面的问题。苏联在人因工程标准的研究方面有显著成就，其中有20多项标准得到国家标准局批准列入"技术水平与产品质量卡"。

3）美国和日本人因工程发展情况

美国是人因工程研究最发达的国家，于1957年成立人因工程组织——人类因素学会（Human Factors Society），该学会除了发行会刊外，还有不少专利文献。美国是世界上发行人因工程书刊最多的国家。美国的人因工程研究机构大部分设在各大学，哈佛大学、麻省理工学院、俄亥俄州立大学等都设有专门的研究机构；另一部分设在海、陆、空军事部门，主要服务对象是国防工业，其次才是其他部门。美国的人因工程研究，主要是以人机系统为主。因此，美国把这门学科命名为"人类工程学"。

日本的人因工程研究起步于 20 世纪 60 年代前后，着力引进世界各国人因工程方面的理论和实践经验，特别是欧美的经验，并逐步改造成自己的"人间工学"，广泛应用于工业、交通运输和国防等诸方面。目前日本人因工程学会已有近 10 个地方分会，大约每年出版 6 期刊物，每年举行一次年会和全体会议。该学会下设专业委员会，从事服装、航空、城市、环境、护理、康复、观察与测量、生产体系等多方面的人因工程研究。会员中从事工程技术方面的人数最多，其次是医学方面、心理学家、设计师、生物学家和社会科学家。日本人因工程着重从系统论的角度看待人，把人看作系统的一部分去研究，如体内平衡（homeostasis）、双重控制系统、双重反馈系统、适应性、同步性、从技术系统到人机系统；对注意水平、紧张水平和意识水平的控制；系统平衡功能，失去组织性，失去功能的可能性；激励与情绪对系统功能的影响，习惯性，多余性，错误与失误，语言系统等。力图研究出一套技术手段来提高人本身的能力。诸如防止注意水平与意识水平降低的对策，预测人的工作成效的对策，防止人的错误的对策，充实人的自信的对策，防止人的疏忽大意的对策，提高人的思维能力的对策，用机器人代替人的对策等。

4）我国人因工程发展情况

我国的人因工程研究主要从 20 世纪 50 年代前后开始，如陈立在机械业（南口）和纺织业（南通）进行关于工作环境等方面的研究。1966 年后，由于工业发展的需要，在机械制造、炼钢工业、纺织工业进行了改进操作方法、技工培训、防止事故等研究。60 年代由于我国工程建设的需要，又开展了对铁路、水电站中央控制台的信号显示，建筑工程中工业厂房的照明标准，以及仪表工业中表盘刻度，航空方面的选拔、训练和飞行错觉等研究。70 年代后期为协助促进国防及工业现代化，正式使用人因工程名称进行了有关方面的研究。1980 年，机械工业系统成立了工效学会。许多研究人员在人因工程研究方面取得了大量成果。例如，杨公侠、池根兴、江厥中（同济大学）、俞文钊（华东师范大学）1981 年对仪表显示器的照度、对比度、色饱和度对检查速度的影响的研究，为改变电厂集中控制室的视觉环境提供了依据；徐联仓和凌文轮 1981 年把人因工程的原理应用于毛纺产品的检验工作，大大地提高了毛纺产品的质量；管连荣、高晶、徐联仓对不同车速下，司机对交通标志的辨认距离进行实验研究。

进入 21 世纪后，随着我国在高端交通装备（包括高铁、航空、大型军民用舰船）、航天工程、高端机床与工程机械、互联网与电子商务、物联网、智能制造等领域实现突飞猛进的发展，人因工程进一步获得企业界和学术界的高度重视，并在神经科学和实验心理学两大方向得到长足的发展，建立了具有中国特色的人因工程研究领域。

1.3 人因工程的研究任务与研究范围

1.3.1 人因工程的研究任务

研究表明，人的工作主要有三种类型：肌肉工作、感知工作和智能工作。现代化机器装备的使用，不仅仅在于代替肌肉工作延长人的体力，还在于设法代替人的感知和智能工作，事实上已经承担了部分人的脑力劳动。但是实践证明，无论效率多么高的机器装备，如果不能适应人的生理特性和心理特性就不会得到应有的效果。同理，一个现代化的生产系统乃至生活系统，要发挥其效能，也必须适应人的生理特性和心理特性。因为在生产系统或生活系统中，总是由人与机器设备和环境条件构成一个有机的综合体。在这个综合体中，人是主体。尽管电子计算机的应用，使人的智能工作部分地得到代替，但在感知方面，机器设备代替人的功能还比较困难。即使随着科学技术的发展，机器设备完全能够代替"三方面工作"，还存在把人的各种心理特点转移给机器设备的问题，即人始终是有意识地操纵机器和控制环境，这种主从关系决定了机器的设计、环境条件的控制必然适应人的特性。人因工程把人—机—环境综合体进行系统的分析研究，用人类创造的科学技术为这一综合体建立合理且又可行的实用方案，使人获得舒适、安全、健康的环境，力图提高人本身的能力，从而达到提高工效的目的。

1.3.2 人因工程的研究范围

人因工程的研究范围大致有以下几个方面。

（1）研究各种产品（包括各种工具、机器、交通工具、家庭用具、生活服务设施等）所应遵循的人因工程标准。

（2）研究人和机器的合理分工及其相适应的问题。进行人和机器潜力的分析对比；探讨人的反应、动作速度、动作范围与准确性的关系；人的工作负荷、能量消耗、疲劳因素与工作可靠性的关系；在采用新技术或设计新机器时，如何根据人的生理、心理特点，使机器操作系统适应于人或改变人的训练方法和水平，达到既创造适宜的操作条件又追求工作效率的目的。

（3）研究人在各种操作环境中的工作成效问题。例如通过感知觉方面的色彩视觉、信号觉察、字形辨认、图形识别、时间知觉、时间估计的研究；人—计算机系统的职业设计；人使用计算机时的工作成效及其影响因素；系统反应时间（system reaction time，SRT）、记忆负荷（memory load，ML）对问题解决行为的影响等，掌握人的生理和心理过程的规律性，确定如何发挥人的效能问题。

（4）研究人对环境机制的生理、心理反应，为人创造舒适、安全、健康的作业（生活）环境。例如，人对工业噪声的反应、评价和防护；对空气污染的反应、评价和防护；对工作环境的"气候"反应、评价和改善，以及确定工作环境的综合治理等问题。

（5）研究人—机—环境系统的组织原则。根据人的生理、心理特征，阐明对机器、技术、作业环境和劳动轮班与休息制度的要求等，使操作者感到舒适，并能提高工效。

1.4　人因工程的研究内容与研究方法

1.4.1　人因工程的研究内容

1. 基础研究

为了设计制造最合适人体的机械装置，首先必须积累关于人的心理、生理特征与能力界限等方面内容的基础数据：如以身长、眼高、坐高、腕长等为主要指标的各种人体形体测量值，单手、两腕、双足、全身等动作的空间范围的测定，以及身体其他各部位的动作速度、正确度、方向等运动能力的测定。此外还有关于疲劳成因，在特殊环境下的应激反应特征等，这些都属于基础研究的范围。

2. 机械及装置类的研究

这些研究的内容包括使人能够正确而迅速地获得知觉的测试仪表、警报、信号，尤其是计算机和人的信息交换方式与传输途径，以及使人能够正确地进行操纵的控制装置的研究。按感觉器官的分类可以把这方面的内容分为以下几种。

（1）视觉显示。视觉显示包括开窗、刻度、屏幕、标志、指示灯形式、记号的选择，尺度单位、指针文字、数码的形状与可识别性（区分的容易程度）、注目性（是否引人注意）、可读性（阅读的容易程度）、联想性（是否易于联想其他事物）等。

（2）听觉显示。听觉显示比视觉显示有利的地方在于其非主动性（对人而言）即使人们主观上不朝向某个方向，也能够从该方向感受到声音，并能像视觉那样从背景（声音）中提取要获得的信息（声音）。当听觉显示与视觉显示综合在一起时，能使系统的信息传递效果增强。声音的传播方式、方法，报警及信号的方式，背景信号的控制（噪声也是机械装置中一种背景信号）等，都是研究对象。

（3）控制装置。无论什么样的作业，都要用到手，有的还要用脚，为此需设计制造与人的手及脚衔接的控制器，故按钮、旋钮、把柄、方向盘，操纵杆、脚踏板的形状、大小、位置等也是研究的对象。20 世纪 50 年代用控制论理论研究人的操作动作，得到了有关人的传递函数的一系列参数及模型，对机械系统设计十分有价值，如机械手、机器人设计都应用了人因工程原理。

3. 环境条件的研究

这一类研究主要是工作场所、办公室等室内照明方式、温度湿度条件、防止噪声的措施、色彩调节等，同工作效率与劳动疲劳等有关的问题。这些研究过去一直是在劳动心理学、劳动防护学等领域进行的，而现代的研究工作者则把飞机、汽车、船舶等专业的各种人—机—环境系统的人因工程研究成果更广泛地推广到一般工业领域中而成为有特色的一个研究方面。

4. 衣服、家具之类的研究

国外把人因工程原理应用到人的日常生活领域中，近年来取得惊人发展。日本人间工学会中研究服装类的成员占第三位。此外，这种研究还深入家务劳动和住宅环境等方面。

（1）服装的研究。衣服穿着舒适、方便、安全，是军服设计中的首要指标，有时候还把衣服的外形、颜色作为安全防护的一个重要指标，但对于衣服的制造部门与供销部门来说，也许衣服的型号、分档却更为重要。型号是指按哪几种尺码、选择哪几个基本部位对衣服进行分类；分档是指进行分类的尺寸前后之间的距离。合适的型号与分档，必须按不同的年龄、不同的军兵种、不同的动作要求，对人体进行抽样，经过多元统计分析后才能得出。

（2）办公用品、家具。因为作业的姿势基本上是立或坐，因此要研究使人感到舒适的桌、椅、洗涤池、烹饪台，尤其是办公室座椅的形状。此外如火车、船舱中的卧铺、座椅、厕所的便器等都可以按人因工程原理加以改善。

5. 对人及其行为特性的研究

除了以上这些研究人的生理、心理特性、研究人—机—环境系统的有关影响之外，人因工程还必须研究另一个重要方面的内容，即对所有属于这一系统中的人的社会属性的研究。近代人类工效学注重研究社会的人而不仅仅是研究生物的人。如果人因工程的研究忽略了人际关系，那么即使有符合人的生理特性、心理特性的机械设备与作业环境，也可能并不会使工作效率有显著的提高。这方面的研究可以以管理知识为基础进行。

（1）人力资源与劳动组织的研究。要检查各项作业对人的要求，从而对人员的选拔、训练、配置方法进行研究。同时合理地安排劳动时间、休息制度、报酬分配，进一步对工作场所内的人群关系、行动规律、领导决策等方面进行研究，这些实际上一直是管理心理学或劳动心理学的主要研究课题。

（2）关于环境与行为的研究。在人因工程的研究者中，有不少是从事建筑学专业的，他们从居住者的立场出发去设计建筑物及构思建筑物的周围环境，并进一步考虑作为建筑物中居住者的人与他人之间的各种距离关系。这一研究就是所谓的"比较行为学"（ethology），在国外十分流行。过去，萨默（Sommer，R.）与豪罗威兹（Horowitz，M. J.）等写的专著《人的空间》，康特（Canter，D. V.）的关于"环境心理""建筑心理"的考虑方法等内容，现在正在人因工程中重新给予认识。在日本，这方面的研究也十分盛行。

1.4.2　人因工程的研究方法

1. 测量法

这是一种借助器械设备进行实际测量的方法，常用于人的生理特征方面的调查研究。例如，为了设计操作面，需要确定手臂的活动范围，可以将人群按一定年龄分组，选取一定的样本进行测量，以此作为设计机器装置操作面和操作空间布置的依据。

2. 个体或小组测试法

研究人员根据特定的研究内容，事先设计详细的调查表，对典型生产环境（非人为制造的）中的工人进行调查，包括像智力测验那样的书面问答项目和一些客观的测试，收集工人在特定环境中的反应和表现，如完成某项操作所花费的时间，以及人的生理、心理指标的测试结果等，分析其产生的差异、原因或隶属哪一类人群。

3. 抽样测试法

该法基本与个体测试法相同，都是被测试者处于典型环境中，研究人员记录他们的表现和反应及测试结果，然后进行分析的方法。其不同之处在于被测试者是通过对人群随机抽样或分层抽样选取的样本。因此，分层原则、各层的样本数目，将直接影响分析结果。

4. 询问法

调查人通过与被调查人的谈话，评价被调查人对某一特定环境的反应。通常调查人在进行谈话前要做仔细的准备，包括询问的问题、先后次序、具体提法等。询问法的效果取决于谈话双方之间是否建立了友好关系。询问法需要具备高超的技巧和丰富的经验。调查人对所调查的问题须采取绝对中立的态度，同时又必须对被调查人热情关心。这种方法能帮助被调查人整理思路，对了解被调查人过去没有认真考虑过的行为特别有效。

5. 实验法

实验法就是在人为设计的环境中，测试实验对象的行为或反应。人的行为或反应往往由许多因素决定，如果能够控制某些主要因素，就会使我们能更好地理解实验对象的行为表现。例如，观察者对仪表示值的误读率与仪表显示的亮度、对比度、仪表指针和表盘的形状、观察距离、观察者的疲劳程度和心情等有关。因此，通过考察亮度、对比度、距离、指针和表盘形状等可控因素与误读率的关系并以此作为标准，设计出可靠、高效的操作条件。依实验时可控变量的多少，实验可分为单变量实验和多变量实验。由于多变量实验的各个因素的效应之间存在着非线性关系，因此解释起来比较困难，这就需要通过统计学方法把各因素的效应区分开来，但有时统计学方法也无能为力。

6. 观察分析法

该方法是通过观察、记录自然环境中被调查者的行为表现、活动规律，然后进行分析的方法，其技巧在于观察者能客观地观察并记录被调查者的行为而不加任何干扰。观察法可以让被调查者事先知道被观察的内容，也可以不让被调查者知道被观察的内容；观察可以公开地进行，也可以秘密地进行。采用的形式取决于调查内容和目的，有时还可以借助摄影或录像等手段。

7. 系统分析评价法

系统分析评价法的系统性，体现为人因工程将人—机—环境系统作为一个综合系统来考虑。例如，考察其系统的可靠性，不仅仅考虑一定环境条件下的机械设备的可靠性，还应考虑操作者操作的可靠性。因为任何系统的运行过程中，都要与操作者的操作（控制）相联系。因此，系统的可靠性还取决于操作者的技术熟练程度及机械设备是否适合于操作者的操作。国际人因工程联合会认为，进行人—机—环境系统的分析评价应包括作业者的能力、心理、方法及作业环境等诸方面的因素。

（1）作业场所的分析。分析作业场所的宽敞程度，有否影响作业者活动的因素，能否方便作业者的观察和操作。

（2）作业方法的分析。分析作业方法是否合理，是否会引起不良的体位和姿势，是否存在不适宜的作业速度，以及作业者的用力是否有效。

（3）环境分析。对作业场所的照明、气温、干湿、气流、噪声与振动等条件进行分析，考察是否符合作业和作业者的心理要求，有否引起疲劳或影响健康的因素。

（4）作业组织分析。分析作业时间、间歇时间、休息时间的分配比例，以及轮班形式、作业速率是否影响作业者的健康和作业能力的发挥。

（5）负荷分析。分析作业的强度、感知觉系统的信息接收通道与容量的分配是否合理，操纵控制装置的阻力是否满足人的生理特性。

（6）信息输入和输出分析。分析系统的信息显示、信息传递是否便于作业者观察和接收，操纵装置是否便于区别和操作。

■1.5　人因工程的研究应用领域

人因工程的应用范围极广，几乎是无所不包，现择其要者列举如下。

1. 工农业生产

工农业生产即所谓的产品人因工程，包括生产人因工程和消费人因工程。前者指生产产品时应遵循的人因工程原则，后者指所生产的产品应符合消费者使用时的人因工程原则。这是人因工程发挥作用的重要舞台，主要研究设计各种产品（包括工具、机器、家具等）时所应遵守的人因工程标准。以简单的椅子为例，椅面的高度、宽度和倾斜度、椅背的式样、扶手的形状、两扶手间的距离等都应符合一定的人因工程标准；在设计体育用品如单杠、吊环等时也要有一定的标准以保证运动员的安全。我国产品要想在国际市场上打开局面，不仅要考虑产品的工艺性能、成本和外形美观，还必须考虑到人因工程的要求。

2. 生态学

人类生态学研究人和周围的物理、生物和社会环境的相互作用，人因工程可为之提供有关人对周围环境适应机制的资料。

3. 工业卫生

工业卫生的任务是保护工人不受急性或慢性接触生产有害因素的伤害，为此必须了解人的体力和智力行为对于这些因素的耐受能力；人因工程可为工业卫生医师提供这方面的资料。工业卫生工作者了解了人因工程，就可以更好地与设计工程师合作，设计出最理想的机械设备。贯彻人因工程原则的预防是最根本的预防，叫作积极性预防。

4. 职业病学

职业病医师有了人因工程知识，可以更好地判断疾病是否由职业性因素引起。

5. 系统工程

系统工程的任务在于保证人—机系统顺利而平衡地工作，即研究如何协调系统中各功能单位之间的工作，使之工效更高，其主要是系统分析和计算机模拟，而人因工程则是它的基础。

6. 安全防护

安全防护和人因工程的关系非常密切，因为所有改进人—机系统的措施同时也提高了该系统的安全性。人因工程在考虑安全防护问题时，不是从机器设备本身的危险区出发，而是从操作人员的活动范围来考虑。1977 年，资本主义国家共有 270 所劳动保护科研机构，按专业分类分别为：工程技术 77 个，医药卫生毒理 100 个，人因工程 44 个，综合性 11 个，社会科学 6 个，其他 32 个。人因工程约占 16.3%。日本为避免化工企业的爆炸事故，对操作差错进行了原因分析，认识到人因工程和安全防护的密切关系，为此于 1974 年 4 月在人因工程会专门设立安全人因工程分会。

7. 生物医学工程

生物医学工程的任务是运用物理学和工程技术来改进诊断或治疗用的医疗器械的设计，这方面需要有人因工程的知识，在设计假肢或其他人造器官时也是如此。

8. 运动医学

运动医学利用人因工程知识测定运动员的生理可能性，为判定最佳训练计划、研究各种运动项目的最佳动作类型提供依据。

9. 宇航医学

宇宙飞船和航天飞机的狭小座舱内配置有极为复杂的庞大的显示—控制装置，而且处于特别恶劣的物理环境中，一旦发生差错就会造成无法挽回的损失。因此在设计宇宙飞船和航天飞机的座舱时，特别能体现人因工程的重要。

10. 现代企业管理

怎样组织生产任务，怎样布置工作场所，怎样挑选和培训工人，怎样制定岗位工作指南等，所有这一切无不需要运用人因工程的知识。

复习思考题

1. 什么是人因工程？
2. 人因工程的研究任务是什么？
3. 人因工程的研究包括哪些范围？
4. 人因工程的常用研究方法有哪些？
5. 你认为人因工程在我国的应用前景如何？

第二篇

基 础 篇

人 的 因 素

第2章

人体生理感知及其特征

人的感知是生理分析器工作的结果，要产生感知就必须有完整的感知系统。分析器和感受器官构成了人与机相联系的感知系统。其中，感受器官除了具有感受器外，还有一些辅助装置或附属结构。而感受器是指具有感觉神经末梢的特殊感受装置，能够接受刺激并转变为传出神经冲动。

按感受器官所在部位的不同，感受器可分为外感受器（exteroceptor）和内感受器（interoceptor）两大类。视觉、听觉、嗅觉、味觉和皮肤觉（触觉、压觉、痛觉、温度觉）等位于体表，感受体外的变化，统称外感受器。体内血管、内脏、骨骼肌、关节等处都存在内感受器，感受体内环境变化，统称内感受器。

2.1 感觉与知觉的特征

2.1.1 感觉与知觉概述

1. 感觉

感觉是有机体对客观事物的个别属性的反映，是感觉器官受到外界的光波、声波、气味、温度、硬度等物理与化学刺激作用而得到的主观经验。有机体对客观世界的认识是从感觉开始的，因而感觉是知觉、思维、情感等一切复杂心理现象的基础。

感觉是一种最简单而又最基本的心理过程，在人的各种活动过程中起着极其重要的作用。人除了通过感觉分辨外界事物的个别属性和了解自身器官的工作状况外，一切较高级的、较复杂的心理活动，如思维、情绪、意志等都是在感觉的基础上产生的。所以说，感觉是人了解自身状态和认识客观世界的开端。

2. 知觉

知觉是人对事物的各个属性、各个部分及其相互关系的综合的整体的反映。知觉必须以各种感觉的存在为前提，但并不是感觉的简单相加，而是由各种感觉器官联合活动所产生的一种有机综合，是人脑的初级分析和综合的结果，是人们获得感性知识的主要形式之一。知觉是在感觉的基础上产生的。感觉到的事物个别属性越丰富、越精确，对事物的知觉也就越完整、越正确。

3. 感觉和知觉的关系

感觉和知觉都是对当前直接作用于器官的客观事物的反映。两者的主要区别是：感觉所反映的只是事物的个别属性（如形状、大小、颜色等），通过感觉还不知道事物的意义；知觉所反映的是包括各种属性在内的事物整体，通过知觉就知道所反映事物的意义。两者的联系是：感觉反映个别，知觉反映整体；感觉是知觉的基础，知觉是感觉的深入。知觉是由多种分析器联合活动的结果，按照知觉过程起主导作用的分析器来区分，有视知觉、听知觉、嗅知觉、味知觉和触摸觉等，而根据知觉的对象，可把知觉分为空间知觉（大小、形状）、时间知觉（连续性、顺序性）和运动知觉（空间位移）。任何事物都处于运动、发展和变化中，并且总是在一定的空间、时间中进行，所以对事物的知觉必须从空间特性、时间特性和运动特性去感知。

2.1.2　感觉的基本特性

1. 适宜刺激

人体的各种感觉器官都有各自最敏感的刺激形式，这种刺激形式称为相应感觉器的适宜刺激。人体各主要感觉器的适宜刺激及其识别特征如表 2-1 所示。

表 2-1　人体各主要感觉器的适宜刺激及其识别特征

感觉类型	感觉器官	适宜刺激	刺激来源	识别外界的特征
视觉	眼	一定频率范围的电磁波	外部	形状、大小、位置、远近、色彩、明暗、运动方向等
听觉	耳	一定频率范围的声波	外部	声音强弱和高低，声源方向和远近等
嗅觉	鼻	挥发的和飞散的物质	外部	辣气、香气、臭气等
味觉	舌	被唾液溶解的物质	接触表面	甜、咸、酸、辣、苦等
皮肤感觉	皮肤及皮下组织	物理、化学物质对皮肤的作用	直接接触和间接接触	触压觉、温度觉、痛觉等
深部感觉	肌体神经和关节	物质对肌体的作用	外部和内部	撞击、重力、姿势等
平衡感觉	半规管	运动和位置变化	内部和外部	旋转运动、直线运动、摆动等

2. 感受性和感觉阈限

人的各种感受器都有一定的感受性和感觉阈限。感受性是指有机体对适宜刺激的感觉能力，它以感觉阈限来度量。所谓感觉阈限，就是指刚好能引起某种感觉的刺激值。感受性与感觉阈限成反比，感觉阈限越低，感觉越敏锐。

感觉阈限分为绝对感觉阈限和差别感觉阈限。绝对感觉阈限又分下限与上限。下限为刚刚能引起某种感觉的最小刺激值，上限为仍能产生某种感觉的最大刺激值。例如，声音频率低到某一点或高过某一点时就听不到了，称为下限或上限。差别感觉阈限是指刚刚引起差别感觉的两个同类刺激间的最小差异量。需要注意的是，并不是任何刺激量的变化都能引起有机体的差别感觉。例如在 100 g 的物体上再加上 1 g，任何人都觉察不出重量的变化。至少需要在 100 g 中再增减 3～4 g，人们才能觉察出重量的变化。而这增减的 3～4 g，就是重量的差别感觉阈限。这一指标对某些机器操作者非常重要，所谓操作者的"手感"，就是人的差别感受性能在生产实际中的应用。

3. 适应

感觉器官经过连续刺激一段时间后，敏感性会降低，产生适应现象。例如，嗅觉经过连续刺激后，就不再产生兴奋作用。所谓的"久居兰室不闻其香"，就是适应这个原因。

4. 相互作用

在一定条件下，各种感觉器官对其适宜刺激的感受能力将受到其他刺激的干扰影响而降低，由此使感受性发生变化的现象称为感觉的相互作用。感觉的相互作用主要包括以下三种情况。

（1）不同感觉的相互影响。某种感觉器官受到刺激而对其他感官的感受性造成一定的影响，这种现象就是不同感觉器官的相互影响。例如，微痛刺激、某些嗅觉刺激，可能使嗅觉感受性提高；微光刺激能提高听觉感受性，强光刺激则降低听觉感受性；嘈杂使人心烦，难以做事。相互影响的一般规律为：弱的某种刺激往往能提高另一感觉的感受性，强的某种刺激则会使另一种感觉的感受性降低。

（2）不同感觉的补偿作用。某种感觉消失以后，可由其他感觉来弥补，这种现象就是不同感觉的补偿作用。例如，聋哑人"以目代耳"，盲人"以耳代目"，用触摸来阅读。

（3）联觉。一种感觉兼有或引起另一种感觉的现象就是联觉。例如，欣赏音乐，能产生一定的视觉效果，似乎看到了高山、流水，花草、鸟鸣。颜色同样会产生感觉的联觉，红、橙、黄为暖色，有接近感，又称进色；蓝、青、绿色为冷色，又带有远距感，又称褪色。色调的浓淡能引起轻重的感觉，深色调沉重，淡色调轻松。

5. 对比

同一感受器官接受两种完全不同但属同一类的刺激物的作用，而使感受性发生变化的现象称为对比。感觉的对比分为同时对比和继时对比两种，具体如下。

（1）同时对比。几种刺激物同时作用于同一感受器官时产生的对比称为同时对比。

例如明月之夜，人们总是感觉到天空中的星星格外的少。其实，并非星星的数量减少了，而是星光为月光所掩盖，不容易被发现罢了。再如，同样一个灰色的图形，在白色背景上看起来显得颜色深一些，在黑色背景上则显得颜色浅一些，这是无彩色对比。而灰色图形放在红色背景上呈绿色，放在绿色背景上则呈红色，这种图形在彩色背景上而产生向背景的补色方向变化的现象叫彩色对比。

（2）继时对比。几个刺激物先后作用于同一感受器官时，将产生继时对比现象。例如，吃糖之后再吃苹果，感觉苹果酸。又如，左手放在冷水里，右手放在热水里，过一会儿以后，再同时将两手放在温水里，则左手感到热，右手会感到冷，这都是继时对比现象。

6. 余觉

刺激取消以后，感觉可以存在一极短时间，这种现象叫"余觉"。例如，在暗室里急速转动一根燃烧着的火柴，可以看到一圈火花，这就是由许多火点留下的余觉组成的。

2.1.3 知觉的基本特性

1. 整体性

当感知一个熟悉对象时，只要感觉了它的个别属性和特性，就能使之形成一个完整结构的整体形象，这就是知觉的整体性。例如，在观察图 2-1 时不是把它感知为四段直线、几个圆或虚线，而是一开始就把它看成正方形、三角形和圆形。

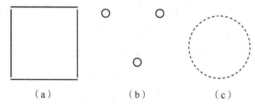

（a）　　　　　　（b）　　　　　　（c）

图 2-1　知觉的整体性

在感知不熟悉的对象时，则倾向于把它感知为具有一定结构的有意义的整体。在这种情况下，影响知觉整体性的因素有以下几个方面。

（1）接近。在图 2-2（a）中，圆点被看成四个纵行，因为圆点的排列在垂直方向上比水平方向上明显接近。

（2）相似。在图 2-2（b）中，点之间的距离是相等的，但同一横行各点颜色相同。由于相似组合作用的结果，这些点就被看成五个水平横行。

（3）封闭。如图 2-2（c）所示，由于封闭因素的作用，把两个距离较远的纵行组合在一起，被知觉为两个长方形。

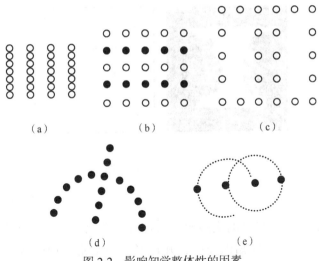

（a）　　　　　　　（b）　　　　　　　（c）

（d）　　　　　　　（e）

图 2-2　影响知觉整体性的因素

（4）连续。如图 2-2（d）所示，由于受连续因素的影响，被知觉为一条直线和一个半圆。

（5）美的形态。在图 2-2（e）中，由于点的形态因素的影响，被知觉为两圆相套。

2. 选择性

人的周围环境复杂多样，大脑不可能同时对各种事物进行感知，而总是有选择地将某一事物作为知觉的对象，这种现象称为知觉的选择性。知觉的选择性依赖于个人的动机、情绪、兴趣与需要，反映了知觉的主动性，同时也依赖于知觉对象的刺激强度、运动、对比、重复等。

1）对象和背景的差别

对象和背景的差别越大（包括颜色、形态、刺激强度等方面），对象越容易从背景中区分出来，给予清晰的反映；反之，就难以区分。例如重要新闻用红色套印或用特别的字体排印就非常醒目，特别容易区分。

2）对象的运动

在固定不变的背景上，活动的刺激物容易成为知觉对象。例如，航道的航标用闪光做信号，更能引人注意和提高知觉效率。

3）主观因素

人的主观因素对于选择知觉对象相当重要，当任务、目的、知识、经验、兴趣、情绪等因素不同时，选择的知觉对象便不同。例如，情绪良好和兴致高涨时，知觉的选择面就广泛；而在抑郁的心境状态下，知觉的选择面就狭窄，会出现视而不见、听而不闻的现象。

知觉对象和背景的关系不是固定不变的，而是可以互相转换的。如图 2-3（a）所示，这是一张双关图形。在知觉这种图形时，既可知觉为黑色背景上的白花瓶，又可知觉为白色背景上的两个黑色侧面人像。

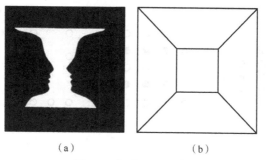

（a）　　　　　　　　（b）

图 2-3　知觉的选择性

3. 理解性

用以前获得的知识和自己的实践经验来理解所知觉的对象，称为知觉的理解性。知觉的理解性依赖于过去的知识经验，知识经验越丰富，理解就越深刻。例如对于同样一幅画，艺术欣赏水平高的人不但能了解画的内容和寓意，而且能根据自己的知识经验感知到画的许多细节；而缺乏艺术欣赏能力的人，则无法知觉出画中的细节问题。

语言的指导能唤起人们已有的知识和过去的经验，使人对知觉对象的理解更迅速、完整。例如图 2-3（b）是一张双关图形，提示者可以把它提示为立体的东西，而这个立体随着提示者的语言可以形成向内凹或向外凸的立体。但是不确切的语言指导，会导致歪曲的知觉。例如，当受试者观看图 2-4 正中间的一排图形时，第一组受试者听到图上左边一排的名称，第二组受试者听到右边的一排名称，然后拿走图形，让两组受试者画出他所知觉的图形。结果表明，画得最不像的图形中约有 3/4 的歪曲图形类同于语言指导的名称。所以，在知觉外界事物时，语言的参与对知觉的理解性具有重要的意义。

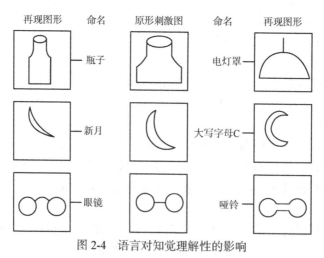

图 2-4　语言对知觉理解性的影响

4. 恒常性

由于知识和经验的参与，知觉表现出相对的稳定性，称为知觉的恒常性。在视知觉中，恒常性表现得特别明显。关于视知觉对象的大小、形状、亮度、颜色等的印象与客观刺激的关系并不完全服从于物理学规律，尽管外界条件发生了一定变化，但观察同一事物时知觉的印象仍相当恒定。例如，日光下的白墙和阴影中的白墙看起来亮度一样，实际上亮度差别很大。视知觉的恒常性主要有以下几方面。

1）大小恒常性

人对物体的知觉大小不完全随视像大小而变化，它趋向于保持物体的实际大小。大小知觉恒常性主要是过去经验的作用。例如同一个人站在离我们 3 m、5 m、15 m、30 m 的不同距离处，他在我们视网膜上的视像随距离的不同而改变。但是，我们看到这个人的大小却是不变的，仍然按他的实际大小来感知。影响大小知觉恒常性的因素有：一是刺激条件。条件越复杂，则越表现出恒常性，当刺激条件减少，则恒常性现象减少。二是距离因素。距离很远时，恒常性消失。三是水平观察时恒常性表现大，垂直观察时恒常性表现小。

2）形状恒常性

人从不同角度观察物体，或者物体位置发生变化时，物体在视网膜上的投射位置也发生了变化，但人仍然能够按照物体原来的形状来知觉。例如铁饼的形状，只有当它的平面与视线垂直时，它在视网膜上的视像形状才与实际形状完全一样。如果偏离了这个角度，视网膜上的视像就或多或少地不同于铁饼的实际形状。尽管观察的角度不同，但看到的铁饼形状仍是不变的。形状恒常性表明，物体的形状知觉具有相对稳定的特性。人的过去经验在形状恒常性中起重要作用。

3）明度恒常性

在不同照明条件下，人知觉到的明度不因物体实际亮度的改变而变化，仍倾向于把物体的表面亮度知觉为不变。在强烈的阳光下煤块反射的光量远大于黄昏时白粉笔反射的光量，但即使在这种情况下，人们还是把煤块知觉为黑色的，把粉笔知觉为白色的，这就是明度恒常性现象。明度恒常性是因人们考虑到整个环境的照明情况与视野内各个物体反射率的差异，如果周围环境的亮度结构遭受不正常的变化，明度恒常性就会破坏。

4）颜色恒常性

不管实际的光线如何，我们认为一件东西的颜色是相同的，这种倾向称为颜色恒常性。颜色恒常性是与明度恒常性完全类似的现象，绝大多数物体之所以可见，是因为它们对光的反射，反射光这一特征赋予物体各种颜色。一般说来，即使光源的波长变动幅度相当宽，只要照明的光线既照在物体上也照在背景上，任何物体的颜色都将保持相对的恒常性。例如无论是在强光下，还是在昏暗的光线里，一块煤看起来总是黑的。

5. 错觉

错觉是对外界事物不正确的知觉。总的来说，错觉是知觉恒常性的颠倒。在日常生活中，人们所遇到的错觉的例子有很多。

（1）法国国旗红白蓝面积的错觉。法国国旗红：白：蓝三色的比例为 35：33：37，而我们却感觉三种颜色面积相等。这是因为白色给人以扩张的感觉，而蓝色则给人以收缩的感觉，这就是视错觉。

（2）大小桶重量的错觉。把两个有盖的桶装上沙子，一个小桶装满了沙，另一个大桶装的沙和小桶的一样多。当人们不知道里面的沙子有多少时，大多数人拎起两个桶时都会说小桶重得多。他们之所以判断错误，是看到小桶较小就认为该桶轻一些。谁知一拎起来竟那么重，于是过高估计了它的重量。

（3）迪斯科厅跳舞的错觉。在迪斯科厅跳舞时，在旋转耀眼的灯光中你会觉得天旋地转，舞者跳得特别活跃。事实上，如果在没有灯光的情况下，同样的动作，你会觉得只是普通地扭来扭去罢了。

（4）驾驶速度的错觉。在高速公路用 100 km 的时速驾驶，会觉得车速很慢。而在普通公路上用 100 km 的时速驾驶，则会有一种风驰电掣的感觉。这就是因为我们的视觉受到了在同一条公路的其他车辆车速的影响。

从上面的几个例子可以得知，形成视错觉的原因有多种，它们可以是在快中见慢、在大中见小、在重中见轻、在虚中见实、在深中见浅、在矮中见高。形成错觉的主要原因在于人错误的判断和感知。所以，针对视错觉做出改善措施，有利于提高工作和日常生活中的认识与识别能力。图 2-5 列举了一些众所周知的几何图形错觉。

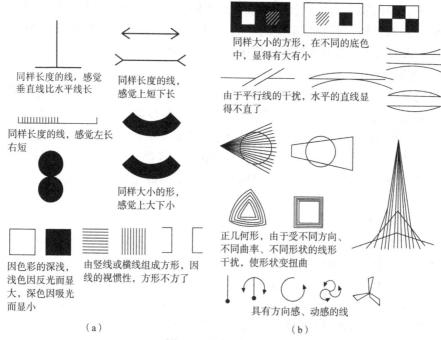

（a）　　　　　　　　　　　（b）

图 2-5　几何图形错觉

2.2　视觉机能及其特征

2.2.1　眼睛的构造

人的眼睛近似球形，位于眼眶内，如图 2-6 所示。正常成年人其前后径平均为 24 mm，垂直径平均为 23 mm。最前端突出于眶外 12～14 mm，受眼睑保护。眼球包括眼球壁、眼内腔及内容物、视神经、附属器等其他组织。

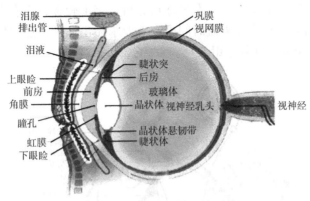

图 2-6　眼睛的结构示意图

1. 眼球壁

眼球壁主要分为外、中、内三层。外层由角膜和巩膜组成。中层具有丰富的色素和血管，包括虹膜、睫状体和脉络膜三部分。内层为视网膜，是一层透明的膜，也是视觉形成的神经信息传递的第一站，具有很精细的网络结构及丰富的代谢和生理功能。视网膜是视觉接收器的所在，它本身也是一个复杂的神经中心。眼睛的感觉为网膜中的视杆细胞和视锥细胞所致。视杆细胞能够感受弱光的刺激，但不能分辨颜色，视锥细胞在强光下反应灵敏，具有辨别颜色的本领。在中央凹处之内，只有视锥细胞，很少有或没有视杆细胞。在网膜边缘，靠近眼球前方各处，有许多视杆细胞，而视锥细胞很少。某些动物（如鸡）因视杆细胞较少，所以在微光下，它们的视觉很差，成为夜盲。也有些动物（如猫和猫头鹰）因视杆细胞很多，所以能在夜间活动。

2. 眼内腔及内容物

眼内腔包括前房、后房和玻璃体腔，腔内容物包括房水、晶状体和玻璃体。三者均透明，与角膜一起共称为屈光介质。

3. 视神经、附属器等其他组织

除了上述结构，眼球还包括视神经、视路及眼附属器。其中，眼附属器包括眼睑、结膜、泪腺、眼外肌和眼眶。

2.2.2 视觉系统

视觉是由眼睛、视神经和视觉中枢的共同活动完成的。人的视觉系统如图 2-7 所示，它主要是一对眼睛，它们各由一支视神经与大脑视神经表层相连。连接两眼的两支视神经在大脑底部视觉交叉处相遇，在交叉处视神经部分交叠，然后再终止到和眼睛相反方向的大脑视神经表层上。由于大脑两半球对于处理各种不同信息的功能并不都相同，就视觉系统的信息而言，左半球在分析文字上较强，而右半球对于数字的分辨较强。因此，当信息发生在极短时间内或者要求做出非常迅速的反应时，上述视神经的交叉就起到很重要的互补作用。

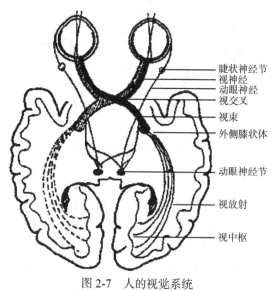

睫状神经节
视神经
动眼神经
视交叉
视束
外侧膝状体
动眼神经节
视放射
视中枢

图 2-7　人的视觉系统

入射光到达视网膜之前，主要折射在角膜和晶状体的两个面上。眼睛内部各处的距离都固定不变，只有晶状体可以突出外张，所以有聚像于网膜上的功能，这完全依靠晶状体曲率的调整。如果起调节作用的睫状肌处于松弛状态，从远处射来的光线经折射后，恰好自动聚焦在网膜感光细胞上。假如眼睛有病态，聚焦就落在较前方或较后方，落在网膜前面叫近视眼，落在网膜后方叫远视眼。正常人眼在观察近处物体时，可调节收缩睫状肌，使晶状体突出，这样由近处物体射来的光线经晶状体折射后仍可以汇集在视网膜上成像。由于凸出的曲率有限，过于靠近眼睛的物体的成像不能落在视网膜上。晶状体的弹性随年龄的增长而减小，调节的本领也随着年龄的增长而降低，因此发生老年性远视。要使近处的物体落在网膜上，可用聚光镜将远处的光线收拢，方能使聚焦恰当地落到视网膜上，达到正常视觉。

2.2.3　视觉机能

1. 视角与视力

1）视角

视角是确定被看物尺寸范围的两端点光线射入眼球的相交角度，如图 2-8 所示。视角的大小与观察距离及被看物体上两端点的直线距离有关，可用下式表示：

$$\alpha = 2\text{arctg}\frac{D}{2L}$$

式中：α 为视角，用（ ' ）表示，即（1/60）单位；D 为被看物体上两端点的直线距离；L 为眼睛到被看物体的距离。

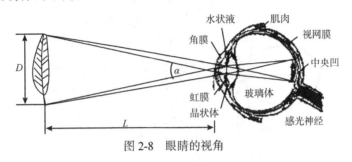

图 2-8　眼睛的视角

2）视力

眼睛能分辨被看物体最近两点的视角，称为临界视角。视力是眼睛分辨物体细微结构能力的一个生理尺度，以临界视角的倒数来表示，即

视力＝1/能够分辨的最小物体的视角

检查人眼视力的标准规定，当临界视角为 1 分时，视力等于 1.0，此时视力为正常。当视力下降时，临界视角必然要大于 1 分，于是视力用相应的小于 1.0 的数值表示。视力的大小还随年龄、观察对象的亮度、背景的亮度以及两者之间亮度的对比度等条件的变化而变化。

2. 视野与视距

1）视野

视野是指人眼能观察到的范围，一般以角度表示。视野按眼球的工作状态可分为三类：一是静视野。它是在头部固定、眼球静止不动的状态下自然可见的范围，如图 2-8 所示。二是注视野。它为在头部固定，而转动眼球注视某一中心点时所见的范围。三是动视野。它为头部固定而自由转动眼球时的可见范围。在人的三种视野中，注视野范围最小，动视野范围最大。

在水平面内的视野是：双眼视区大约在 60° 以内的区域，在这个区域还包括字、字母和颜色的辨别范围，辨别字的视线角度为 10°～20°；辨别字母的视线角度为 5°～30°，在各自的视线范围以外，字和字母趋于消失。对于特定的颜色的辨别，视线角度为

$30°\sim60°$，人的最敏锐的视力是在标准视线每侧 $1°$ 的范围内；单眼视野界限为标准视线每侧 $94°\sim104°$，如图 2-9（a）所示。

在垂直平面的视野是：假定标准视线是水平的，定为 $0°$，则最大视区为视平线以上 $50°$ 和视平线以下 $70°$。颜色辨别界限为视平线以上 $30°$、视平线以下 $40°$，实际上人的自然视线是低于标准视线的，在一般状态下，站立时自然视线低于水平线 $10°$，坐着时自然视线低于水平线 $15°$；在很松弛的状态下，站着和坐着的自然视线偏离标准线分别为 $30°$ 与 $38°$。观看展示物的最佳视区在低于标准视线 $30°$ 的区域，如图 2-9（b）所示。

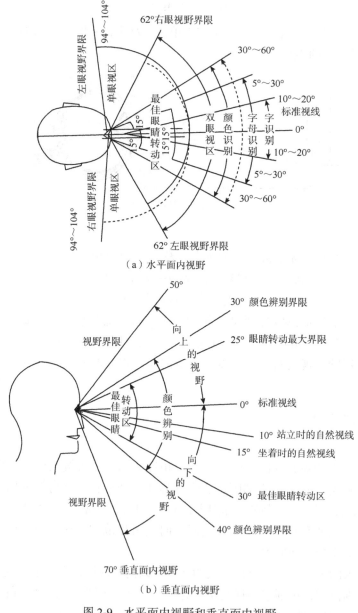

（a）水平面内视野

（b）垂直面内视野

图 2-9　水平面内视野和垂直面内视野

2）视距

视距是指人在控制系统中正常的观察距离。观察各种显示仪表时，一般应根据观察物体的大小和形状在 380～760 mm 选择最佳视距。视距过远或过近都会影响认读的速度和准确性，而且观察距离与工作的精确程度密切相关，因而应根据具体任务的要求来选择最佳的视距。表 2-2 所示为推荐采用的几种工作任务的视距。

表 2-2　推荐采用的几种工作任务的视距

任务要求	举例	视距离（眼至视觉对象）/cm	固定视野直径/cm	备注
最精细的工作	安装最小部件（表、电子元件）	12～25	20～40	完全坐着，部分地依靠视觉辅助手段（小型放大镜、显微镜）
精细工作	安装收音机、电视机	25～35（多为30～32）	40～60	坐着或站着
中等粗活	在印刷机、钻井机、机床旁工作	50 以下	至 80	坐着或站着
粗活	包装、粗磨	50～150	30～250	多为站着
远看	黑板、开汽车	150 以上	250 以上	坐着或站着

3. 中央视觉和周围视觉

在视网膜上分布着视锥细胞多的中央部位，其感色力强，同时能清晰地分辨物体，用这个部位视物的称为中央视觉。视网膜上视杆细胞多的边缘部位感受多彩的能力较差或不能感受，故分辨物体的能力差。但由于这部分的视野范围广，故能用于观察空间范围和正在运动的物体，称其为周围视觉。

在一般情况下，既要求操作者的中央视觉良好，同时也要求其周围视觉正常。而对视野各方面都缩小到 10° 以内者称为工业盲。两眼中心视力正常而有工业盲的视野缺陷者，不宜从事驾驶飞机、车、船、工程机械等要求具有较大视野范围的工作。

4. 双眼视觉和立体视觉

当用单眼视物时，只能看到物体的平面，即只能看到物体的高度和宽度。当用双眼视物时，具有分辨物体深浅、远近等相对位置的能力，形成所谓立体视觉。立体视觉产生的原因，主要是同一物体在两视网膜上所形成的像并不完全相同，右眼看到物体的右侧面较多，左眼看到物体的左侧面较多，其位置虽略有不同，但又在对称点的附近。最后，经过中枢神经系统的综合，从而得到一个完整的立体视觉。

立体视觉的效果并不全靠双眼视觉，如物体表面的光线反射情况和阴影等，都会加强立体视觉的效果。此外，生活经验在产生立体视觉效果上也起一定作用。例如，近物色调鲜明，远物色调变淡，极远物似乎是蓝灰色。工业设计与工艺美术中的许多平面造型设计颇有立体感，就是运用这种生活经验的结果。

5. 色觉与色视野

视网膜除能辨别光的明暗外，还可以分辨出 180 多种颜色，具有很强的辨色能力。人眼的视网膜可以辨别波长不同的光波，在波长为 380～780 nm 的可见光谱中，光波波长只要相差 3 nm，人眼即可分辨，但主要是红、橙、黄、绿、青、蓝、紫七色。各种颜色对眼睛的刺激不一样，因此视野也不同。从图 2-10 可知白色视野最大，其次是黄色和蓝色，再次为红色，而绿色的视野最小。

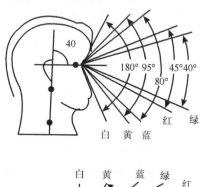

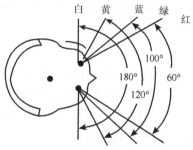

图 2-10　眼睛的色视野

缺乏辨别某种颜色的能力，称为色盲；若辨别某种颜色的能力较弱，则称色弱。有色盲或色弱的人，不能正确地辨别各种颜色的信号，不宜从事飞行员、车辆驾驶员以及各种辨色能力要求高的工作。

6. 暗适应和明适应

当光的亮度不同时，视觉器官的感受性也不同。亮度有较大变化时，感受性也随之变化。视觉器官的感受性对光刺激变化的相顺应性称为适应。人眼的适应性分为暗适应和明适应两种，如图 2-11 所示。

1）暗适应

暗适应是人眼对光的敏感度在暗光处逐渐提高的过程。在进入暗室后的不同时间，连续测定人的视觉阈值，亦即测定人眼刚能感知的光刺激强度，可以看到此阈值逐渐变小，亦即视觉的敏感度在暗处逐渐提高的过程。一般是在进入暗室后的最初约 7 min 内，有一个阈值的明显下降期，以后又出现阈值的明显下降；进入暗室后的大约 25～30 min 时，阈值下降到最低点，并稳定于这一状态。暗适应的产生机制与视网膜中

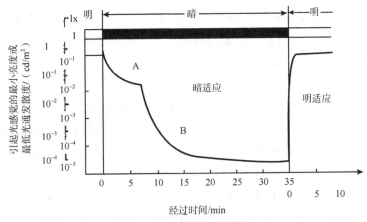

图 2-11　暗适应与明适应

感光色素在暗处时再合成增加，因而增加了视网膜中处于未分解状态的色素的量有关。据分析，暗适应的第一阶段主要与视锥细胞色素的合成量增加相一致；第二阶段亦即暗适应的主要构成部分，则与视杆细胞中视紫红质的合成增强有关。

2）明适应

人从亮处进入暗室时，最初看不清楚任何东西，经过一定时间，视觉敏感度才逐渐增加，恢复了在暗处的视力，这称为暗适应。相反，从暗处初来到亮光处，最初感到一片耀眼的光亮，不能看清物体，只有稍待片刻才能恢复视觉，这称为明适应。

人眼虽具有适应性的特点，但当视野内明暗急剧变化时，眼睛却不能很好适应，从而会引起视力下降。另外，当眼睛需要频繁地适应各种不同亮度时，不但容易产生视觉疲劳，影响工作效率，而且也容易引起事故。为了满足人眼适应性的特点，要求工作面的光亮度均匀而且不产生阴影；对于必须频繁改变亮度的工作场所，可采用缓和照明或佩戴一段时间有色眼镜，以避免眼睛频繁地适应亮度变化而引起视力下降和视觉过早疲劳。

2.2.4　视觉特征

人的视觉系统具有如下视觉特征。

（1）眼睛沿水平方向运动比沿垂直方向运动快而且不易疲劳；一般先看到水平方向的物体，后看到垂直方向的物体。因此，很多仪表外形都设计成横向长方形。

（2）视线的变化习惯于从左到右、从上到下和顺时针方向运动。看圆形仪表时，沿顺时针方向比逆时针方向看得迅速。所以，仪表的刻度方向设计应遵循这一规律。

（3）人眼对水平方向尺寸和比例的估计比对垂直方向尺寸和比例的估计要准确、迅速且不易疲劳，因而水平式仪表的误读率（28%）比垂直式仪表的误读率（35%）低。

（4）当眼睛偏离视中心时，在偏离距离相等的情况下，观察率优先的顺序是左上、右上、左下、右下。视区内的仪表布置必须考虑这一特点。

（5）两眼的运动总是协调的、同步的。正常情况不可能一只眼睛转动而另一只眼睛不动；在一般操作中，不可能一只眼睛视物而另一只眼睛不视物。因此，通常都以双眼视野为设计依据。

（6）人眼对直线轮廓比对曲线轮廓更易于接受。

（7）在视线突然转移的过程中，约有3%的视觉能看清目标，其余97%的视觉都是不真实的。在工作时，不应有突然转移的要求，否则会降低视觉的准确性。如需要人的视线突然转动时，也应要求慢一些才能引起视觉注意。为此，应给出一定标志（如利用箭头或颜色预先引起人的注意），以便把视线转移放慢。

（8）颜色对比与人眼辨色能力有一定关系。当人从远处辨认前方的多种不同颜色时，其易辨认的顺序是红、绿、黄、白，即红色最先被看到。所以，停车、危险等信号标志都采用红色。当两种颜色相配在一起时，则易辨认的顺序是：黄底黑字、黑底白字、蓝底白字、白底黑字等。因而公路两旁的交通标志常用黄底黑字（或黑色图形）。

（9）对于运动目标，只有当角速度大于 1～2°/s 且双眼焦点同时集中在同一个目标上，才能鉴别其运动状态。

（10）人眼看一个目标要得到视觉印象，最短的注视时间为 0.07～0.3 s，这与照明的亮度有关。人眼视觉的暂停时间平均需要 0.17 s。

2.3　听觉机能及其特征

2.3.1　耳的结构及听觉机能

人耳结构可分成三部分：外耳、中耳和内耳（图 2-12）。在声音从自然环境中传送至人类大脑的过程中，人耳的三个部分具有不同的生理作用。

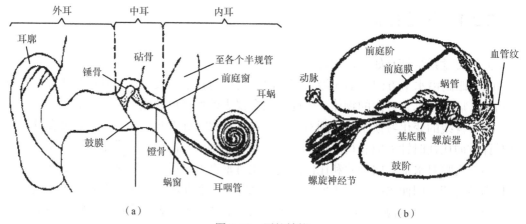

图 2-12　耳的结构

1. 外耳

外耳是指能从人体外部看见的耳朵部分，即耳廓和外耳道。耳廓对称地位于头两侧，主要结构为软骨。耳廓具有两种主要功能，它既能防御外来物体以保护外耳道和鼓膜，又能起到从自然环境中收集声音并导入外耳道的作用。将手做杯状放在耳后，很容易理解耳廓的作用效果，因为手比耳廓大，能收集到更多的声音，所以这时你会感觉所听到的声音更响。

当声音向鼓膜传送时，外耳道能使声音增强，此外，外耳道具有保护鼓膜的作用，耳道的弯曲形状使异物很难直入鼓膜，耳毛和耳道分泌的耵聍也能阻止进入耳道的小物体触及鼓膜。外耳道的平均长度为 2.5 cm，可控制鼓膜及中耳的环境，保持耳道温暖湿润，能使外部环境不影响中耳和鼓膜。

2. 中耳

中耳由鼓膜、中耳腔和听骨链组成。听骨链包括锤骨、砧骨和镫骨，悬于中耳腔。中耳的基本功能是把声波传送到内耳。声音以声波方式经外耳道振动鼓膜，鼓膜斜位于外耳道的末端呈凹形，正常为珍珠白色，振动的空气粒子产生的压力变化使鼓膜振动，从而使声能通过中耳结构转换成机械能。

由于鼓膜前后振动使听骨链做活塞状移动，鼓膜表面积比镫骨足板大好几倍，声能在此处放大并传输到中耳。由于表面积的差异，鼓膜接收到的声波就集中到较小的空间，声波在从鼓膜传到前庭窗的能量转换过程中，听小骨使得声音的强度增加了 30 dB。为了使鼓膜有效地传输声音，必须使鼓膜内外两侧的压力一致。当中耳腔内的压力与体外大气压的变化相同时，鼓膜才能正常地发挥作用。耳咽管连通了中耳腔与口腔，这种自然的生理结构起到平衡内外压力的作用。

3. 内耳

内耳的结构不容易分离出来，它是位于颞骨岩部内的一系列管道腔，我们可以把内耳看成三个独立的结构：半规管、前庭和耳蜗。前庭是卵圆窗内微小的、不规则开关的空腔，是半规管、镫骨足板、耳蜗的汇合处；半规管可以感知各个方向的运动，起到调节身体平衡的作用；耳蜗是被颅骨包围的像蜗牛一样的结构，内耳在此将中耳传来的机械能转换成神经电冲动传送到大脑。

为了便于理解耳蜗的功能，我们用图 2-12（b）来显示镫骨足板与耳蜗的前庭窗的连接。耳蜗内充满着液体并被基底膜隔开，位于基底膜上方的是螺旋器，这是收集神经电脉冲的结构，耳蜗横断面显示了螺旋器的构造。当镫骨足板在前庭窗处前后运动时，耳蜗内的液体也随着移动。耳蜗液体的来回运动导致基底膜发生位移，基底膜的运动使包埋在覆膜内的毛细胞纤毛弯曲，而毛细胞与听觉神经纤维末梢相连接，当毛细胞弯曲时神经纤维就向听觉中枢传送电脉冲，大脑接收到这种电脉冲时，我们就听到了"声音"。

2.3.2　听觉的特征

人耳在某些方面类似于声学换能器，也就是通常所说的传声器。听觉可用以下特征描述。

1. 频率响应

可听声主要取决于声音的频率，具有正常听力的青少年（年龄为 12～25 岁）能够觉察到的频率范围大约是 16～20 000 Hz。而一般人的最佳听闻频率范围是 20～20 000 Hz，可见人耳能听闻的频率比为

$$\frac{f_{min}}{f_{max}} = 1 : 1000$$

人到 25 岁左右时，开始对 15 000 Hz 以上频率的灵敏度显著降低，当频率高于 15 000 Hz 时，听闻开始向下移动，而且随着年龄的增长，频率感受的上限逐年降低。但是，对 $f < 1000$ Hz 的低频率范围，听觉灵敏度几乎不受年龄的影响，如图 2-13 所示。听觉的频率响应特征对听觉传示装置的设计是很重要的。

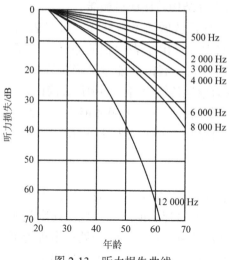

图 2-13　听力损失曲线

2. 听觉的绝对阈限

听觉的绝对阈限是人的听觉系统感受到最弱声音和痛觉声音的强度，它与频率和声压有关。在阈限以外的声音，人耳感受性降低，以致不能产生听觉。声波刺激作用的时间对听觉阈值有重要的影响，一般识别声音所需的最短持续时间为 20～50 ms。

听觉的绝对阈限包括频率阈限、声压阈限和声强阈限。频率 20 Hz、声压 2×10^{-5} Pa、声强 10^{-12} W/m^2 的声音为听阈，低于这些值的声音不能产生听觉。而痛阈声音的频率为 20 000 Hz、声压 20 Pa、声强 10 W/m^2，人耳的可听范围就是听阈与痛阈之间的所有声音，如图 2-14 所示。

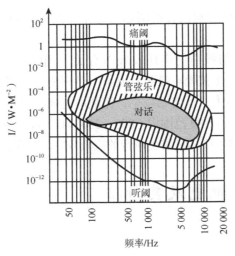

图 2-14　听阈、痛阈与听觉区

3. 听觉的辨别阈限

人耳具有区分不同频率和不同强度声音的能力。辨别阈限是指听觉系统能分辨出两个声音的最小差异,辨别阈限与声音的频率和强度都有关系。人耳对频率的感觉最灵敏,常常能感觉出频率微小的变化,对强度的感觉次之,不如对频率的感觉灵敏。不过二者都是在低频、低强度时,辨别阈限较高。另外,在频率 500 Hz 以上的声频及声强辨别阈限大体上趋于一个常数。

4. 辨别声音的方向和距离

正常情况下,人的两耳的听力是一致的。因此,根据声音到达两耳的强度和时间先后之差可以判断声源的方向。例如声源在右侧时距左耳稍远,声波到达左耳所需时间就稍长。声源与两耳间的距离每相差 1 cm,传播时间就相差 0.029 ms。这个时间差足以给判断声源的方位提供有效的信息。另外,由于头部的屏蔽作用及距离之差会使两耳感受到声强的差别,据此同样可以判断声源的方位。如果声源在听者的上下方或前后方,就较难确定其方位。这时通过转动头部,经获得较明显的时差及声强差,加之头部转过的角度可判断其方位。在危险情况下,除了听到警报声之外,如能识别出声源的方向,往往会避免事故发生。

判断声源的距离主要依靠声压和主观经验。一般在自由空间,距离每增加 1 倍,声压级将减少 6 dB。

5. 听觉的掩蔽

不同的声音传到人耳时,只能听到最强的声音,而较弱的声音就听不到了,即弱声被掩盖了。这种一个声音因被其他声音干扰而听觉发生困难,只有提高该声音的强度才能产生听觉的现象称为声音的掩蔽。被掩蔽声音的听阈提高的现象,称为掩蔽效应。工人在作业时,由于噪声对正常作业的监视声及语言的掩蔽,不仅使听阈提高和加速人耳的疲劳，还直接影响语言的清晰度和作业人员之间信息的正常交换，从而可能导致事故的发生。

噪声对声音的掩蔽与噪声的声压及频率有关。当噪声的声压级超过语言声压级20～25 dB 时，语言将完全被噪声掩蔽；掩蔽声对频率与其相邻近的被掩蔽效应最大；低频对高频的掩蔽效应较大，反之则较小；掩蔽声越强，受掩蔽的频率范围也越大。另外，噪声的频率正好在语言频度范围内（800～2500 Hz）时，噪声对语言的影响最大。所以在设计听觉传达装置时，应尽量避免声音的掩蔽效应，以保证信息的正确交换。

2.4　其他感觉机能及其特征

2.4.1　肤觉

从人的感觉对人机系统的重要性来看，肤觉是仅次于听觉的一种感觉。皮肤是人体很重要的感觉器官，感受着外界环境中与它接触物体的刺激。人体皮肤上分布着三种感受器：触觉感受器、温度感受器和痛觉感受器。用不同性质的刺激检验人的皮肤感觉时发现，不同感觉的感受区在皮肤表面呈相互独立的点状分布。皮肤感觉信息经神经传到脑干，再从脑干广泛地分送至大脑其余部分，这些信息之中，有许多在大脑较低层次组织中即加以处理，而不会传到大脑皮层中使个体能意识到它们的存在。在没有意识到它们存在的情况下，这些信息就在帮助个体调整清醒状态和处理情绪，并协调其他感觉信息的意义，还会觉察某项刺激是否具有危险性，从而使个体以最快的速度采取有效的行动。例如，当手不小心碰到滚烫的热水时，手会反射性地缩回，从而避免被烫伤。这个过程中，个体并没有在缩手之前意识到疼痛和危险，而是在之后才意识到的。

1. 触觉

（1）触觉感受器。触觉是微弱的机械刺激触及了皮肤浅层的触觉感受器而引起的，而压觉是较强的机械刺激引起皮肤深部组织变形产生的感觉，由于两者性质上类似，通常称触压觉。

触觉感受器能引起的感觉是非常准确的，触觉的生理意义是能辨别物体的大小、形状、硬度、光滑程度以及表面机理等机械性质的触感。在人机系统的操纵装置设计中，就是利用人的触觉特性，设计具有各种不同触感的操纵装置，以使操作者能够靠触觉准确地控制各种不同功能的操纵装置。

根据触觉信息的性质和敏感程度的不同，分布在皮肤和皮下组织中的触觉感受器有游离神经末梢、触觉小体、触盘、毛发神经末梢、棱状小体、环层小体等。不同的触觉感受器决定了对触觉刺激的敏感性和适应出现的速度。

（2）触觉阈限。对皮肤施适当的机械刺激，在皮肤表面下的组织将引起位移，在理想的情况下，小到 0.001 mm 的位移，就足够引起触的感觉。然而，皮肤的不同区域对触觉敏感性有相当大的差别，这种差别主要是由皮肤的厚度、神经分布状况引起的。测定了男性身体不同部位对刺激的感觉阈限，其结果如图 2-15 所示。研究表明，女性的阈限分布与男性相似，但比男性略为敏感。研究还发现面部、口唇、指尖等处的触点分布密度较高，而手背、背部等处的密度较低。触觉的感受区在皮肤表面呈相互独立的点状分布。

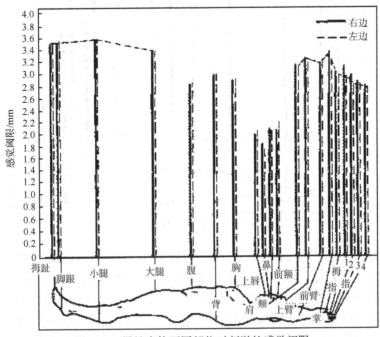

图 2-15　男性身体不同部位对刺激的感觉阈限

　　与感知触觉的能力一样，准确地给触觉刺激点定位的能力，因受刺激的身体部位不同而异。研究发现，刺激指尖和舌尖，能非常准确地定位，其平均误差仅 1 mm 左右。而在身体的其他区域，如上臂、腰部和背部，对刺激点定位能力比较差，其平均误差几乎有 1 cm。一般说来，身体有精细肌肉控制的区域，其触觉比较敏锐，研究结果如图 2-16 所示。

　　如果皮肤表面相邻两点同时受到刺激，人将感受到只有一个刺激；如果接着将两个刺激略为分开，并使人感受到有两个分开的刺激点，这种能被感知到的两个刺激点间最小的距离称为两点阈限。两点阈限因皮肤区域不同而异，其中以手指的两点阈限值最低，这是利用手指触觉操作的一种"天赋"。

2. 温度觉

　　温度觉包括两种独立的感觉，即冷觉和热觉。刺激温度高于皮肤温度时引起热觉，低于皮肤温度时引起冷觉。不能引起皮肤冷热觉的温度常被视为温度觉的"生理零度"，但生理零度能随皮肤血管膨胀或收缩而变化。因而同一温度刺激在生理零度变化前和变化后所引起的温度觉有所不同。

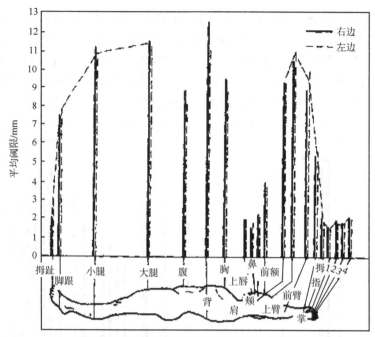

图2-16　男性身体各部位刺激点定位的能力

　　温度觉的产生是同皮肤分析器皮层部分的工作分不开的，这可以通过条件反射的方法引起温度感觉来证明，光、声、颜色等都可以成为温度的信号。例如在实验室中先给被试者以光的刺激，随后以43℃的刺激物接触手的皮肤，在光和热结合若干次之后建立了条件反射，单是光的出现即可引起热感觉，而且手的血管也同时舒张。

　　温度觉的阈值是温度变化为0.001℃/s。冷觉的阈值是温度变化为0.004℃/s。这些阈值的刺激在持续3 s后，就发生了适应的变化。皮肤表面对温度变化速度的敏感性和皮肤受刺激表面积的大小有直接关系。受刺激的皮肤表面积越大，温度感觉阈值就越低。实验证明，在全身皮肤都受到刺激时，温度只要每秒升高0.0008℃，就可以引起人们的温度觉。

　　超过45℃的刺激物作用于人的皮肤表面，就会产生热觉或称烫觉。温度达45℃以上的刺激物作用于人的皮肤表面时，痛觉的神经纤维就积极地参与活动而兴奋起来，从而产生痛觉（烫的感觉）。

3. 痛觉

　　痛觉是有机体受到伤害性刺激所产生的感觉，是有机体内部的警戒系统，能引起防御性反应，具有保护作用。但是强烈的疼痛会引起机体生理功能的紊乱，甚至休克。痛觉种类很多，可分为皮肤痛，来自肌肉、肌腱和关节的深部痛和内脏痛，它们各有特点。痛觉达到一定程度，通常可伴有某种生理变化和不愉快的情绪反应。人的痛觉或痛反应有较大的个别差异，有人痛感受性低，有人痛感受性则高。痛觉较大的个别差异与产生痛觉的心理因素有很大关系。痛觉在民族、性别、年龄方面也存在着一定的差异。影响痛觉的心理因素主要是注意力、态度、意志、个人经验、情绪等。

组织学的检查证明，各个组织器官内都有一些特殊的游离神经末梢，在一定刺激强度下，就会产生兴奋而出现痛觉。这些神经末梢在皮肤中分布的部位，就是所谓痛点。每 1 cm² 的皮肤表面约有 100 个痛点，在整个皮肤表面上，其数目可达 100 万个。

痛觉的中枢部分位于大脑皮层。机体不同部位的痛觉敏感度不同：皮肤和外黏膜有高度痛觉敏感性；角膜的中央，具有人体最痛的痛觉敏感性。痛觉具有很大的生物学意义，因为痛觉的产生，将导致机体产生一系列保护性反应来回避刺激物，动员人的机体进行防卫或改变本身的活动来适应新的情况。

2.4.2　本体感觉

人在进行各种操作活动的同时能给出身体及四肢所在位置的信息，这种感觉称为本体感觉。本体感觉系统主要包括两个方面：一个是耳前庭系统，其作用主要是保持身体的姿势及平衡；另一个是运动觉系统，通过该系统感受并指出四肢和身体不同部位的相对位置。

在身体组织中，可找出三种类型的运动觉感受器。第一种是肌肉内的纺锤体，它能给出肌肉拉伸程度及拉伸速度方面的信息；第二种是位于腰中各个不同位置的感受器，它能给出关节运动程度的信息，由此可以指示运动速度和方向；第三种是位于深部组织中的层板小体，埋藏在组织内部的这些小体对形变很敏感，从而能给出深部组织中压力的信息。在骨骼肌、肌腱和关节囊中的本体感受器分别感受肌肉被牵张的程度；肌肉收缩的程度和关节伸屈的程度，综合起来就可以使人感觉到身体各部位所处的位置和运动，而无须用眼睛去观察。例如，综合从手臂上双头肌和三角肌给出的信息，操作者便了解到自己手臂伸张的程度；再加上由双头肌、三头肌，腰、肩部肌肉给出进一步的信息，就会使人意识到手臂需要给予支持，换句话说，信息说明此时手臂的位置处于水平方向。

运动觉系统在研究操作者行为时经常被忽视，原因可能是这种感觉器官用肉眼看不到，而作为视觉器官的眼睛，作为听觉器官的耳朵，则是明显可见的。然而，在操纵一个头部上方的控制件时，手的动作都不需要眼睛看着脚和手的位置，就会自觉地对四肢不断发出指令。在训练技巧性的工作中，运动觉系统有着非常重要的地位。许多复杂技巧动作的熟练程度，都有赖于有效的反馈作用。例如在打字中，因为有来自手指、臂、肩等部肌肉及关节中的运动觉感受器的反馈，操作者的手指就会自然动作，而不需操作者本身有意识地指令手指往哪里去按。已完全熟练的操作者，能使其发现他的一个手指放错了位置，而且能够迅速纠正。例如，汽车司机已知右脚控制加速器和制动，左脚换挡。如果有意识地让左脚去制动，司机的下肢及脚踝都会有不舒服之感。由此可见，在技巧性工作中本体感觉的重要性。

复习思考题

1. 简述感觉与知觉的定义，以及它们之间的区别与联系。
2. 感觉的基本特性有哪些?
3. 感受性如何来度量? 感觉阈限的划分有哪些?
4. 感觉的相互作用有哪些?
5. 知觉的基本特性有哪些?
6. 影响知觉整体性的因素有哪几个方面?
7. 视知觉恒常性主要有哪几个方面? 试举例说明。
8. 视觉的机能有哪些方面? 简述视觉的特征。
9. 简述听觉的特征。
10. 分别简要叙述人体皮肤上三种感受器的作用。

第3章

人体体力工作能量消耗与体力疲劳消除

3.1 体力工作的能量消耗与氧耗动态

3.1.1 人体能量的产生

由于骨骼约占人体重的40%，故体力劳动的能量消耗较大。以骨骼肌为例，活动的能量来自细胞中的储能元为三磷酸腺苷（adenosine triphosphate，ATP）。肌肉活动时，肌细胞中的三磷酸腺苷与水结合，生成二磷酸腺苷（adenosine diphosphate，ADP）和磷酸根（Pi），同时，释放出29.3 kJ的能量，即

$$ATP + H_2O \rightarrow ADP + Pi + 29.3 \ kJ/mol$$

由于肌细胞中的ATP储量有限，因此，能量释放过程中，必须及时补充肌细胞中的ATP。补充ATP的过程称为产能，一般通过以下三种途径。

1. 磷酸原系统

在要求能量释放速度很快的情况下，肌细胞中的ATP由磷酸肌酸（creatine phosphate，CP）与二磷酸腺苷合成予以补充

$$CP + ADP \rightleftharpoons Cr + ATP$$
$$\text{（肌酸）}$$

由于二者的化学结构都属高能磷酸化合物，故称为磷酸原系统（ATP—CP系统）。ATP—CP系统提供能量的速度极快，但ATP在肌肉内的储量很少，若以最大功率输出仅能维持2 s左右。肌肉中CP的储量约为ATP的3～5倍。CP能以ATP分解的速度最直接地使之再合成。

剧烈运动时，肌肉内的CP含量迅速减少，而ATP含量变化不大。根据Margaria计算，人体高能磷酸化合物含量为23～25 mmol·kg^{-1}湿肌重。其中ATP含量约为4～5 mmol·kg^{-1}湿肌重，CP含量约为18～20 mmol·kg^{-1}湿肌重。磷酸原系统供能的总容量约为420 kJ·kg^{-1}湿肌重。如果用每千克作为能量输出单位，那么，ATP—CP

系统的最大供能速率或输出功率为 56 $J \cdot kg^{-1}s^{-1}$，供能持续时间为 7.5 s 左右。磷酸原系统供能的特点是，供能总量少，持续时间短，功率输出最快，不需要 O_2，不产生乳酸等物质。

2. 有氧氧化系统

在中等劳动强度条件下，ATP 以中等速度分解，又通过糖和脂肪的氧化磷酸化合成予以补充

$$葡萄糖或脂肪＋氧 \xrightarrow{氧化磷酸化} ATP$$

由于这一过程需要氧参与合成 ATP，故称为有氧氧化系统。有氧氧化系统是指糖、脂肪和蛋白质在细胞内（主要是线粒体内）彻底氧化成 H_2O 和 CO_2 的过程中，再合成 ATP 的能量系统。在合成的开始阶段，以糖的氧化磷酸化为主，随着持续活动时间的延长，脂肪的氧化磷酸化转为主要过程。从理论上分析，体内储存的糖特别是脂肪是不会被耗尽的，故该系统供能的最大容量可认为无限大。但该系统是通过逐步氧化、逐步放能再合成 ATP 的，其特点是 ATP 生成总量很大，但速率很低，需要氧的参与，不产生乳酸类的副产品。据计算，该系统的最大供能速率或输出功率为 15 $J \cdot kg^{-1}s^{-1}$。因此该系统是进行长时间耐力活动的物质基础。在评定人体有氧氧化系统供能的能力时，主要考虑氧的利用率，因此，最大吸氧量和无氧阈是评定有氧工作能力的主要生理指标。

3. 乳酸能系统

在大强度劳动时，能量需求速度较快，相应 ATP 的分解也必须加快，但受到供氧能力的限制。此时，则靠无氧糖酵解产生乳酸的方式提供能量，故称为乳酸能系统。

$$葡萄糖（糖原） \xrightarrow{糖酵酸} ATP＋乳酸$$

人体骨骼肌中肌糖原含量为 50～90 $mmol \cdot kg^{-1}$ 湿肌重，据此计算乳酸能系统供能的最大容量约为 962 $J \cdot kg^{-1}$ 湿肌重，其最大供能速率或输出功率为 29.3 $J \cdot kg^{-1}s^{-1}$，供能持续时间为 33 s 左右。由于最终产物是乳酸，故称乳酸能系统。该供能系统的特点是，供能总量较磷酸原系统多，输出功率次之，不需要氧，产生导致疲劳的物质为乳酸。由于该系统产生乳酸，并扩散进入血液，因此，血乳酸水平是衡量乳酸能系统供能能力的最常用指标。乳酸是一种强酸，在体内聚积过多，超过了机体缓冲及耐受能力时，会破坏机体内环境酸碱度的稳态，进而又会限制糖的无氧酵解，直接影响 ATP 的再合成，导致机体疲劳。乳酸能系统供能的意义在于保证磷酸原系统最大供能后仍能维持数十秒快速供能，以应付机体的需要。该系统是 1 min 以内要求高功率输出运动的物质基础。如 400 m 跑、100 m 游泳等。专门的无氧训练可有效提高该系统的供能能力。

乳酸能系统需耗用大量葡萄糖才能合成少量的 ATP，在体内糖原含量有限的条件下（表 3-1），这种产能不经济。此外，目前还认为乳酸是一种致疲劳性物质，所以乳酸系统提供能量的过程不可能持续较长时间。

表 3-1 乳酸能系统合成 ATP（体重 75 kg，肌重 20 kg）

物质	每克分子的能量		浓度（肌肉湿重）	人体内总能量	
	kJ	kcal	mol/kg	kJ	kcal
ATP	42	10	5	4	1
CP	44	10.5	17	15	3.6
糖原	2 930	700	80	4 600	1 100
脂肪	10 046	2 400	—	313 950	75 000

三种产能过程可概括如图 3-1 所示，其一般特性列于表 3-2。

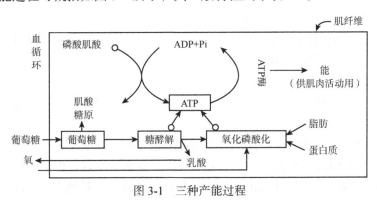

图 3-1 三种产能过程

表 3-2 三种产能过程的一般特性

类型	ATP—CP 系统	乳酸系统	需氧系统
氧	无氧	无氧	需氧
速度	非常迅速	迅速	较慢
能源	CP，储量有限	糖原，产生的乳酸有致疲劳性	糖原、脂肪及蛋白质，不产生致疲劳性副产物
产生 ATP	很少	有限	几乎不受限制
劳动类型	任何劳动，包括短暂的极重劳动	短期重及很重的劳动	长期轻及中等劳动

3.1.2 体力工作的能量消耗

1. 能量代谢的类型

人体不仅在进行作业过程中需要消耗能量，维持自身生命也需要消耗能量。人体内的能量产生、转移和消耗，称为能量代谢。能量代谢按机体及其所处的状态，可以分为三种：维持生命所必需的基础代谢量（basal metabolism），安静时维持某一自然姿势时的安静代谢量（repose fully expend energy）（含基础代谢量），作业时的能量代谢量（energy metabolism）（含安静代谢量）。三种代谢量的关系如图 3-2 所示。

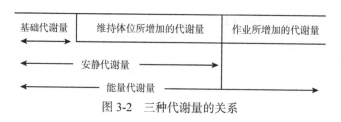

图 3-2　三种代谢量的关系

1）基础代谢量

由于人体的能量代谢速度受机体及其状态和环境条件诸因素的影响，因此，同一个人随其所处条件的变化，能量代谢速度也不相同。基础代谢是指人体在基础状态下的能量代谢。基础状态通常规定为如下方面。

（1）清晨清醒进食前（前一日晚餐后 12～14 h），排除食物的特殊动力作用。

（2）平卧，排除肌肉活动的影响。

（3）环境温度在 20～25 ℃。

（4）安静。基础代谢量反映了人体处于基础状态下，维持心率、呼吸和正常体温的最基本的能量消耗量。

为了表示方便，将单位时间、单位表面积的耗能量记为能量代谢率，它的单位是 kJ/（$m^2 \cdot h$）。基础代谢率记为 B，它随着年龄、性别等生理条件不同而有所差异。通常男性的基础代谢率高于同年龄的女性；幼年比成年高，年龄越大，代谢率越低。我国正常人基础代谢率的平均值如表 3-3 所示。我国人体表面积的公式为

体表面积（m^2）＝0.0061×身高（cm）＋0.0128×体重（kg）－0.1259

表 3-3　我国正常人基础代谢率的平均值　　　　　单位：kcal/（$m^2 \cdot h$）

性别	11～15 岁	16～17 岁	18～19 岁	20～30 岁	31～40 岁	41～50 岁	51 岁以上
男	46.7	46.2	39.7	37.7	37.9	36.8	35.6
女	41.2	43.4	36.8	25.0	35.1	34.0	33.1

正常人的基础代谢率比较稳定，一般不超过正常平均值的 15%。通常体温增高 1℃，基础代谢率可增加 31%。

2）安静代谢量

安静代谢量是指机体为了保持其各部位的平衡及其某种姿势所消耗的能量。一般取作业前或作业后的坐姿进行测定，但由于机体各种活动都会引起代谢量的变化，所以测定时必须使机体保持安静状态，即要求被测者的呼吸、心率等维持在正常水平。通常以常温条件下，基础代谢率的 120%作为安静代谢率。安静代谢率记为 R，$R＝1.2 B$。

3）能量代谢量

人体进行作业或运动时所消耗的总能量，叫作能量代谢量。能量代谢率记为 M。对于确定的作业个体，能量代谢量的大小与劳动强度直接相关。能量代谢量是计算作业者一天的能量消耗和需要补给热量的依据，也是评价作业负荷的重要指标。

4）相对代谢率

体力劳动强度不同，所消耗的能量亦不同。但由于作业者机体的体质差异，即使是同样的劳动强度，不同作业者的能量代谢也不相同。为了消除作业者之间的差异因素，常用相对代谢率 RMR（relative metabolic rate）这一相对指标衡量劳动强度

$$RMR = \frac{能量代谢率-安静代谢率}{基础代谢率} = \frac{M-1.2\,B}{B}$$

或

$$M = (RMR + 1.2\,B)$$

2. 能量代谢的测定

能量代谢的测定方法有两种：直接法和间接法。直接法是通过热量计测定在绝热室内流过人体周围的冷却水升温情况，换算成代谢率；间接法是通过测定人体消耗的氧量，再乘以氧热价求出能量代谢率。由于直接测量法过程较为烦琐复杂，因此目前主要采用间接法进行能量代谢测量。

在采用间接法测定能量代谢时，人体消耗能量来自人体摄取的食物，糖、脂肪和蛋白质是食物中的三大供能物质。通常把 1 g 供能物质氧化所释放出的热量称为物质的卡价（calorie value）。糖和脂肪在体外燃烧与体内氧化所产生的热量相等，即 1 g 糖平均产生热量 171.6 kJ；1 g 脂肪平均产生热量 39.8 kJ；1 g 蛋白质在体外燃烧产生热量 23.4 kJ，而在体内不能完全氧化只产生热量 18 kJ，其余 5.4 kJ 的热量是以尿素的形式排泄到体外继续燃烧时产生的。物质氧化时，每消耗 1 L 氧所产生的热量称为物质的氧热价（thermal equivalent of oxygen）。由于物质的分子结构不同，氧化时消耗的氧也不相同。譬如 1 g 糖完全氧化约消耗 0.83l，根据 1 g 糖的卡价，可以算出每消耗 1 L 氧可产生 17.4/0.83＝20.9 kJ 热量。同理，可以算出其他物质的氧热价（表 3-4）。

表 3-4　三种营养物质氧化时的数据

营养物质	产生热量/（kJ/g）	氧耗量/（l/g）	CO_2 产生量/（l/g）	氧热价/（kJ/l）	呼吸商/（RQ）（CO_2/O_2）
糖	17.4	0.83	0.83	20.9	1.000
脂肪	40.0	2.03	1.45	19.7	0.706
蛋白质	17.9	0.95	0.76	18.8	0.802

通常把机体在同一时间内产生的 CO_2 量与消耗的 O_2 量的比值（CO_2/O_2）称为呼吸商。由表 3-4 可见，不同物质在体内氧化时产生的 CO_2 量与消耗的 O_2 量的比值不相同，一般混合食物的呼吸商常在 0.80。但是由于蛋白质中的氮以尿素排泄，所以受试者吸进的 O_2 量和产生的 CO_2 量应减去验尿测出的尿氮分解所需的 O_2 量和 CO_2 量，才能求得机体的非蛋白质氧化的耗 O_2 量和 CO_2 的产生量，把此时的 CO_2 的产生量和 O_2 消耗量的比值，称为非蛋白质的呼吸商。实际应用中经常采用省略尿氮测定的简便方法，即根据受试者在同一时间内吸入的 O_2 量和 CO_2 产生量求出呼吸商（混合呼吸商），而不考虑蛋白质代谢部分。实践证明，采用简便方法得到的结果不会有显著误差。

既然通过作业时消耗的 O_2 量和产生的 CO_2 量可以换算成能量消耗，那么相对代

率也可以通过测定作业者在作业时、安静时消耗的 O_2 量和产生的 CO_2 量的比值，计算作业者在安静时和作业时各自的 O_2 消耗量，然后乘以每消耗 1 L O_2 所产生的热量（氧热价），分别折算成作业时和安静时的能量消耗。同理，若将作业者的基础代谢量换算成 O_2 消耗量或直接测定出基础代谢时的 O_2 消耗量，此时相对代谢率计算式又可写成

$$RMR = \frac{\text{作业时的}O_2\text{消耗量} - \text{安静时的}O_2\text{消耗量}}{\text{基础代谢时的}O_2\text{消耗量}}$$

RMR 值与作业者作业时使用身体的部位、工作性质、工作速率、劳动工具以及作业熟练程度有关，表 3-5 表示在正常速率下若干作业的 RMR 实测值。

表 3-5 正常速率下若干作业的 RMR 实测值

作业或活动内容	RMR 值	作业或活动内容	RMR 值
睡眠	基础代谢量 ×80%～90%	使用计算机	1.3
		步行选购	1.6
安静坐姿	0	准备、做饭及收拾	1.6
坐姿：灯泡钨丝的组装	0.1	邮局小包鉴别工作	2.4
念、写、读、听	0.2	骑自行车（平地 180 m/min）	2.9
拍电报	0.3	做广播体操	3.0
电话交换台的交换员	0.4	擦地	3.5
打字	1.4	整理被褥	4.3～4.5
谈话：坐着（有活动时 0.4）	0.2	下楼（50 m/min）	2.6
站着（腿或身体弯曲时 0.5）	0.3	上楼（45 m/min）	6.5
打电话（站）	0.4	慢步（40 m/min）	1.3
用饭、休息	0.4	（50 m/min）	1.5
洗脸、穿衣、脱衣	0.5	散步（60 m/min）	1.8
乘小汽车	0.5～0.6	（70 m/min）	2.1
乘汽、电车（坐）	1.0	步行（80 m/min）	2.7
乘汽、电车（站）	2.2	（90 m/min）	3.3
扫地、洗手	0.6	（100 m/min）	4.2
使用计算器	0.7	（120 m/min）	7.0
洗澡	0.9	跑步（150 m/min）	8.0～8.5
邮局盖戳	1.0	马拉松	14.5
使用缝纫机	1.0～1.2	万米跑比赛	16.7
在桌上移物	1.2	百米跑比赛	208.0

综上所述，能量消耗可按下式计算：

基础代谢量＝基础代谢率平均值 [kJ/（$m^2 \cdot h$）]×体表面积（m^2）

某项作业的能量消耗＝（RMR＋1.2）×基础代谢率平均值×体表面积×作业延续时间

例 3-1 某 25 岁的男性青年，体表面积为 1.8 m^2，当 RMR＝3 时，试问 2 h 连续作业的能量消耗是多少？

解： 查表 3-3，基础代谢率的平均值为 37.7 kcal/（$m^2 \cdot h$），所以

基础代谢量＝37.7×1.8＝67.86（kcal/h）

2 h 连续作业的能量消耗为

$$（3+1.2）\times 67.86 \times 2 = 570.02 （kcal）$$

3.1.3　体力工作时人体氧耗动态

1. 体力工作时的人体氧耗

能量产生和消耗可以从人体消耗的氧量上反映出来。人体进行劳动时骨骼肌能否得到足够的氧，取决于肺通气量、血流输送的氧量及肌细胞对氧的利用。作业时的劳动强度越大、时间越长，消耗的氧也越多。单位时间所需要的氧量叫作氧需。氧需能否得到满足主要取决于循环系统的功能，其次决定于呼吸器官的功能。血液在单位时间内能供应的最大氧量叫作氧上限。成年人的氧上限一般不超过 3 L，有锻炼基础者可达 4 L 之多。开始劳动时，机体的氧摄取量不能即时达到骨骼肌需氧量的水平，机体先动用肌细胞内储存的高能磷酸化合物（如 ATP 和磷酸肌酸）及（或）糖的无氧酵解以供给即时所需之能量。这时人体的氧耗量急剧增加。经一段时间后氧耗量才达到一个稳态［图 3-3（a）］，这段时间大约为 2 min。2 min 内机体的供氧量小于需氧量，不足的氧量称为氧缺乏。氧缺乏的大小随劳动强度而异，劳动强度适宜时的摄取量可满足需要，体内储存的高能磷酸化合物在劳动中可得到补偿，产生的乳酸也可以部分继续氧化，体内不再进一步蓄积。因此，氧耗量表现为稳态；劳动强度过大时，氧的摄取量始终小于需要量，机体进行这种劳动主要依靠糖的无氧酵解供给能量，乳酸在体内蓄积，氧耗量不能呈现稳态。劳动停止后，需要一段较长的时间，氧耗才能回到安静水平。这部分劳动后超过安静水平的氧耗量即是氧债［图 3-3（b）］。次极量（submaximum）以下的劳动，稳态的氧耗水平的高低与劳动强度呈比例关系，对这种劳动只需测定劳动时的氧耗量，即可测知该项劳动的热能消耗量。对于过强的劳动，除了测定劳动时的氧耗量以外，还必须测定劳动后的氧债。一般情况下，非乳酸氧债（恢复 ATP、CP、血红蛋白等所需的氧）可在 2~3 min 内补偿；乳酸氧债则需较长时间才能得到完全补偿，恢复期一般需 10 min 左右，长者可达 1 h 以上。

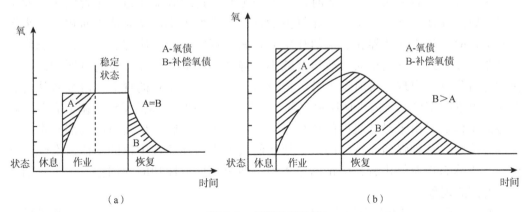

图 3-3　氧债及其补偿

2. 静态作业时的人体氧耗

作业时，肌肉收缩作用于物体的力叫作肌张力。物体作用于肌肉上的阻力称为负荷。要提起或举起某一物体，肌张力必须大于负荷，此时肌肉收缩过程中的负荷相对恒定，肌张力保持不变，这种肌肉收缩叫作等张收缩。运用关节活动进行的作业即属于此类。若人的躯体和肢体维持不动，运用肌张力将负荷支撑在某一位置，肌纤维长度不变，这种肌肉收缩叫作等长收缩。以肌肉等长收缩为主的作业称为静态作业或静力作业。研究表明，当等长收缩的肌张力在最大随意收缩力15%～20%时心血管的反应能力使等长收缩肌肉中的血流保持稳定，足以满足局部能量供应和消除代谢物的需要。但当肌张力超过该水平时则容易产生疲劳，故称其为疲劳性等长收缩。若以最大肌张力收缩，静态作业只能维持几秒或数分钟，此时虽然心血管反应加强，心率、心输出量、舒张压和收缩压均增高，但却不能克服肌张力对局部血管产生的压力，故不能维持收缩的肌肉内血流的稳定，甚至使血流中断造成局部肌肉缺氧和乳酸堆积并引起酸痛。

静态作业的特征是能量消耗水平不高却很容易疲劳。此时，即使用最大随意收缩的肌张力进行作业，氧需也达不到氧上限，通常每分钟不超过 1 L。但在作业停止后数分钟内，氧消耗不仅不像动态作业停止后迅速下降，反而先升高后再逐渐下降到原有水平（图 3-4）。

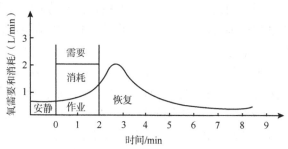

图 3-4　静态作业的氧消耗动态

这种现象可能是在静态作业时，由于一定肌群持续收缩压迫小血管使血流发生障碍，肌肉在缺氧条件下工作，无氧糖酵解产物乳酸等不能及时清除而积聚起来形成氧债，故呈现出作业停止后氧消耗反而升高的现象。有的研究还发现，静态作业时舒张压比收缩压升高更大，故压差减小；静脉压在静态作业开始时有所增高，工作适应时降低，出现疲劳时又上升，全身血液循环时间延长的现象。研究者认为，上述现象不能用局部肌肉机械压迫解释，而与全身性神经-体液系统的调节有关。很可能静态作业时由于局部肌肉的持续收缩，不断刺激大脑皮层而引起局部兴奋灶。按诱导法则，这种强烈而持续的兴奋灶能使大脑皮层和精神中枢的其他兴奋灶受到抑制。当静态作业停止后，按正诱导法则，即出现后继性功能的加强，产生氧消耗反而升高的现象。

作业过程中，静态作业所占的比重与作业者的姿势、熟练程度有关，操作的熟练程度越高，不必要的静态作业成分越少。因此，通过改革工具，改进操作方法，可以大大减少不必要的静态作业。

3.2 劳动强度等级划分

劳动强度是指作业者在生产过程中体力消耗及紧张的程度。劳动强度不同，单位时间内人体所消耗的能量也不同。用能量消耗划分劳动强度，只适用于以体力劳动为主的作业。目前，国内外对劳动强度分级的能量消耗指标主要有两种：一种是相对指标，即相对代谢率 RMR；一种是绝对指标，如劳动强度指数、能量消耗量等。

1. 以相对代谢率 RMR 分级

依作业时的相对代谢率指标评价劳动强度标准的典型代表是日本能率协会的划分标准，它将劳动强度划分为 5 个等级（表 3-6）。

表 3-6　日本能率协会劳动强度分级标准

劳动强度等级	RMR	工作特点	例
极轻劳动	0~1	手指动作、脑力劳动、坐姿或重心不动的立姿，其疲劳呈现为精神疲劳	制图员、电话交换员
轻劳动	1~2	主要为手指及手动作，以一定速度工作长时间后呈现局部疲劳	机械工具的修理工
中劳动	2~4	立位，但身体移动以重心的水平移动为主，身体移动速度为普通步行速度加以中间适当休息可持续劳动数小时	车工、铣工
重劳动	4~7	全身劳动为主，并需全力进行	土建工、炼钢工
极重劳动	>7	短时间内要求全身全力高速动作	采煤工、伐木工

2. 以能量消耗量分级

研究表明，以能量消耗量为指标划分劳动强度时，可以采用氧需上限、耗氧量、能耗量、心率、直肠温度、排汗率等指标作为能量消耗的重要指征指标，它们与相对代谢率具有相同意义。以能量消耗量分级的典型代表是国际劳工局 1983 年的划分标准，它将工农业生产的劳动强度划分为 6 个等级，如表 3-7 所示。

表 3-7　用于评价劳动强度的指标和分级标准

劳动强度等级	很轻	轻	中等	重	很重	极重
氧需上限的/%	<25	25~37.5	37.5~50	50~75	>75	~100
耗氧量/（L/min）	~0.5	0.5~1.0	1.0~1.5	1.5~2.0	2.0~2.5	>2.5
能耗量/（kJ/min）	~10.5	10.5~21.0	21.0~31.5	31.5~42.0	42.0~52.5	>52.5
心率/（次/min）	~75	75~100	100~125	125~150	150~175	>175

续表

劳动强度等级	很轻	轻	中等	重	很重	极重
直肠温度/（℃）	−	<37.5	37.5~38	38~38.5	38.5~39.0	39.0
排汗率/（mL/h）	−	−	200~400	400~600	600~800	800~

注：①资料来源于国际劳工局，1983；②轻、中、重、很重、极重劳动的氧消耗分别相当于氧上限的<25%、25%~50%、50%~75%、>75%和接近氧上限或<25%、25%~37.5%、37.5%~50%、50%~62.5%及>62.5%划分；③消耗 1 L 氧约等于产生 20.93 kJ 能量；④ 排汗率系 8 h 工作日的平均数

3. 以劳动强度指数分级

我国根据 262 个工种工人劳动时、能量代谢和疲劳感等指标的调查分析，1983 年提出了按劳动强度指数划分体力劳动强度等级的国家标准（GB 3869—1983），1997年在 GB 3869—1983 的基础上形成了 GB 3869—1997 新标准。体力劳动强度分级新标准如表 3-8 所示。

表 3-8　体力劳动强度分级新标准

劳动强度级别	劳动强度指数
I	≤15
II	~20
III	~25
IV	>25

体力劳动强度指数 I 计算公式为

$$I = T \cdot M \cdot S \cdot W \cdot 10$$

式中：T 为劳动时间率，%；M 为 8 h 工作日平均能量代谢率，kJ/min·m²；S 为性别系数：男性＝1，女性＝1.3；W 为体力劳动方式系数：搬＝1，扛＝0.40，推/拉＝0.05；10 为计算常数。

为了更好地理解体力劳动强度指数，现简要介绍一下式中各项主要影响因素的含义及计算方法。

（1）劳动时间率 T。它是工作日内净作业时间与工作日总工时的比，以百分率表示。

$$T = \frac{工作日内净作业时间（min）}{工作日总工时（min）}$$

净作业时间是指一个工作日内的作业时间扣除休息和工作中间持续 1 min 以上的暂停时间后的全部时间。净作业时间比率通常是采用抽样方法测得的平均值。

（2）工作日平均能量代谢率 M。它是某工种工作日内各类工作和休息的能量消耗的平均值，其计算方法是：将各项作业活动与休息的能量代谢率，分别乘以相应累计时间，得出工作日内能量消耗总值。之后，除以工作日制度工作时间，即得出工作日平均能量代谢率 M。

$$M=\frac{\sum t_i M_i+\sum t_j M_j}{T}$$

式中：M 为 8 h 工作日内的平均能量代谢率，kJ/min·m²；M_i 为第 i 项劳动的能量代谢率，kJ/min·m²；t_i 为第 i 项劳动的时间，min；M_j 为第 j 次休息的能量代谢率，kJ/min·m²；t_j 为第 j 次休息的时间，min。

单项劳动能量代谢率计算如下：

每分钟肺通气量 3.0～7.3 L 时采用如下公式计算。

$$\lg M = 0.0945x-0.537\,94$$

式中：x 为单位体表面积气体体积，L/min·m²。

每分钟肺通气量 8.0～30.9 L 时采用如下公式计算。

$$\lg(13.26-M)=1.1648-0.0125x$$

式中：x 为单位体表面积气体体积，L/min·m²。

每分钟肺通气量 7.3～8.0 L 时采用上面两式的平均值。

4. 以动态心率分级

本书作者对体力劳动强度有较深入的研究，并提出了以动态心率为指标的体力劳动强度分级标准建议值，如表 3-9 所示。

表 3-9 以动态心率为指标的体力劳动强度分级标准建议值

体力劳动强度分级	男子		女子	
	平均心率/（次/分钟）	相对心率	平均心率/（次/分钟）	相对心率
轻	92 以下	1.22 以下	96 以下	1.27 以下
中	～106	～1.42	～110	～1.45
较重	～121	～1.62	～122	～1.62
重	～135	～1.82	～134	～1.77
过重	～150	～2.02	～146	～1.94
极重	150 以上	2.02 以上	146 以上	1.94 以上

注：表中相对心率为瞬时心率与安静心率的比值

3.3 体力工作疲劳及其消除

3.3.1 作业疲劳的概念及其分类

1. 体力劳动时的作业疲劳

在劳动过程中，当作业能力出现明显下降时称为作业疲劳。它是机体的正常生理反应，起预防机体过劳的警告作用。疲劳出现时会有从轻微的疲倦感到精疲力竭的感觉，但这种感觉和疲劳并不一定同时发生。有时虽已出现疲倦感，但实际上机体还未进入疲劳状态。这在对工作缺乏认识、动力或兴趣、积极性不高的人中常见。另外，也能见到虽无疲倦感而机体早已疲劳的情况。这在对工作具有高度责任感、特殊爱好以及遇到紧急情况时常可见到。

2. 疲劳的分类

疲劳可大致分为以下四种类型。

（1）个别器官疲劳：常发生在仅需个别器官或肢体参与的紧张作业，如手、视觉、听觉等的局部疲劳，一般不影响其他部位的功能。例如手疲劳时，对视力、听力等并无明显影响。

（2）全身性疲劳：主要是全身参与较为繁重的体力劳动所致，表现为全身肌肉、关节酸痛，疲乏，不愿活动和作业能力明显下降，错误增加等。

（3）智力疲劳：是长时间从事紧张脑力劳动所致，表现为头昏脑涨、全身乏力、嗜睡或失眠、易激惹等。

（4）技术性疲劳：常见于需要脑力、体力并重且神经、精神相当紧张的作业，如驾驶汽车、飞机、收发电报、计算机操作等，其表现要视劳动时体力和脑力参与的多少而异。例如，卡车司机疲劳时除全身乏力外，腰酸腿痛颇为常见；而无线电发报员、半自动化作业操作人员等，则以头昏脑涨、嗜睡或失眠等多见。

3. 疲劳的阶段划分

疲劳的发生可分为三个阶段。

第一阶段：疲倦感轻微，作业能力不受影响或稍下降。此时，浓厚兴趣、特殊刺激、意志等可使自我感觉精力充沛，能战胜疲劳，维持劳动效率，但有导致过劳的危险。

第二阶段：作业能力下降趋势明显，并涉及生产的质量，但对产量的影响不大。

第三阶段：疲倦感强烈，作业能力急剧下降或有起伏，后者表示劳动者试图努力完成工作要求，最终感到精疲力竭、操作发生紊乱而无法继续工作。

3.3.2　体力劳动时的疲劳发生机理

疲劳可能起源于心理因素，常与缺乏动力、兴趣或过度心理紧张等因素有关；也可能是由于生理因素，常与过度体力活动（含劳动与运动）职业性有害因素的作用等有关。在此，仅讨论以体力活动为主所致的疲劳，即体力疲劳发生的机理。

1. 四种不同而又有联系的学说

1）能源物质耗竭学说

这种理论认为劳动者在劳动过程中需要消耗能量。随着劳动的进程，能源物质（如糖原、ATP、CP 等）不断地消耗，但人的能源物质储存量是有一定的限度的，一旦耗竭，便呈现疲劳。

2）疲劳物质累积学说

这种理论认为疲劳是人体肌肉或血液中某些代谢物质，如乳酸、丙酮酸等酸性物质大量堆积而引起的。

3）中枢神经系统变化学说

这种理论认为人在劳动中，中枢神经的功能发生着变化，当兴奋到某种程度，必然会产生抑制。疲劳是中枢神经工作能力下降的表现，是大脑皮质的保护性作用。

4）机体内环境稳定性失调学说

这种理论认为劳动中体内产生的酸性代谢物，使体液的pH下降。当pH下降到一定程度，细胞内外的水分中离子的浓度就会发生变化，人体就会呈现疲劳。

2. 体力劳动时骨骼肌疲劳的原因

1）ATP 耗竭

肌肉收缩时，肌纤维中的肌球蛋白丝与肌动蛋白丝发生相对滑动，所需能量是由ATP分解供给的。但肌肉中ATP分子的储备与供应能力有限，只要ATP浓度稍微下降，就会使肌球蛋白横桥上的ATP酶活性下降，使肌肉收缩周期受到影响，也会使 Ca^{2+} 循环减慢，致使肌肉发生疲劳。

2）pH 降低

剧烈体力活动时，肌肉内有乳酸蓄积，pH 从 7.0 降到 6.6～6.3。此时，由于 H^+ 浓度增高而干扰许多酶的催化活性，全部或部分地影响到下列代谢过程：抑制磷酸果糖激酶活性，使通过糖酵解所产生的 ATP 供应减少；通过抑制磷酸化酶激酶和苷环化酶活性与促使 HPO_4^{2-} 转变为 $H_2PO_4^-$ 而使糖原分解减少，使糖酵解受到影响，ATP 的供应亦减少；由于 $H_2PO_4^-$ 的形成，即 Pi 与 H^+ 都增多了，导致平衡的偏移均会致肌力减小，终使疲劳而停止工作。

3）糖原耗竭

人的碳水化物储备有限，相当于不足 4184 kJ，剧烈体力活动 1～2 h 即会发生疲劳，伴有低血糖、肌糖原与肝糖原耗竭。肌糖原的储备与平时的膳食成分有关，亦即与疲劳发生的时间早迟有关。

4）最大氧流量受限

最大氧流量（VO_2max）即最大摄氧量，它与最大心输出量、骨骼肌毛细血管密度、肌红蛋白浓度和线粒体密度有关，有氧锻炼均可使它们增加。限制最大氧流量进一步提高的是最大心输出量。可见，心血循环系统递氧功能差的人，即容易疲劳。

5）骨骼肌量不足

缺乏体力锻炼者，不仅肌肉中糖原储备少，而且骨骼肌量不足，单位横断面上承受的负荷较大，更容易产生疲劳。

3. 肌肉疲劳的分子理论

1）葡萄糖摄取

体力活动时，交感神经抑制胰腺 β 细胞释放胰岛素，使血中胰岛素降低，会使多数器官和组织靠胰岛素刺激摄取葡萄糖的量减少；还有利于血流从多数器官（除脑外）流向收缩活动中的骨骼肌，而后者提高了对胰岛素的敏感性。与此同时，收缩活动中的肌肉产生二酰基甘油，促使蛋白激酶 C 从胞浆大量转移至微粒体，与 Ca^{2+} 一起激活葡萄糖的转运，使葡萄糖载体从胞浆中的内储藏池大量补充至肌纤维膜并加速其在膜中的移交。这样，就形成了大量葡萄糖转运至活动着的肌肉并被其摄取、利用。

2）丙二酰基辅酶 A 浓度

重体力活动时，该辅酶（malonyl-CoA）的浓度下降，会对肉碱酰基转移酶 I 活性的抑制减弱，而促使脂肪酸氧化加速来提供能量，起节约肌糖原的作用。

3）肌浆网功能

在长期耗竭性肌肉活动后或大强度肌肉活动后，可见到快抽动肌肉的肌浆网摄取 Ca^{2+} 的速率下降。这可能是肌浆网 Ca^{2+}-ATPase 活性失活所致。该酶活性下降的意义：部分人认为，这可能是肌肉疲劳的原因之一；另一部分人则认为，肌浆网摄取 Ca^{2+} 减少，可能导致肌浆中游离 Ca^{2+} 增多，而使肌肉收缩的峰张力和半松弛时间均延长，致使肌力减弱。

4）线粒体浓度

骨骼肌有氧锻炼，会促使线粒体浓度适应性增强。这主要是由于线粒体蛋白质 mRNA 编码加快，而促使线粒体蛋白质合成速度加快。其结果是：激活多种胞液酶并将其转移至线粒体内，使 β-氧化游离脂酸的能力增加而节约糖原的氧化，延缓了疲劳的发生。

5）糖酵解酶活性

有氧耐力锻炼后，快抽动红肌中的糖酵解酶活性下降了；同时，骨骼肌中的快肌球蛋白转换成慢肌球蛋白重链，降低了活动时的氧消耗量，亦即使具有高 ATPase 的快肌球蛋白异构体转换为具有较少 ATPase 的慢肌球蛋白异构体。这是锻炼所致的适应性变化，也是能使消耗量减少和不易发生疲劳的原因。

综上可见，引起肌肉疲劳的原因是多方面的，既有中枢神经系统（大脑皮层和脑干）的作用，又有内环境平衡的紊乱，还有局部能源的耗竭和乳酸的蓄积与 K^+ 的转移等。但体力疲劳的某些机理，尤其是上述原因彼此之间的关系，还有待进一步探讨。

3.3.3　体力工作疲劳的测定

1. 体力工作疲劳测定应满足的条件

作为疲劳测定的方法，应满足如下条件：一是测定结果应当是客观的表达，而不依赖于研究者的主观解释；二是测定结果应当定量化表示疲劳的程度；三是测定方法不能导致附加的疲劳，或使被测者分神；四是测定疲劳时，不能导致被测者不愉快或造成心理负担或病态感觉。

2. 疲劳测定的主要方法

为了测定体力工作疲劳，必须有一系列能够表征疲劳的指标。许多研究者认为，疲劳可以从三种特征上表露出来：一是身体的生理状态发生特殊变化，如心率（脉率）、血压（压差）、呼吸及血液的乳酸含量等发生变化。二是进行特定作业时的作业能力下降。例如对特定信号的反应速度、正确率、感受性等能力下降。三是疲倦的自我体验。因此，检测疲劳的方法基本分为三类：生化法、生理心理测试法和他觉观察及主诉症状法。

1）生化法

生化法通过检查作业者的血、尿、汗及唾液等液体成分的变化判断疲劳，这种方法的不足之处是：测定时需要中止作业者的作业活动，并容易给被测者带来不适和反感。

2）生理心理测试法

生理心理测试法主要包括膝腱反射机能检查法、两点刺激敏感阈限检查法、频闪融合阈限检查法、连续色名呼叫检查法、脑电肌电测定法、心率（脉率）血压测定法。

（1）膝腱反射机能检查法，是用医用小硬橡胶锤，按照规定的冲击力敲击被试者的膝部，根据小腿弹起角度的大小评价疲劳程度。被试者的疲劳程度不同，引起的反射运动钝化程度也不相同。一般认为：作业前后反射角变化 5°～10°时为轻度疲劳；反射角变化10°～15°时为中度疲劳；反射角变化15°～30°时为重度疲劳。此值亦称膝腱反射阈值。

（2）两点刺激敏感阈限检查法，采用两个距离很近的针状物同时刺激皮肤表面，当两个刺激点间的距离小到刚刚使被试者感到是一点时的距离，称为两点刺激敏感阈限。作业机体疲劳时感觉机能迟钝，两点刺激敏感阈限增大，因此，可以根据这种阈值的变化判别疲劳程度。

（3）频闪融合阈限检查法，是利用视觉对光源闪变频率的辨别程度判断机体疲劳的方法。受试者观看一个频率可调的闪烁光源，记录工作前、后被试者可分辨出的闪烁的频率数。具体做法是先从低频闪烁做起，这时视觉可见仪器内光点不断闪光。当增大频率，视觉刚刚出现闪光消失时的频率值叫闪光融合阈；光点从融合阈值以上降低闪光频率，当视觉刚刚开始感到光点闪烁的频率值叫闪光阈。它和融合阈的平均值叫临界闪光融合值。人体疲劳后闪光融合值降低，说明视觉神经出现钝化。这一方法对在视觉显示终端（visual display terminal，VDT）前面的工作人员的疲劳测定最为适用。一般测定日间或周间变化率，也可分时间段测定。

日间变化率＝（休息日第二天作业后融合值/休息日第二天作业前融合值）×100%－100%

　　周间变化率＝（周末日的作业前值/休息日第二天的作业前值）×100%－100%

　　根据日本早稻田大学大岛的研究结果，正常作业应满足表 3-10 列出的标准。

表 3-10　频闪融合阈限限值

劳动类型	日间变化率		周间变化率	
	理想界限	允许界限	理想界限	允许界限
体力劳动	～10	～20	～3	～13
体力、脑力结合劳动	～7	～13	～3	～13
脑力劳动	～6	～10	～3	～13

（4）连续色名呼叫检查法，通过检查作业者识别各种颜色，并能正确地叫出各种颜色色名的能力，判别作业者疲劳的方法。测试者准备 5 种颜色板若干块，相当快地抽取色板，同时让作业者回答，作业者若在疲劳状态下，回答速度较慢，且错误率相对增高。根据作业者的回答速度和错误率，可以判断作业者的疲劳程度。

（5）脑电肌电测定法，反应时间的变化也同样能表征中枢系统机能的迟钝化程度。测定作业者的反应时间，根据其反应时间快慢也能判断作业者中枢系统机能迟钝化程度与大脑兴奋水平，因此，也可利用脑电图反映作业者的疲劳程度。对于局部肌肉疲劳，采用肌电图测量肌肉的放电反应，可判断肌肉的疲劳程度。当肌肉疲劳时，肌肉的放电反应振幅增大、节奏变慢。

（6）心率（脉率）血压测定法，心率和劳动强度是密切相关的。在作业开始前 1 min，由于心理作用，心率常稍有增加。作业开始后，头 30～40 s 内迅速增加，以适应供氧的要求，以后缓慢上升。一般经 4～5 min 达到与劳动强度适应的稳定水平。轻作业，心率增加不多；重作业能上升到 150～200 次/min，这时，心脏每搏输出血液量由安静时的 40～70 mL 可增大到 150 mL，每分钟输出血量可达 15～25 L，有锻炼的人可达 35 L/min。作业停止后，心率可在几秒至十几秒内迅速减少，然后缓慢地降到原来水平。但是，心率的恢复要滞后于氧耗的恢复，疲劳越重，氧债越多，心率恢复得越慢，其恢复时间的长短可作为疲劳程度的标志和人体素质（心血管方面）鉴定的依据。

本书作者研究以动态心率为指标的体力疲劳的分级测定方法，并得出以动态心率为指标的体力疲劳程度分级方法，如表 3-11 所示。

表 3-11　以动态心率为指标的体力疲劳程度分级方法

疲劳程度等级	男子		女子	
	心率综合指标/（beats/min）	相对心率综合指标	心率综合指标/（beats/min）	相对心率综合指标
不累	＜81	＜1.08	＜85	＜1.12
稍累	～92	～1.23	～96	～1.27
较累	～98	～1.30	～102	～1.33
累	～116	～1.57	～116	～1.48
很累	～128	～1.70	～123	～1.64
非常累	＞128	＞1.70	＞123	＞1.64

表中心率综合指标 ＝（运动中的平均心率 ＋ 运动结束后休息 3 min 的平均心率＋

休息第三分钟末的瞬时心率）/3

相对心率综合指标 ＝（运动中的平均相对心率 ＋ 运动结束后休息 3 min 的平均相对

心率 ＋ 休息第三分钟末的瞬时相对心率）/3

3）他觉观察及主诉症状法

周身和局部疲劳可由个人自觉症状的主诉得以确认。日本产业卫生学会疲劳研究会提供了疲劳自觉症状调查表。按日本的分类方法，疲劳是由身体因子（Ⅰ）、精神因子（Ⅱ）和感觉因子（Ⅲ）构成的。在三个因子中，每个列出 10 项调查内容，把症状主诉率按时间、作业条件等加以分类比较，就可以评价作业内容、作业条件对工人的影响。调查表内容如表 3-12 所示。

表 3-12　疲劳自觉症状调查表

编号：　　　　　　　　　　　　　　　　　　　　　　工作内容：

姓名：　　　　　　　　　　　　　　　　　　　　　　工作地点：

　　　　　　　　　　　　　　　　　　　　　　　　　　　年　　月　　日　　时　　分

无自觉症状在栏内画×　　　　　　　　　　　　　　有自觉症状在栏内画○

Ⅰ身体因子		Ⅱ精神因子		Ⅲ感觉因子	
1	头重	11	思考不集中	21	头痛
2	周身酸痛	12	说话发烦	22	肩头酸
3	腿脚发懒	13	心情焦躁	23	腰痛
4	打哈欠	14	精神涣散	24	呼吸困难
5	头脑不清晰	15	对事务反应平淡	25	口干舌燥
6	困倦	16	小事想不起来	26	声音模糊
7	双眼难睁	17	做事差错增多	27	目眩
8	动作笨拙	18	对事务放心不下	28	眼皮跳，筋肉跳
9	脚下无主	19	动作不准确	29	手或脚抖
10	想躺下休息	20	没有耐心	30	精神不好

3.3.4　体力工作疲劳的消除

1. 提高作业机械化和自动化程度

提高作业的机械化、自动化程度是减轻疲劳、提高作业安全可靠性的根本措施。大量事故统计资料表明，笨重体力劳动较多的基础工业部门，如冶金、采矿、建筑、运输等行业，劳动强度大，生产事故较机械、化工、纺织等行业均高出数倍至数十倍。死亡事故数字统计说明，我国机械化程度较低的中等煤矿事故死亡人数和美国 20 世纪 50 年代机械化程度相当的煤矿事故的死亡数字是相近的。而目前美国矿井下，由于机械化水平很高，只有机械化程度较低的顶板管理中事故居首位。各国发展的趋势，都倾向于由机器人去完成危险、有毒和有害的工作。这些都说明：提高作业机械化、自动化水平，是减少作业人员、提高劳动生产率、减轻人员疲劳、提高生产安全水平的有力措施。这一观点应着力宣传并争取条件加以实施。

2. 科学制定轮班工作制度

1）疲劳与轮班工作制的密切关系

轮班工作制在国民经济生产中具有重要意义。首先，它能够提高设备利用率，增加生产物质财富的时间，从而增加产品产量。这对于人口众多的发展中国家来说更为重要。其次，某些连续生产的工业部门，如冶金、化工等，其工艺流程不可能间断进行。值夜班的医生、民警、通信作业人员等必须昼夜值班。

然而，轮班工作制打乱了人的正常生活规律。由于体温的相对变化代表着体内新陈代谢过程和各种生理功能的微小变化，因此英国学者从研究人体体温来评定昼夜生活规律改变对人造成的影响。一般情况下常人在清晨睡眠中体温最低，7～9 时急剧上升，下午 5～7 时最高。而采用轮班工作制造成体温周期发生颠倒，有27%的人需要1～3 天才能适应，12%的人则需 4～6 天，23%的人需要 6 天以上，38%的人根本不能适应。由于生活规律的打乱，轮班工作制的突出问题容易造成作业人员疲劳，其主要原因有：一是白天睡眠极易受周围环境的干扰，不能熟睡和睡眠时间不足，醒后仍然感到疲乏无力；二是改变睡眠习惯一时很难适应；三是与家人共同生活时间少，容易产生心理上的抑郁感。工作疲劳的长期存在，将会引发两种严重后果：一是夜班作业人员病假缺勤比例高，多数是呼吸系统和消化系统疾病。二是明显地影响人的情绪和精神状态，造成夜班事故率较高。

2）科学制定轮班工作制度

每周轮班工作制使得工人体内生理机能刚刚开始适应或没来得及适应新的节律时，又进入新的人为节律控制周期。所以，工人始终处于和外界节律不相协调的状态。长期的结果将影响工人健康和工作效率，从而影响到安全生产。采用科学的轮班工作制度可以在一定程度上缓解该问题。我国一些企业推行四班三轮制较为合理，现举出两种轮班方式作为参考，如表 3-13 和表 3-14 所示。这些方式可以减少疲劳，提高效率和作业的安全性。

表 3-13　四班三轮制（a）：6（2）6（2）6（2）型

日期次数	1 2	3 4	5 6	7 8	9 10	11 12	13 14	15 16	17 18	19 20	21 22	23 24
白班	A	B	C	D	A	B	C	D	A	B	C	D
中班	D	A	B	C	D	A	B	C	D	A	B	C
夜班	C	D	A	B	C	D	A	B	C	D	A	B
空班	B	C	D	A	B	C	D	A	B	C	D	A

表 3-14　四班三轮制（b）：5（2）5（1）5（2）型

日期次数	1	2	3	4	5	6	7	8	9	10	11	12	13	14	15	16	17	18	19	20
白班	A	A	A	A	A	B	B	B	B	B	B	C	C	C	C	C	D	D	D	D
中班	C	C	D	D	D	D	D	D	A	A	A	A	A	B	B	B	B	B	C	C
夜班	B	B	B	C	C	C	C	C	D	D	D	D	D	A	A	A	A	A	B	B
空班	D	D	C	B	B	A	A	D	D	C	B	B	A	D	D	C	C	B	A	A

3. 改进工作日制度，选拔高素质的熟练工人

1）加强科学管理，改进工作日制度

工作日的时间长短决定于很多因素。许多发达国家实行每周工作 32～36 h，5 个工作日的制度。某些有毒、有害物的加工生产，环境条件恶劣，必须佩戴特殊防护用品工作的车间、班组，可以适当缩短工作时间。当然，最为理想的是工人自己在完成任务条件下，掌握工作日的作业时间。例如，云南锡业公司井下工人，作业分散，又有放射性辐射的危害。在现有生产条件下，保证完成任务后就可下班，实际生产时间只有 3～5 h（规定为 6 h）。国内许多矿山、井下采矿、掘进工人实际下井时间不超过 4 h。这在当前计件或承包的分配制特定情况下是可行的。应当指出，过去经常采用的延长工作时间以提高产量的做法是不可取的。除特定情况外，以此作为提高产量的手段，往往得到的是废品率增高和安全性下降，而且增加成本、降低工效。

2）开展技术教育和培训，选拔高素质的熟练工人

疲劳与技术熟练程度密切相关，技术熟练的员工作业中无用动作少，技巧能力强，完成同样工作所消耗的能量比不熟练工人少许多。因此，开展技术教育和培训与提高员工作业的熟练程度，这对于减少疲劳、保证安全起着重要作用。在具体的教育和培训方式上，最好的办法是采用有工程技术人员、老工人、技师、安全管理人员参加的专家小组，对作业内容进行解剖分析，制定出标准作业动作，员工按照制定出的标准作业动作进行操作。

4. 控制劳动强度与时间，合理调节工作速率，有效克服工作单调感

1）控制劳动强度与时间

工作劳动强度的高低和工作时间的长短是造成作业疲劳的一项重要因素。因此，需要针对静态作业和动态作业两类情况分别加以控制。

（1）静态作业。应尽可能避免或减少静态作业的比例，运用工具来减轻劳动强度和持续时间。在最大强度静力收缩的持续时间应小于 6 s；50%最大强度静力收缩应限在 1 min 以内；维持坐、站等体位，肌张力应不超过最大张力的 15%或 20%，否则就会产生肌肉疼痛或酸痛和作业能力迅速下降。

（2）动态作业。对于动态作业，当劳动强度相当于氧上限时，劳动时间应小于 4 min；相当于 50%氧上限时，应小于 1 h，否则无氧糖酵解分量大增而产生大量乳酸，

要求 8 小时完成的工作，其平均能耗量不应超过氧上限的 33%，亦即不应超过其靶心率〔注：靶心率即劳动时的最适心率 =（最高心率－安静心率）×40%＋安静心率，最高心率 = 220－年龄（岁）〕。

2）合理调节作业速率

作业速率对疲劳和单调感的产生有很大影响。人的生理上有一个最有效或最经济的作业速率，如在负荷一定的情况下，步行速度为 60 m/min 时的 O_2 需要量最少，此速度就称为该步行作业的经济速率。在经济速率下工作，机体不易疲劳，持续时间最长。作业速率过高，会加速作业者的疲劳，甚至影响身体健康。而作业速率过慢同样对工人不利，速率过慢会使工人的情绪冷淡，感到工作内容贫乏，不能激发作业能力的发挥，而且会出现废品。

确定适当的工作速率十分复杂，很难制定一个适合所有人的工作速率。为了避免这种困难，可以采用以下方式：一是由速率相同的人组成班组；二是根据不同工人的作业速率设计操作组合，并根据不同的操作挑选操作人员。

3）有效克服工作单调感

作业过程中出现许多短暂而又高度重复的作业或操作，称为单调作业。单调作业使作业者产生不愉快的心理状态，称为单调感。单调感容易造成以下问题。

（1）使工作质量降低，不能把作业坚持下去。

（2）使作业能力动态曲线产生特殊变化。如在作业能力的稳定期，似乎作业者已进入疲劳期，常发生终末激发现象。

（3）作业时消耗能量不多，却容易疲劳。

（4）容易造成作业或操作细节改变，减缓作业节奏。

为了克服单调感，可以采用以下主要措施。

（1）操作再设计。研究证明长期做同样的工作容易产生单调感。因此可以通过工作再设计，丰富工作内容，让操作人员具有新鲜感，这样可以提振操作人员的兴奋度，有利于提高工作效率和产品质量。

（2）操作变换。假如岗位的操作内容无法更改，减少单调感最好的方法就是更改操作岗位，这样做一方面减少了单调感，同时也让员工的技能得以提升，让员工成为多面手，员工也看到了成长的希望，其工作积极性就会提高。另外，通过工作变换，同一个岗位有若干个员工掌握其操作方法，即使某个员工由于特殊原因不能来上班，其他员工也可以快速替代其工作，保证了生产的连续性。

（3）突出工作的目的性。如参观全部工艺流程及其宣传画，设置中间目标等。

（4）经常向工人报告作业完成情况，令其产生精神动力并起到一定的精神激励作用，有助于缓解工作的单调感。

5. 正确选择作业姿势和体位

在体力工作过程中，正确的作业姿势和体位是缓解与消除体力工作疲劳的重要措施。

1）改进操作方法和工作地布置，尽量避免不良体位

在体力工作时，应该尽量改进操作方法和工作地布置，避免下列不良体位：一是静止不动；二是长期或反复弯腰；三是身体左右扭曲；四是工作负荷不平衡，单侧肢体承重；五是长时间双手或单手前伸等。

2）采用正确的作业姿势

在确定正确的作业姿势时，主要考虑以下因素：一是作业空间的大小和照明条件；二是作业负荷的大小和用力方向；三是作业场所各种仪器、机具和加工零件的摆放位置；四是工作台高度以及是否有容膝空间；五是操作时的起坐频率等因素。综合考虑上述因素，本书提供了适合于最为常用的立姿和坐姿两种姿势的工作，具体如下。

（1）适合采用立姿的工作。对于需要经常改变体位的作业；工作地的控制装置布置分散，需要手、脚活动幅度较大的作业；在没有容膝空间的机台旁进行的作业；用力较大的作业以及单调的作业等工作，建议采用立姿操作为佳。同时，由于立姿作业需要下肢做功支承体重，长期站立容易引起下肢静脉曲张。作业者应采取随意姿势、自由改变体位等方式，均能克服立姿疲劳。

（2）适合采用坐姿的工作。对于持续时间较长的作业；精确而又细致的作业；需要手、足并用的作业，应采用坐姿作业。为了体现坐姿作业的优越性，必须为作业者提供合适的座椅、工作台、容膝空间、搁脚板、搁肘板等装置。

6. 其他缓解和消除体力疲劳的措施

1）合理休息

体力工作疲劳通过休息可得到完全恢复，但应注意以下两个问题。

（1）合理安排工间休息。重和极重劳动，应穿插多次休息，因"总休息时间"与"总劳动时间"之比相同时，以多次短时间休息比两三次较长时间休息的"恢复价值"更大；一般轻、中等劳动只需上下午各休息 10 min 即可。

（2）积极休息。只有在一定条件下积极休息才能明显地消除疲劳和提高作业能力，即以对称肢体中等强度的动力活动的效果最佳；其他广泛肌群的中等强度动力活动，或生产性体操（工间操）或中等强度的按摩均有良好效果；但若强度不足或过大，其效果均不明显。

2）合理膳食

合理膳食是缓解体力工作疲劳的一项有用措施。供给体力劳动者高碳水化合物、高脂肪和足够的蛋白质食物非常重要，它们都可作为能源加以利用。同时，还应多吃蔬菜、水果，并特别注意以下事项。

（1）不能空腹上班，否则易导致低血糖和提前发生疲劳。但上班前 3 h 内大量吃糖反而会促使疲劳发生。因大量吃糖会导致血糖迅速升高而促使胰岛素释放，致使血糖下降，此时进行体力活动就易发生疲劳。

（2）劳动持续 2 h 左右后，额外进食，有利于补充肝和肌糖原以防耗竭。此外，还

必须适当补充液体，否则易致劳动能力下降。除高温作业外，一般不需补充盐分，否则反而有害。如要加糖，以不超过 2.5%为宜。由于冷开水能较快经胃进入肠道被迅速吸收，以维持体液平衡，故劳动时最好喝 15~20 ℃的冷饮。

复习思考题

1. 产能的途径有哪些？它们的过程是怎样的？三种产能过程的一般特性之间的区别是什么？

2. 能量代谢的定义是什么？能量代谢的划分是什么？能量代谢的测定方法是什么？

3. 劳动强度的定义是什么？能量消耗指标主要有哪些？

4. GB 3869—1997 标准与 GB 3869—1983 标准相比有哪些优点？

5. 一名 25 岁身高 1720 mm、体重 72 kg 的男子，在室温 23 ℃时测得他的基础代谢量为 70 kcal/h，试问该男子的基础代谢率是否正常？

6. 某 25 岁的男性青年，体表面积为 1.8 m^2，当 RMR＝3 时，试问 2 h 连续作业的能量消耗是多少？

7. 简述作业疲劳的概念及其分类。

8. 疲劳有哪几种特征？检测疲劳的方法基本分为哪几类？生理心理测试法又包括哪些内容？

9. 简述提高作业能力和降低疲劳的措施。

10. 改进操作方法、改进工作地布置时，应当避免哪些不良体位？确定作业姿势时，主要考虑哪些因素？

11. 如何合理设计作业中的用力方法？举例说明。

12. 合理休息和合理膳食都应该注意哪些方面的问题？

第4章

人体脑力工作负荷与脑力疲劳消除

■ 4.1 人体脑力负荷的定义及其影响因素

4.1.1 脑力负荷的定义

1976 年,美国麻省理工学院谢尔顿教授主持召开了"监视行为和控制"的专题会议,提出了测度脑力负荷的重要性。1977 年,北大西洋公约组织一些著名学者召开"脑力负荷的理论和测量"专题会议,系统讨论了脑力负荷的定义、理论及其测量方法。与会专家学者从不同角度定义了脑力负荷,但没有提出统一的、可被大家接受的定义。此次会议的最后结论为:脑力负荷是一个多维概念,它涉及工作要求、时间压力、操作者能力与努力程度、行为表现以及其他许多因素。

脑力负荷(心理负荷、精神负荷)是与体力负荷相对应的一个术语,它主要是指人在单位时间内所承受的脑力活动工作量,用于形容人在工作中的心理压力或信息处理能力。目前,关于脑力劳动没有严格统一的定义,以下是各国学者从不同角度给出的几种具有代表性的定义。

(1)脑力负荷是人在工作时的信息处理速度,即决策速度和决策的困难程度。

(2)脑力负荷是人在工作时所占用脑力资源的程度,即脑力负荷与人在工作时所剩余的能力是负相关的。

(3)脑力负荷是人在工作中感受到的工作压力大小,即脑力负荷与工作时感到的压力是相关的。

(4)脑力负荷是人在工作中的繁忙程度,即操作人员在执行脑力工作时实际有多忙。

本书关于脑力负荷的定义为:反映工作时人的信息处理系统被使用程度的指标。脑力负荷与人的闲置未用的信息处理能力之和统称为人的信息处理能力。而人的闲置未用的信息处理系统与人的信息处理能力(人的能力水平)、工作任务对人的要求(工作要求)、人工作时的努力程度(努力程度)等诸多因素有关。

4.1.2 脑力负荷的影响因素

影响脑力负荷的因素主要包括工作内容、人的能力以及人的业绩三个方面（图4-1），各影响因素的具体情况如下。

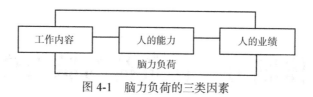

图 4-1 脑力负荷的三类因素

1. 工作内容

工作内容直接影响着脑力负荷的大小。在其他条件不变的情况下，工作内容越多、越复杂，完成该工作内容所需的时间就越长且完成难度也越大，此时操作人员所承受的脑力负荷越高。影响脑力负荷的工作内容主要包括工作时间压力、工作任务困难程度以及工作强度等，显然这些因素均与脑力负荷的大小密切相关。

2. 人的能力

在脑力劳动中，个体之间的脑力劳动能力存在一定差异。做相同内容的工作，个体的能力越突出，则该个体的脑力负荷越低；个体的能力越弱，则对应的脑力负荷越高。

3. 人的业绩

脑力负荷适当与否对系统的绩效、操作人员的满意感以及安全和健康均有很大影响。图4-2展示了工作绩效与脑力负荷强度之间的关系，其中 T_R 表示操作在客观上所需要的时间；T_A 表示操作人员实际能够提供的有效时间。T_R 与 T_A 的比例是脑力负荷大小的一种度量。当 T_R 远大于 T_A 时，操作者处于"脑力超负荷"状态，操作绩效差；当 T_R 远小于 T_A 时，操作人员处于"脑力低负荷"状态，操作绩效同样差；而当 T_R 与 T_A 近似相等时，操作绩效最好，如图中 A、B 两块区域的绩效。

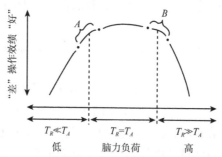

图 4-2 工作绩效与脑力负荷强度之间的关系

从图4-2可以看出，过高或过低的脑力负荷对工作和机体健康都不利。研究脑力负荷的最终目的不是消除负荷，而是要使它维持在一个适度的水平。

4.2　人体脑力负荷的测定

按照脑力负荷的特点和使用范围，脑力负荷测量方法可分为主观评价法、主任务测量法、辅助任务测量法以及生理测量法四类。

4.2.1　主观评价法

1. 主观评价法的特点及其分类

主观评价法是最流行也是最简单的脑力负荷评价方法。该方法要求系统操作者陈述特定操作过程中的脑力负荷体验，或根据脑力负荷体验对操作活动进行难度顺序的排列。该方法具有以下特点：一是主观评价是脑力负荷评价中唯一的直接评价方法；二是主观评价一般在事后进行，不会对主操作产生干扰；三是主观评价一般使用统一的评定维度，不同情境的负荷评价结果可相互比较；四是主观评价法使用简单、省时，且数据收集与分析容易。

目前，用于脑力负荷评价的主观评价法很多，主要包括 Cooper-Harper 建立的 CH 量表（Cooper-Harper Scale）、经改良的 MCH 量表（Modified Cooper-Harper Scale）、美国空军某基地航空医学研究所开发的主观负荷评估法（subjective workload assessment technique，SWAT）以及美国国家航空航天局开发的任务负荷指数（National Aeronautics and Space Administration-Task Load Index，NASA-TLX）四种。前面两种方法是多因素评价法，后面两种方法是单因素评价法，这四种主观评价法对比如表 4-1 所示。

表 4-1　四种主观评价法对比

名称	定义	步骤	优缺点
CH 量表	用于评价飞机驾驶难易程度和飞机操纵特性。该量表基于飞行员工作负荷与操纵质量直接相关的假设	飞机驾驶难易程度分为 10 个等级。飞机驾驶员根据自己的感觉，对照各种困难程度定义给出对这种飞机的评价（分级方法见表 4-2）	优点：简单易行，花费时间少。 缺点：应用范围较小，结果有偏差
MCH 量表	用于评价飞行操作过程中的脑力负荷。该量表与飞机驾驶难易程度有关	采用决策树形式进行评价，评定值为 1~10；对各个级别的定义与 CH 量表不同，且要求操作者评价脑力负荷而不是控制能力，强调的是难度而不是不足和缺陷（评定过程见图 4-3）	优点：简洁，评价结果与实际作业吻合度高，应用范围较广。 缺点：评价结果有偏差
SWAT 量表	脑力负荷是时间负荷、压力负荷和努力程度 3 个要素的结合，每个要素又被分为 1、2、3 3 个等级	首先操作人员完成任务后对 3 个要素打分；其次操作人员对 3 个维度的重要性进行排序；再次将被调查者归入表 4-3 中的某一列（该方法的 3 个要素及每个	优点：运用数学分析法对操作人员给出的 27 种情况排序，数据进行数学处理，数据更可靠。 缺点：需要时间较长，排序准

续表

名称	定义	步骤	优缺点
SWAT 量表		要素的 3 个状态共形成 3×3×3＝27 个脑力负荷水平；最后对于任何一个评价结果查出表中相对应的值（描述的变量及水平见表 4-3）	确性难以保证
NASA-TLX 量表	由脑力需求、体力需求、时间需求、操作业绩、努力程度和困惑程度 6 个维度组成多维脑力负荷评价量表	第一，确定因素权重。采用两两比较法对每个因素在脑力负荷形成中的相对重要性进行评定。第二，针对实际操作情境，分别评定 6 个因素状况。除业绩因素外，其他 5 个因素都是感觉越高，给分值也越高。第三，确定各因素的权数和评估值，进行加权平均求出脑力负荷（6 个维度的定义见表 4-4）	优点：考虑因素较全面，过程简单。缺点：评价结果容易混淆，结果有偏差

2. 常用的主观评价法

1）CH 量表

CH 量表的分级方法如表 4-2 所示。

表 4-2　CH 量表的分级方法

飞机特性	对驾驶员要求	评价等级
优良，人们所希望的	脑力负荷不是在驾驶中应考虑的问题	1
很好，有可忽略缺点	脑力负荷不是在驾驶中应考虑的问题	2
不错，只有轻度不足	为了驾驶飞机需要驾驶员做出少量努力	3
小的，但令人不愉快的不足	需要驾驶员一定的努力	4
中度的、客观的不足	为了达到要求需要相当努力	5
非常明显的但可忍受的不足	为了达到合格驾驶需要非常大的努力	6
严重的缺陷	要达到合格的驾驶，需要驾驶员最大的努力	7
严重的缺陷	为了控制飞机就需要相当大的努力	8
严重的缺陷	为了控制飞机就需要相当大的努力	9
严重的缺陷	如不改进，飞机在驾驶时可能失去控制	10

2）MCH 量表

MCH 量表评定过程如图 4-3 所示。

3）SWAT 量表

SWAT 量表描述的变量及水平如表 4-3 所示。

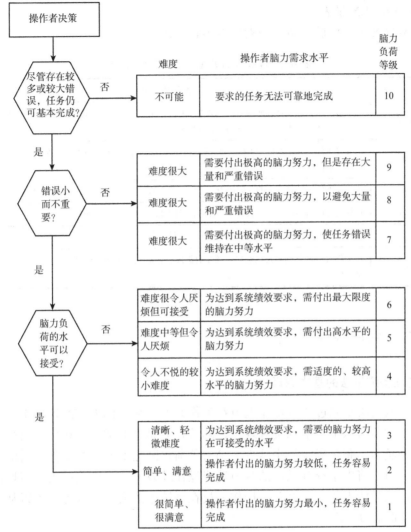

图 4-3　MCH 量表评定过程

表 4-3　SWAT 量表描述的变量及水平

维度水平	时间负荷	努力程度	压力负荷
1	经常有空余时间，工作之间很少有冲突或干扰情况	很少意识到努力；工作内容简单，无须注意力	很少出现慌乱、危险、挫折或焦虑，工作容易适应
2	偶尔有空余时间，工作之间经常出现冲突或干扰	需要一定努力和注意力；工作内容较为复杂，需要一定注意力	由于慌乱、挫折或焦虑产生中等程度压力，为了保持适当业绩，需要相当努力
3	几乎没有空余时间，各项活动之间冲突不断	需要十分努力和聚精会神；工作内容十分复杂，要求集中注意力	由于慌乱、挫折或焦虑产生相当高压力，需要极高自我控制能力和坚定性

4）NASA-TLX 量表

NASA-TLX 量表的脑力负荷因素如表 4-4 所示。

表 4-4　NASA-TLX 量表的脑力负荷因素

脑力负荷影响因素	各个因素的定义
脑力需求	需要多少脑力或知觉方面的活动（思考、决策、计算、记忆、寻找）；这项工作时间简单还是复杂，容易还是要求很高，明确还是容易忘记
体力需求	需要多少体力类型的活动（拉、推、转身、控制活动等）；这项工作是容易还是要求高，是快还是慢，悠闲还是费力
时间需求	工作速度使你感到多大的时间压力；工作任务中的速度是快还是慢，是悠闲还是紧张
操作业绩	你认为完成这项任务是多么成功；你对自己的业绩的满意程度如何
努力程度	在完成这项任务时，你（在脑力和体力上）付出多大努力
困惑程度	在工作时，你想到的是没有保障还是有保障，很泄气还是劲头很足，恼火还是满意，有压力还是放松

4.2.2　主任务测量法

1. 主任务测量法的基本原理

主任务测量法是通过测量操作人员在工作时的业绩指标来判断这项工作给操作人员带来的脑力负荷水平。根据资源理论，随着作业难度的增加，操作人员投入的脑力资源量越来越多，剩余资源越来越少，脑力负荷也随之上升。当操作所需的资源量超过特定限度时，将由于资源供需的脱节造成操作绩效下降，即当脑力负荷增加时，增加的对操作人员能力的要求将改变操作人员在系统中的表现。因此，可以从人的业绩指标变化反推脑力负荷。

2. 主任务测量法的分类

1）单指标测量法

单指标测量法是用一个业绩指标来推断脑力负荷。在使用单指标测量法时，指标选择的好坏对脑力负荷测量成功与否有着决定性的作用。目前，人们主要采用错误率、正确反应率以及时间延迟作为业绩指标。例如，在调查由于显示器数量增加所引起脑力负荷增加时，可以采用当显示信号出现后的反应时间作为脑力负荷指标。反应时间越长，说明脑力负荷越重；Dorman 和 Goldstein 研究了在监视类任务中信息显示速度的影响。当显示速度增加之后，人的正确反应率明显降低了；Kraus 和 Roscoe 检查了飞行模拟器在两种不同控制系统下所产生的错误率，结果发现：当允许飞行员对自己的业绩进行直接控制时，飞行员的错误率是正常情况下的 1/10；Perival 则采用反应时间检查了在搜索性任务中目标类型、背景目标数量以及眼睛在目标上的停留时间对反应时间的影响，结果发现：目标类型和背景因素对反应时间有显著影响，而眼睛停留时间则没有什么影响。这些实验结果都说明认真选取单个业绩指标能够反映脑力负荷的变化。

2）多指标测量法

多指标测量法是用多个业绩指标来测量脑力负荷，目的是希望通过多个指标的比较和结合减小测量误差，同时通过多个指标找出脑力负荷产生的原因。目前，速度和精确度是用来反映脑力负荷的重要指标。Dorman 和 Goldstein 在显示监视类任务的试验中曾用反应时间、正确反应率、无反应率三个指标来发现信号出现速度变化的影响。在速度发生变化之后（脑力负荷发生变化之后），上面三个指标在所有的试验水平下都发生了变化。在随后的一项试验中，他们改变了信号的显示速度和需要搜寻的目标数量，发现反应时间的两个指标都随实验条件而变化了。但是有时在同一试验中，有些业绩指标可以反映脑力负荷变化，而另一些业绩指标则不能反映脑力负荷变化。例如，Whitaker 在一项刺激反应对应试验中，发现反应时间与刺激为反应的对应程度变化，而错误率则没有什么变化。在这项试验中，脑力负荷是随着刺激与反应的对应程度发生变化的。

上述多指标测量的试验结果暗示：不同的业绩指标对应于不同类型负荷或不同水平的脑力负荷。常用的主任务及其度量指标如表 4-5 所示。

表 4-5　常用的主任务及其度量指标

主任务	度量指标	主任务	度量指标
空间追踪	均方根误差	短时记忆	时间、正确率
视觉搜索	时间、正确率	逻辑推理	时间、正确率
数字计算	时间、正确率	空间旋转认知	时间、正确率
拼图	时间、出错次数	（模拟）驾驶	时间、速度和出错次数
走迷宫	时间、出错次数	镜面任务	时间、出错次数

3. 主任务测量法的不足

主任务测量法在应用中存在以下不足。

（1）由于实际工作任务的复杂性，各种操作性质各不相同，不一定每项任务都可以直接进行主任务的测定，不可能提出一种广泛适用的绩效参数。因此，各操作之间的脑力负荷状况无法进行比较，也无法提出统一的脑力负荷大小衡量尺度，这不利于不同任务间的效果比较与解释。

（2）当操作要求的资源小于操作能力时，虽然增加工作负荷会引起剩余资源减少，但由于能够得到充足资源供应，主任务绩效并不出现下降，此时主任务绩效无法反映脑力负荷的变化。

4.2.3　辅助任务测量法

1. 辅助任务测量法的原理及过程

应用辅助任务测量法时，操作人员被要求同时做两件工作。操作人员把主要精力放在主任务上，当他有多余能力时尽量做辅助任务。主任务的脑力负荷是通过辅助任务的表现来进行的，主任务脑力负荷越大则剩余资源越少，操作者从事辅助任务的能力就越弱。因此，可通过辅助任务的绩效分析主任务脑力负荷状况。

辅助任务法测量脑力负荷的过程分为两步：首先，测量单独做辅助任务时的业绩指标。这个指标反映的是人单独做辅助业务的业绩，即人的能力；其次，在做主任务的同时，在不影响主任务的情况下尽量做辅助任务，这时也可以得到一个人在辅助任务中的业绩，这个指标反映的是主任务没有占用的能力。把这两个指标相减就得到主任务实际占用的能力，即脑力负荷。二者差值越大，脑力负荷越大。

2. 辅助任务测量法的分类

并非所有的任务均可作为辅助任务，它必须满足这样三个条件：第一，它必须是可以细分的，即被试者在这些任务中不管花费多少精力，都应该能够显示出来；第二，它必须与主任务使用相同的资源；第三，必须对主任务没有干扰或干扰很小。目前，常用的辅助任务如下。

1）选择反应

选择反应一般是在一定的时间间隔或不相等的时间间隔向被试者显示一个信号，被试者要根据信号的不同做出相应的反应。选择反应有反应时间和反应率两个业绩指标。在主任务的脑力负荷较轻时，反应时间要可靠些；当主任务的脑力负荷较高时，反应率能更好地反映出来。

2）简单反应

除了选择反应任务之外，简单反应任务有时也用来作为测量脑力负荷的辅助任务。简单反应任务就是要求被试者一发现某一目标出现，就尽快做出反应，目标和反应方法都是唯一的。相对于选择反应，简单反应不需要做出选择判断，因而减轻了被试者信息处理中枢的负荷，这样对主任务的干扰也就小些。

3）追踪

在用辅助任务测量法测量脑力负荷时，追踪也是一个经常使用的辅助任务。追踪任务是属于反应性质的任务，追踪阶数不同对追踪任务的困难程度影响很大。在单独做追踪时，临界值会高些。当与主任务一起做这项任务时，临界值会下降。通过临界值的变化就可以了解主任务的脑力负荷。

4）脑力计算

各种各样的算术计算也被用来作为测量脑力负荷的辅助任务。通常情况下，人们用简单的加法运算做辅助任务，但也有用乘法和除法的。

5）时间估计

时间估计辅助任务就是在完成主任务的同时，对时间间隔进行估计。一般采用等时间间隔法，这种方法是让被试者每隔一段时间就做出一个反应。

3. 辅助任务测量法的不足

辅助任务测量法在应用中也存在一定的问题：首先是人的认知资源是一定的、单一的、同质的这一前提假设是否成立；其次是它对主任务的干扰（辅助任务的加入）不可避免对主任务产生影响，这样测得的主任务脑力负荷就存在一定的真实性问题。

4.2.4　生理测量法

1. 生理测量法的定义及其分类

当一个人的脑力负荷过重时，与脑力相关的某些生理指标将发生变化。生理测量法是通过测量操作者某些生理指标的变化来反映其脑力负荷水平的改变。该方法的最大优点在于客观性和实时性，并且可以在不影响工作任务执行的情况下连续监测。目前，常用的生理测量法主要包括心电活动测量法、眼电活动测量法以及脑活动测量法，具体如下。

1）心电活动测量法

正常情况下人的心率是不规则的，研究发现当人承受两种不同脑力负荷时（采用每分钟 40 个信号和 70 个信号两种情况表示），两种情况的心率平均值没有提高，但心率变异明显下降。随着脑力负荷强度（所处理信号数量）的增加，心率变异越来越小，曲线趋于平直。采用上述心电活动规律，可以进行脑力负荷测量。

2）眼电活动测量法

研究脑力负荷和眼电活动的关系时，一般采用眼动仪等仪器记录眼电图信号，并通过计算机将信号放大，进而分析不同脑力负荷下眨眼信号的变化。

3）脑活动测量法

脑活动测量法主要包括脑电波和脑事件相关电位测量法（event-related potential，ERP）两种。当人思考问题时，人体的磁场会发生改变，形成一种生物电流通过磁场从而产生脑电波。不同的脑电波成分可以作为度量脑力负荷的指标。而脑事件相关电位测量法 ERP 与脑的认知活动密切相关，是近年来比较新的脑力负荷评价指标。脑活动（特别是其中的晚发正波成分 P300）与认知活动关系最为密切，被认为是脑认知活动的窗口，它可以反映任务的脑力负荷，其波幅反映诱发其产生的刺激任务的脑力资源的多少。

2. 生理测量法的局限性

采用生理指标测量人的脑力负荷存在一定的局限性，主要表现在两个方面。

（1）测量的准确性难以完全保证。生理测量法假定脑力负荷的变化会引起某些生理指标变化，但是许多与脑力负荷无关的因素也可能引起这些变化。因此，由脑力负荷而引起的某一生理指标变化会被其他无关因素放大或缩小，导致该方法测量出现误差。

（2）通用性相对不足。不同工作占用不同的脑力资源，会产生不同的生理反应。一项生理指标对某一类工作适用，对另一类工作则不适用，因此该测量方法的通用性相对不足。

4.3 人体脑力工作疲劳及其消除

4.3.1 脑力疲劳的定义及其产生与积累

1. 脑力疲劳的定义

脑力疲劳一般是指人体肌肉工作强度不大，但由于神经系统紧张程度过高或长时间从事单调、厌烦的工作而引起的第二信号系统活动能力减退，大脑神经活动处于抑制状态的现象。脑力疲劳是一个渐进的累积过程，它主要表现为头昏脑涨、失眠、贪睡、全身乏力、注意力不易集中、心情烦躁、健忘、情绪低落等现象，并伴随着工作效率下降和容易出差错等问题。脑力疲劳的产生不仅与当时所处的情境因素有关，而且与操作者的情绪状态也有着密切关系。

2. 脑力疲劳的产生与积累

脑力疲劳主要是由于大脑和神经系统紧张活动而引起的，它的产生与下列因素密切关系。

（1）高脑力负荷。过高的脑力负荷会造成操作人员高度的心理应激。从唤醒水平模型角度分析，在适宜范围内的唤醒能维持大脑的兴奋性，有利于注意力的保持和集中。然而，过高的脑力负荷使人体超出这一范围，操作人员将处于十分紧张的状态，无法组织有计划的行为。此时，人体表现出注意力不集中、思维迟钝、情绪低落以及工作效率降低的不良状态。

（2）单调作业。长期从事单调操作会使操作人员产生厌烦情绪，此时很容易引起脑力疲劳。例如，监视仪表的人员表面上悠闲自在，但实际上他们更容易感觉到脑力疲劳。在实际操作中，单调作业对操作绩效的影响主要体现为：单调作业造成脑力疲劳，其引起的工作效率下降通常早于体力疲劳造成的下降。

（3）操作人员的工作态度、动机、期望和情绪。这些因素对脑力疲劳的产生和积累也有较大影响。对脑力疲劳来说，疲劳体验与操作绩效并不一定具有对应关系。例如，工人可能在工作过程中感到极度疲劳，但其操作绩效却没有明显下降。相反在其他工作情境，操作人员绩效已明显下降，但主观脑力疲劳体验较轻。产生这种现象的主要原因在于工作态度和动机起着很大作用。工作热情高、有积极工作动机的操作人员往往会忽视外界负荷对人体的影响而持续工作；而工作热情低、毫无继续工作动机的操作人员对外界负荷极为敏感，往往夸大或高估不利的效应。

期望对脑力疲劳产生的影响也相当明显。例如，当工作临近结束时出现终末激发现象，这与争取完成任务或超额完成任务的心理有关，尽快结束工作的期望促使操作者在最后一段工作时间内提高劳动效率。此外，脑力疲劳还容易受情绪影响。消极的情绪会降低操作者的活动能力，使其体验到更多疲劳；积极的情绪则与之相反，往往可以降低操作者积累的疲劳，能将工作中累积的疲劳感一消而散。重大比赛结束之后，胜负双方的脑力疲劳体验就是一个典型例子。

4.3.2　消除脑力疲劳的措施

本书 3.3.4 小节消除体力疲劳的措施同样适用于脑力疲劳。除此之外，还可以从克服操作单调性和科学管理两个角度提出消除脑力疲劳的具体措施。

1. 改善工作内容，克服单调感

作业过程中出现许多短暂而又高度重复的作业，称为单调作业。单调作业使得作业者产生不愉快的心理状态，即单调感。对于工作而言，单调感会产生如下不良影响：一是变更作业细节，改变作业节奏。二是使工作质量下降，错误率增加。三是使作业能力动态曲线发生特殊变化，稳定期变成疲劳期。例如，对于单调工作，操作者上午工作 1h、下午工作 30 min 后便出现工作效率下降现象。这表明虽然作业能力仍在稳定期，但作业者已进入疲劳期。四是作业时消耗能量不多，却容易疲劳。针对上述不良影响，采用如下措施克服单调感。

1）操作再设计

研究表明，工人从事的操作项目越多，评价该工作令人感兴趣的百分数就越大。根据作业者的生理和心理特点重新设计作业内容，使作业内容丰富化已成为提高生产效率的一种趋势。IBM 公司的沃尔克对电动打字机框架装配操作进行再设计。再设计之前，首先由辅助装配工完成框架装配等简单操作，然后在流水线上由正式装配工调整，最后由检验工进行检验。再设计之后，辅助装配工变为正式装配工，他进行装配、调整、检验，并负责看管设备运行，既提高了产品质量，也减少了缺勤和工伤事故。

2）操作变换

操作变换是用一种单调操作代替另一种单调操作。在进行操作变换时，所变换的工作之间的关系对消除单调感有很大影响。一般认为，变换的工作之间内容上的差异越大越好。而且，在操作强度不变的条件下，从单调感较强的工作变换为单调感较弱的工作时，结果通常是理想的；反之，则往往不受操作者欢迎。

日本企业非常重视作业变换的作用，它们把作业内容变换巧妙地同职工成长结合起来，其做法是每个人在某工序中的作业要进行四步变换：一是会操作并能出好产品；二是会进行工具调整；三是改变加工对象时，会调整设备；四是改变加工对象后能出好产品。工人在该工序完成了一轮作业变换，就可以调到班内其他工序上工作，谁先完成班内所有工序，谁就当工长。这种做法让工人不断接触新的挑战性工作，有效降低了工作的单调感。工作变得具有吸引力，工人从中看到了自我成长的可能性，工作效率不断提高。

3）动态报告作业完成情况

在工作场地放置标志板，动态定期向工人报告作业信息，让工人知道自己的工作成果。采取这种工作方式，起到了积极督促工人工作和有效激发工人工作热情的双重作用，从而降低脑力疲劳。

4）利用音乐消除单调感

采用音乐来减轻在单调工作情境中操作人员的厌烦感，是一种十分常用且有效的方法。音乐既具有提高效率和推延厌烦、疲劳出现的功效，同时也具有兴奋剂的作用，它可以使得由于单调工作而产生厌烦情绪的操作人员活跃起来。

5）改善工作环境

可以改善照明、颜色等工作环境，以便其能够尽可能适宜于人，从而降低操作人员工作的单调感。

2. 科学人性化的管理

通过科学人性化的管理可以创造良好的组织文化环境，从而为工作者提供社会支持，同时也有助于脑力疲劳的消除。实施科学人性化管理，主要采取如下措施。

（1）定期组织文娱活动。定期组织各种文娱活动，可以使参与活动的组织成员之间的关系更加融洽，让操作人员感受到在融洽的环境中工作。这样会有效减少厌烦等消极情绪的产生，从而有效消除脑力与体力疲劳。

（2）每天给工人预留自由支配时间。在进行工作任务安排时，应该在确保作业者完成工作任务的前提下预留一定的可自由支配的时间。可以利用自由支配的时间段，如休息、学习等，给工人缓冲时间的同时也起到激励作用。

（3）上级领导的适时慰问和关心。在操作人员脑力疲劳时，如果上级领导能够适时主动慰问、关心，则操作人员将会受到极大鼓舞，从而在一定程度消除脑力疲劳，提高生产效率。

复习思考题

1. 脑力负荷的定义与影响因素是什么？

2. 脑力负荷测定包括哪些常用方法？

3. 什么是脑力疲劳？如何有效消除脑力疲劳？

第5章

人体测量与作业姿势

为了使各种与人体尺度有关的设计对象能符合人的生理特点，让人在使用时处于舒适的状态和适宜的环境之中，就必须在设计中充分考虑人体的各种尺度，因而也就要求设计者能了解一些人体测量学方面的基本知识，并能熟悉有关设计所必需的人体测量基本数据的性质和使用条件。本章将着重介绍人体形态测量的有关内容。

■5.1 人体测量的基本知识

5.1.1 概述

人体测量学也是一门新兴的学科，它是通过测量人体各部位尺寸来确定个体之间和群体之间在人体尺寸上的差别，用以研究人的形态特征，从而为各种工业设计和工程设计提供人体测量数据。人因工程范围内的人体形态测量数据主要有两类，即人体构造尺寸和功能尺寸的测量数据。人体构造上的尺寸是静态尺寸，人体功能上的尺寸是动态尺寸，包括人在工作姿势下或在某种操作活动状态下测量的尺寸。

各种机械、设备、设施和工具等设计对象在适合于人的使用方面，首先涉及的问题是如何适合于人的形态和功能范围的限度。例如，一切操作装置都应设在人的肢体活动所能及的范围之内，其高低位置必须与人体相应部位的高低位置相适应；其布置应尽可能设在人操作方便、反应最灵活的范围之内，如图 5-1（a）所示。其目的就是提高设计对象的宜人性，让使用者能够安全、健康、舒适地工作，从而有利于减少人体疲劳和提高人机系统的效率。在设计中所有涉及人体尺度参数的确定都需要应用大量人体构造和功能尺寸的测量数据。在设计时若不很好考虑这些人体参数，就很可能造成操作上的困难和不能充分发挥人机系统效率。图 5-1（b）所示的车床是一个突出的例子，其操作部位的高度与人的上肢舒适操作的高度相比过低或过高，人在操作时需要弯腰或抬臂，这样不仅影响工作效率，人体将过早地产生疲劳，而且长期操作还会对操作人员的身体健康带来不利影响。总之，这一明显的例子足以说明人体测量参数对各种与人体尺度有关的设计对象具有重要意义。

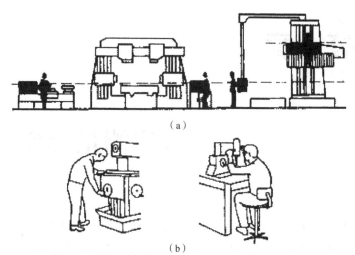

（a）

（b）

图 5-1　机床与人体尺度的关系

5.1.2　人体测量的基本术语

GB/T 5703—2010 规定了人因工程使用的成年人和青少年的人体测量术语。该标准规定，只有在被测者姿势、测量基准面、测量方向、支承面和衣着、基本测点及测量项目等符合下列要求的前提下，测量数据才是有效的。

1. 被测者姿势

（1）立姿。身体挺直，头部以法兰克福平面定位，眼睛平视前方，肩部放松，上肢自然下垂，手伸直，掌心向内，手指轻贴大腿侧面，左、右足后跟并拢，前端分开大致呈 45° 夹角，体重均匀分布于两足。

（2）坐姿。躯干挺直，头部以法兰克福平面定位，眼睛平视前方，膝弯曲大致成直角，足平放在地面上。

2. 测量基准面

人体测量基准面的定位是由 3 个互为垂直的轴（铅垂轴、纵轴和横轴）来决定的。人体测量中设定的轴线和基准面如图 5-2 所示。

（1）矢状面。通过铅垂轴和纵轴的平面及与其平行的所有平面都称为矢状面。

（2）正中矢状面。在矢状面中，把通过人体正中线的矢状面称为正中矢状面。正中矢状面将人体分成左、右对称的两部分。

（3）冠状面。通过铅垂轴和横轴的平面及与其平行的所有平面都称为冠状面。冠状面将人体分成前、后两部分。

（4）水平面。与矢状面及冠状面同时垂直的所有平面都称为水平面。水平面将人体分成上、下两部分。

（5）法兰克福平面。当头的正中矢状面保持垂直时，两耳屏点和右眶下点所构成的标准水平面

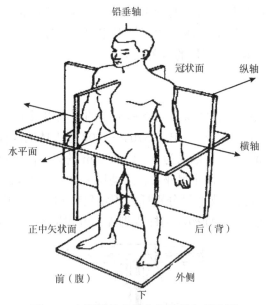

图 5-2 人体测量中设定的轴线和基准面

3. 测量方向

（1）在人体上、下方向上，将上方称为头侧端，将下方称为足侧端。

（2）在人体左、右方向上，将靠近正中矢状面的方向称为内侧，将远离正中矢状面的方向称为外侧。

（3）在四肢上，将靠近四肢附着部位的称为近位，将远离四肢附着部位的称为远位。

（4）对于上肢，将桡骨侧称为桡侧，将尺骨侧称为尺侧。

（5）对于下肢，将胫骨侧称为胫侧，将腓骨侧称为腓侧。

4. 支承面和衣着

立姿时站立的地面或平台以及坐姿时的椅平面应是水平的、稳固的、不可压缩的。要求被测量者裸体或穿着尽量少的内衣（如只穿内裤和汗背心）测量，在后者情况下，在测量胸围时，男性应撩起汗背心，女性应松开胸罩后进行测量。

5. 基本测点及测量项目

在 GB/T 5703—2010 中规定了工效学使用的有关人体测量参数的测点及测量项目共56 项，其中分为：立姿 12 项，坐姿 17 项，特定部位的测量项目 14 项，功能测量项目 13 项。至于测点和测量项目的定义说明在此不做介绍，需要进行测量时，可参阅该标准的有关内容。

5.1.3　人体测量的主要仪器

在人体尺寸参数的测量中，所采用的人体测量仪器有：人体测高仪、人体测量用直脚规、人体测量用弯脚规、人体测量用三脚平行规、坐高椅、量足仪、角度计、软卷尺以及医用磅秤等。我国对人体尺寸测量专用仪器已制定了标准，而通用的人体测量仪器可采用一般的人体生理测量的有关仪器。

1. 人体测高仪

它主要是用来测量身高、坐高、立姿和坐姿的眼高以及伸手向上所及的高度等立姿和坐姿的人体各部位高度尺寸。GB/T 5704—2008 是人体测高仪的技术标准，该测高仪适用于读数值为 1 mm；测量范围为 0～1996 mm 的人体高度尺寸的测量。标准中所规定的人体测高仪由直尺 1、固定尺座 2、活动尺座 3、弯尺 4、主尺杆 5 和底层 6 组成，如图 5-3 所示。若将两支弯尺分别插入固定尺座和活动尺座，与构成主尺杆的第一、二节金属管配合使用时，即构成圆杆弯脚规，可测量人体各种宽度和厚度。

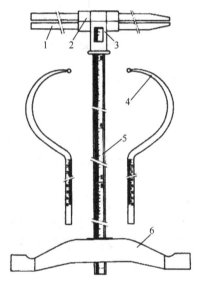

图 5-3　人体测高仪

1—直尺；2—固定尺座；3—活动尺座；4—弯尺；5—主尺杆；6—底层

2. 人体测量用直脚规

它是用来测量两点间的直线距离，特别适宜测量距离较短的不规则部位的宽度或直径，如测量耳、脸、手、足等部位的尺寸。GB/T 5704—2008 是人体测量用直脚规的技术标准，此种直脚规适用于读数值为 1 mm 和 0.1 mm，测量范围为 0～200 mm 和 0～250 mm 人体尺寸的测量。直脚规根据有无游标读数分 I 型和 II 型两种类型，而无游标读数的 I 型直脚规又根据测量范围的不同，分为 IA 和 IB 两种形式。其结构如图 5-4 所示。

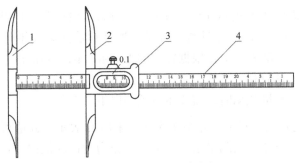

图 5-4　人体测量用直脚规

3. 人体测量用弯脚规

它是用于不能直接以直尺测量的两点间距离的测量，如测量肩宽、胸厚等部位的尺寸。

GB/T 5704—2008 是人体测量用弯脚规的技术标准，此种弯脚规适用于读数值为 1 mm，测量范围为 0～300 mm 的人体尺寸的测量。按其脚部形状的不同分为椭圆体形（Ⅰ型）和尖端型（E 型）。

4. 三脚平行规

三脚平行规的型式，按量脚形状的不同，分为Ⅰ型（直角型）和Ⅱ型（弯脚型）两种，其主尺的测量范围为 0～220 mm，分度值为 0.1 mm。竖尺的测量范围为 −50～50 mm，分度值为 0.1 mm。如表 5-1 所示。

表 5-1　三脚平行规的测量范围与分度值

型式	主尺		竖尺	
	测量范围	分度值	测量范围	分度值
Ⅰ	0～220	0.1	−50～50	0.1
Ⅱ	0～220	0.1	−50～50	0.1

5.2　人体测量的数据处理

5.2.1　测量数据处理

人体尺寸虽然并不完全遵循正态分布规律，但近似于正态分布。根据统计学原理，选取足够大的样本估计人的人体测量尺寸，则样本的均数符合正态分布，样本本身的数据也符合正态分布。因此，进行数据处理时应注意下述问题：一是样本的大小，取决于数据估计所要求的精度。二是样本的随机性，要使数据估计具有代表性，样本的选取必须随机。三是根据数据要求精度进行数据分组，统计各组频数。如果采用计算机汇总，而且不需要考虑频率分布、直方图、分布假设检验，也可不进行这项工作。四是依测得数据大小，统计累计频数。五是将累计频数换算成累计频率，计算百分位数。六是求平均值和标准差。七是根据样本的平均数、标准差估计总体的区间。八是求两种测量数据的相关系数和关系式。

在处理人体尺寸测量数据时，需要重点关注以下三个数据。

（1）平均值。它是指测量值分布最集中区，采用 $\bar{M}$ 表示。此值可反映测量值的本质与特征，是衡量一定条件下的测量水平，但不能作为设计的依据，否则只能满足50%的人使用。

（2）标准差。它表明一系列变数距平均值的分布状态或离散程度，采用 σ 表示。标准差常用于确定某一范围的界限。在正态分布数据中

$$\bar{M} \pm \sigma，范围界限为 68.27\%$$

$$\bar{M} \pm 2\sigma，范围界限为 95.55\%$$

$$\bar{M} \pm 3\sigma，范围界限为 99.73\%$$

（3）百分比值。以人体测量尺寸从小到大做横坐标，将各值出现的频数做纵坐标，可做得相对频数正态分布曲线。将该曲线对应的变量从无限小进行积分，该曲线便转化为正态分布概率密度（累计概率）曲线。按照统计规律，任何一个测量项目（如身高）都有一个概率分布和累计概率。累计概率从0%到100%有若干个百分比值，当从 0 到横坐标某一值的曲线面积占整个面积的 5%时，该坐标值称为 5%百分比值；当占10%时称为 10%百分比值；占 50%时称为 50%百分比值等。工程上常用百分比值的范围表示设计范围，百分比值的范围越宽，设计时的范围越大，通用性越广。百分比值可由平均值 $\bar{M}$ 和标准差 σ 以及百分比值变换系数 K 求得。变换系数见表5-2。

表 5-2　百分比变换系数

百分比/%	K	百分比/%	K
0.5	2.576	70	0.524
1.0	2.326	75	0.674
2.5	1.960	80	0.842
5	1.645	85	1.036
10	1.282	90	1.282
15	1.038	95	1.645
20	0.863	97.5	1.960
25	0.674	99	2.326
30	0.524	99.5	2.576
50	0.000		

注：1%～50%百分比值：$P_v = \bar{M} - \sigma K$ ；50%～99%百分比值：$P_v = \bar{M} + \sigma K$

例 5-1　身高的平均值是 1670 mm，σ=64 mm，求 5%和 95%的百分比值的尺寸。

解：查表 5-1，可得 5%时 $K=1.645$，95%时 $K=1.645$

5%百分比值的尺寸 $P_v = 1670 - 64 \times 1.645 \approx 1564.7$ mm

95%百分比值的尺寸 $P_v = 1670 + 64 \times 1.645 \approx 1775.3$ mm

（4）百分位数。在工效学设计中，为了保证设计尺寸符合 0%～95%的大多数人，经常使用 5%、10%、50%、90%、95% 5 个百分比值，称为第 5%、10%、50%、90%、95%百分位数。第 5%百分位数是指有 5%的人小于 5%百分比值的尺寸；第 10%的百分位数是指有 10%的人小于 10%百分比值的尺寸，以下类推。

5.2.2　测量数据使用方法

（1）百分位数的选择。根据不同的设计，选取不同百分位数的尺寸。例如，汽车驾驶室座面至顶高的尺寸，要选择第 95%百分位数所对应的尺寸再加上必要的调整量；若设计制动脚踏板距前沿的距离，应选第 5%百分位数对应的尺寸加上调整量。

（2）年龄、性别的影响。随年龄、性别不同，人体尺寸也不同，设计时应考虑使用对象。日本大岛正光认为，可以通过男子的形体尺寸推算女子的形体尺寸，如表 5-3 所示。

表 5-3　根据男子测量值求女子测量值的换算系数（大岛正光）

部位	系数	部位	系数
1 身长	95%	11 胸围	90%
2 上肢长	93%	12 腰围	89%
3 下肢长	94%	13 臀围	102%
4 两臂展开宽	93%	14 上臂围	96%
5 足长	94%	15 前臂围	92%
6 躯干长	96%	16 大腿围	102%
7 头长	92%	17 腿肚围	98%
8 形态面高	92%	18 手宽	94%
9 头周	98%	19 足宽	93%
10 颈围	90%		

（3）年代的影响。进行一次人体测量耗费大量人力、物力和时间，制定一次标准必须使用若干年，但人体尺寸却随年代变化。因此，在使用数据时必须考虑测量年代，进行必要的修正。表 5-4 为按家标准 GB 10000—1988 数据整理出的中国成人人体尺寸数据。

表 5-4　中国成人人体尺寸数据

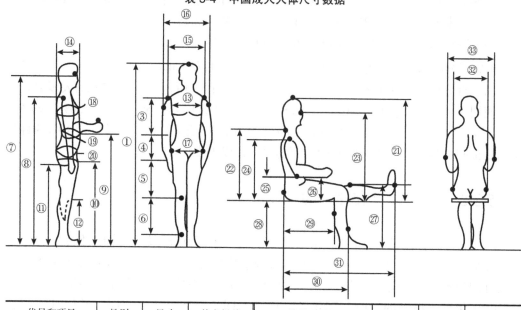

代号和项目	性别	尺寸	均方根差	代号和项目	性别	尺寸	均方根差
1 身高/mm	男	1678	57.9	11 会阴高/mm	男	790	38.2
	女	1570	51.9		女	732	36.1
2 体重/kg	男	59	6.44	12 胫骨点高/mm	男	444	21.5
	女	50	5.58		女	410	20.2
3 上臂长/mm	男	313	14.6	13 胸宽/mm	男	280	16.3
	女	284	13.7		女	260	17.6
4 前臂长/mm	男	237	13.3	14 胸厚/mm	男	212	19.7
	女	217	12.0		女	199	17.2
5 大腿长/mm	男	465	22.3	15 肩宽/mm	男	375	19.3
	女	438	21.9		女	351	20.2
6 小腿长/mm	男	369	19.3	16 最大肩宽/mm	男	431	20.6
	女	344	18.9		女	397	21.5
7 眼高/mm	男	1586	56.7	17 臀宽/mm	男	306	14.2
	女	1454	50.2		女	317	18.0
8 肩高/mm	男	1367	52.8	18 胸围/mm	男	867	45.1
	女	1271	45.1		女	825	46.4
9 肘高/mm	男	1024	42.5	19 腰围/mm	男	735	49.4
	女	960	37.3		女	772	64.4
10 手功能高/mm	男	741	36.5	20 臀围/mm	男	875	40.8
	女	704	31.8		女	900	45.1

续表

代号和项目	性别	尺寸	均方根差	代号和项目	性别	尺寸	均方根差
21 坐高/mm	男	908	30.9	28 小腿加足高/mm	男	413	17.6
	女	855	28.3		女	382	21.9
22 坐姿颈椎点高/mm	男	657	24.9	29 坐深/mm	男	457	21.5
	女	617	23.2		女	433	19.3
23 坐姿眼高/mm	男	798	29.6	30 臀膝距/mm	男	554	23.6
	女	739	26.2		女	529	20.6
24 坐姿肩高/mm	男	598	25.3	31 坐姿下肢长/mm	男	992	42.9
	女	556	22.3		女	912	36.9
25 坐姿肘高/mm	男	263	21.0	32 坐姿臀宽/mm	男	321	15.9
	女	251	21.5		女	344	21.0
26 坐姿大腿厚/mm	男	130	11.6	33 坐姿两肘间宽/mm	男	422	29.6
	女	130	11.6		女	404	33.5
27 坐姿膝高/mm	男	493	22.3				
	女	458	20.6				

（4）地区性和民族性的差异。不同的国家、不同的地区、不同的民族人体尺寸差异较大（表5-5和表5-6）。因此，在出口和进口设备时，必须考虑到不同国家的人体尺寸的差别，不能照搬其他国家数据。从表5-6中，可以看出我国不同地区人体尺寸的差异，有时这个差异可用中间值（50%分位）的方法忽略不计，但也要注意不同地区人口的组成及其特征值的分布范围。

表 5-5　部分国家人体身高平均值　　单位：cm

序号	国别	性别	身高（H）	标准差（S）
1	中　国	男	170.3（城市青年1986年资料）	6.1
	中　国	女	158（北方）	5.2
2	美　国	男	175.5（市民）	7.2
	美　国	女	161.8（市民）	6.2
	美　国	男	177.8（城市青年1986年资料）	7.2
3	苏　联	男	177.5（1986年资料）	7.0
4	日　本	男	169.3（城市青年1986年资料）	5.3
	日　本	男	165.1（市民）	5.2
	日　本	女	154.4（市民）	5.0
5	英　国	男	178.0	6.1
6	法　国	男	169.0	6.1
	法　国	女	159.0	4.5

续表

序号	国别	性别	身高（H）	标准差（S）
7	意大利	男	168.0	6.6
	意大利	女	156.0	7.1
8	非洲地区	男	168.0	7.7
	非洲地区	女	157.0	4.5
9	西班牙	男	169.0	6.1
10	加拿大	男	177.0	6.0
11	德　国	男	175.0	6.0
12	比利时	男	173.0	5.6
13	波　兰	男	176.0	6.2
14	匈牙利	男	166.0	5.4
15	捷　克	男	177.0	6.1

注：本表除注明年代者外，其他为 20 世纪 70 年代数据

表 5-6　我国各地区人体各部平均尺寸　　　　　单位：cm

部位	较高人体地区（冀、鲁、辽）		中等人体地区（长江三角洲）		较低人体地区（四川）	
	男	女	男	女	男	女
身高	169.0	158.0	167.0	156.0	163.0	153.0
肩宽	42.0	28.7	41.5	39.7	41.4	38.6
肩峰至头顶高	29.3	28.5	29.1	28.2	28.5	26.9
眼高	157.3	147.4	154.7	144.3	151.2	142.0
正坐时眼高	120.3	114.0	118.1	111.0	114.4	107.8
胸廓前后径	20.0	20.0	20.1	20.3	20.5	22.0
肱长	30.8	29.1	31.0	29.3	30.7	28.9
前臂长	23.8	22.0	23.8	22.0	24.5	22.0
手长	19.6	18.4	19.2	17.8	19.0	17.8
肩峰高	139.7	129.5	139.7	127.8	134.5	126.1
上肢展开长	86.7	79.5	84.3	78.7	84.8	79.1
上身高	60.0	56.1	58.6	54.6	56.5	52.4
胯宽	30.7	30.7	30.9	31.9	31.1	32.0
肚脐高	99.2	94.8	98.3	92.5	98.0	92.0
手指至地面高	63.3	61.2	61.6	59.0	60.6	57.5
上腿长	41.5	39.5	40.9	37.9	40.3	37.8
下腿长	39.7	37.3	39.2	36.9	39.1	36.5
脚高	68.0	63.0	68.0	67.0	67.0	65.0
坐高	89.3	84.6	87.7	82.5	85.0	79.3

续表

部位	较高人体地区 (冀、鲁、辽)		中等人体地区 (长江三角洲)		较低人体地区 (四川)	
	男	女	男	女	男	女
椅高	41.4	39.0	40.7	38.2	40.2	38.2
大腿水平长	45.0	43.5	44.5	42.5	44.3	42.2
肘下高	24.3	24.0	23.9	23.0	20.0	21.6

资料来源：1962 年建筑科学院资料

（5）利用身高推算其他形体参数。大量研究表示，其他形体参数与身高存在一定比例关系，在数据不全时，可以推算尚缺的数据。图 5-5 为我国中等身材人体各部尺寸与身高（H）的比例。设备和用具的尺寸也可根据身高进行推算，如图 5-6 所示。

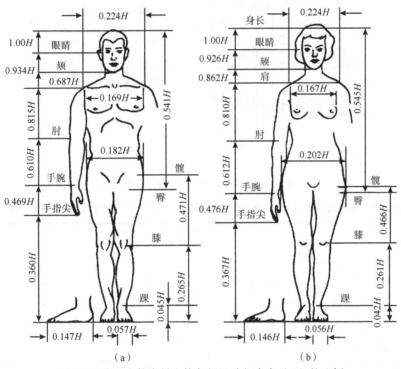

图 5-5　我国中等身材人体各部尺寸与身高（H）的比例

（6）利用人体尺寸推算设计尺寸。进行机械设计时，为了使用方便，对需要经常使用的设计尺寸，根据百分位数给出的数值，进行修正和标准化后得出的计算比例系数，称为传递系数。以汽车设计为例，美国和日本汽车都采用传递系数确定设计尺寸如下（表 5-7）：

机器（或汽车）尺寸＝人体测量值×传递系数

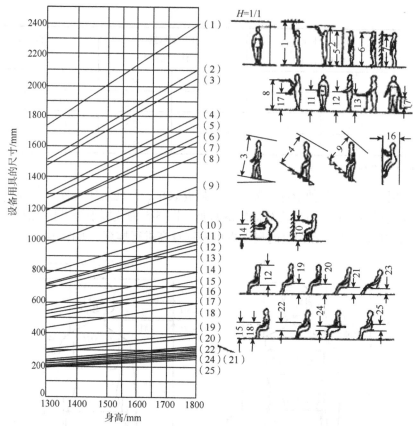

图 5-6 设备和用具的尺寸与身高的推算关系

表 5-7 汽车尺寸和人体测量值的对应关系（大岛正光根据外国资料计算而得）

汽车尺寸/mm		人体测量值（平均数/mm）		比值/%
座位—顶篷	1016	坐高	914	112.0
靠背高度	458～513（496）	肩高	592	83.9
座位宽度	458	坐宽	366	125.2
座位高度	356	臀腘高	429	83.0
踏板—驾驶盘间距离	610	腰高	549	111.1
靠背—驾驶盘距离	356	腹部厚	257	138.4
座位深度	458	臀腘窝距	470	97.5
座位—驾驶盘间距离	178	大腿高	145	123.0

注：汽车尺寸取自美国推荐尺寸，人体测量值取自 R. A. MacFarland 和 H. W. Stoudt："人体尺寸和客车设计"美国汽车工程师学会特刊 142—A，1961 年

5.3 作业姿势

设备的布置和排列要保证操作者处于自然舒适的姿势。姿势不当，容易带来过度疲劳和产生某种职业病。人在操作时，不宜长期采取某种固定姿势，以定时更换姿势

为好，这样可使身体有关部分交替用力，不同肌肉群交替休息，同时改善血液循环。长时期坐姿操作虽比立姿操作省力省功，但比不上坐立交替好。由于人体结构和生理限制，除了杂技演员外，人体不能扭成螺旋形，也不能弯体 360°，人在生产和生活中只能采取立姿、坐姿、坐立姿、跪姿、卧姿等基本姿势。

5.3.1　立姿

常见的立姿分为跷足立、正立、前俯、躬腰、半蹲、半蹲前俯，如图 5-7 所示。正确的立姿是指身体各个部分，包括头、颈、胸和腹部等都与水平面相垂直的稳态平稳，使人体重量主要由骨架来承担。这时，肌肉和韧带的负担与身体变形最小，各器官的功能为呼吸、血液循环、消化等活动的机械阻力最小。但舒适的立姿，有时身体也可向前或向后斜倾 10°～15°，操作过程中姿势是不断改变的，应注意平衡。

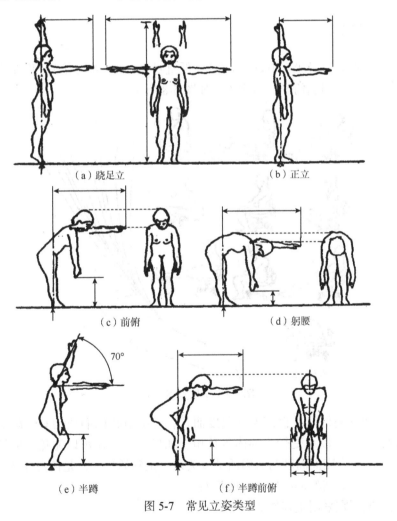

(a) 跷足立　　　　　　　　　　(b) 正立

(c) 前俯　　　　　　　　　　(d) 躬腰

(e) 半蹲　　　　　　　　　　(f) 半蹲前俯

图 5-7　常见立姿类型

下列情况下应采取立姿作业。

（1）需经常改变体位的操作。

（2）控制器分布面广、需手足较大幅度的活动。

（3）在没有容膝空间的设备旁。

（4）要用较大力气的作业，站着易于使劲。

（5）当作业显得单调时，立姿可适当走动。

长期站立的作业，脚下应垫以柔性或弹性垫子，如木踏板、塑料垫、橡皮垫、地毯等。从卫生角度而言，人站在过冷的地面上，将引起血管收缩，限制了人体血液的下流。如果人长久站立不活动，下肢肌肉减弱了促使血液流动的能力，影响血液向上回流，这叫"静脉血郁积"。郁积可引起下肢浮肿和静脉曲张，所以，要注意下肢的活动，避免站立不变的立姿作业，不易做精确的工作，肌肉要做更多的功来维持体重，特别是下肢负担较重时。

5.3.2　坐姿

常见的坐姿有高直身坐（60 cm 椅凳）、低直身坐（20 cm 椅凳）、作业倚坐（40 cm 椅凳）、休息倚坐、斜躺倚坐、后靠等，如图 5-8 所示。

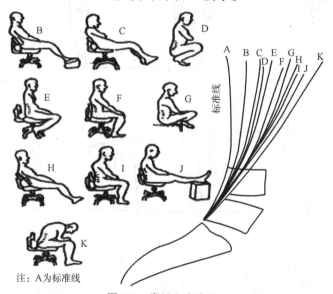

注：A为标准线

图 5-8　常见坐姿类型

坐姿工作比立姿好，从血液循环角度而言，心脏负担的静压力有所降低；从肌肉活动角度看，肌肉可以承受较小的体重负担。如果站立操作难以避免，应该考虑中间安排活动。图 5-9 为座面高度与肌肉活动度关系。正确的坐姿，是使身体从臀部到颈部保持端正，并且不应在腰部产生变形或弯曲。

在下列情况下宜采用坐姿作业。

（1）持续时间较长的工作，应尽可能坐着工作，设备的设计就应按坐姿设计。

（2）精确和细致的工作要坐着进行操作。

（3）需要手足并用的作业，可以坐着进行操作。

但坐姿作业时，不易改变体位，用力受限制，工作范围受局限（作业半径约 380～500 mm），久坐还会导致脊柱弯曲。表 5-8 为坐姿工作控制台尺寸范围。

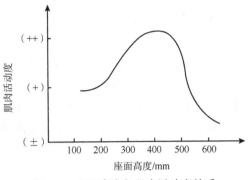

图 5-9　座面高度与肌肉活动度关系

表 5-8　坐姿工作控制台尺寸范围

附图	标号	范围	尺寸/毫米	
			最有利的	允许的
θ₁=15°～30°　θ₂=35°～50°　θ₃=0°～20°	A	控制台下空隙高度		600
	B	地面到控制台台面高度	750	700～800
	C	地面到显示器的最高距离		1650
	D	座椅高度	450	370～460
	E	水平视距		650～750
	F	伸腿部深度		100～120
	G	伸腿部高度		90～110

5.3.3　坐立姿

有的作业要求时坐时立，其座椅、控制台、操作点、踏板和容膝空间的尺寸便要适应坐、立两种姿势。表 5-9 为坐、立姿交替操作的控制台尺寸。

表 5-9　坐、立姿交替操作的控制台尺寸

附图	标号	范围	尺寸/毫米
	A	控制台台下空隙高度	800～900
	B	地面至控制台台面高度	900～1100
	C	地面至重要显示器上限高度	1600～1800
	D	次要显示器布置区域	200～300
	E	脚踏板高度	250～350
	F	脚踏板长度	250～300
	G	座椅高度	750～850

5.3.4　跪姿

跪姿操作消耗能量大，尽量不采用，但有时装配设备低部零件、擦洗设备、擦地板、取物等，还需采用跪姿。下列姿势均属于跪姿类型，低蹲、单膝跪、直身跪、屈膝跪、伏跪、坐跪、盘膝席坐、提膝席坐，伸腿席坐等，如图 5-10 所示；图 5-11 所示为以静卧为基础，坐、立、弯腰、跪四种姿势的能量消耗增加值。

图 5-10　跪姿类型

坐3%～5%　　立8%～10%　　弯腰50%～60%　　跪30%～40%

图 5-11　以静卧为基础，坐、立、弯腰、跪四种姿势的能量消耗增加值

5.3.5　卧姿

卧姿在军事行动、修理汽车等场合需采用。常见卧姿为俯卧、侧卧和仰卧三种，如图 5-12 所示。睡眠时，最好采取让脊椎骨处于平放的仰卧姿势，但睡眠中不可能长期保持一种状态，需要不断变换卧姿。健康的人一夜要翻身 40 多次。床铺一般以木板床为佳，过于柔软对身体并无好处。因为柔床使身体与被褥的接触面大，影响汗液蒸

发，会感到闷热。据研究得知，当身体的一侧受压力时，相对的另一侧皮肤就会出汗，叫作"压反射"现象。柔软的床，由于身体受压面大，单位面积的压力减小，达不到发汗所需的压力刺激阀，使身体发汗减少，违反了人的生理规律。柔床向中央凹进，既不易翻身，又难以保持正确的卧姿，常会使人感到体乏腰酸。

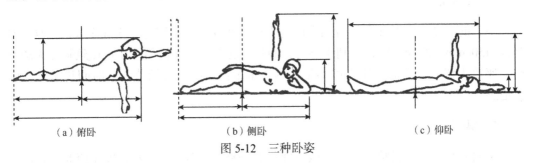

(a)俯卧　　　　　　(b)侧卧　　　　　　(c)仰卧

图 5-12　三种卧姿

5.4　人体测量的应用——作业椅与工作台设计

作业椅与工作台的设计，决定于人体尺度。合理的作业椅和工作台应该是：①坐着舒适；②操作方便；③结构稳固；④有利于减轻生理疲劳。

5.4.1　作业椅设计

根据人因工程的观点，坐着工作一般是较理想的工作姿势。这是因为立姿工作，肌肉所承担的负荷要比坐姿大 1.6 倍。表 5-10 给出了坐姿与立姿工作时心血管系统的指标。

表 5-10　坐姿与立姿工作时心血管系统的指标

指标	立姿工作	坐姿工作
心脏的输出量/（升/分）	5.1	6.4
心脏跳动一次的输出量/（毫升/次）	54.5	78.3
平均动脉压力/mmHg	107.0	87.9
心跳次数/（次/分）	97.2	84.9

作业椅设计的依据，主要是人体静态测量数据，并根据作业环境进行动态调整，如衣着的增量、操作时身体的位移量等。作业椅设计主要分为单个作业椅的设计和联排作业椅的设计，其中单个作业椅设计涉及的主要因素如下。

1. 座面宽

座面的宽度应稍大于臀宽，以便操作者灵活地改变姿势。最小的椅面宽度是 400 mm，再加上冬季衣服的厚度和口袋中装的东西，大约要加大 50 mm，合计 450 mm。若要肥胖和消瘦的工人都适用，则需加大到 530 mm。如果设置靠手，还要加上靠手的尺寸。大多数作业椅，靠手是不需要的，因为靠手往往影响手臂的运动。若手臂需要支撑，可以支撑于工作台上。

2. 座面深

座面的深度应能保证臀部得到全面的支持；其深度可取臀部至大腿全长的 3/4，即 357～450 mm。座椅太深，不利于靠背，而且小腿背侧被座椅前缘压迫而致膝部无法弯曲。座椅太浅，会造成大腿支撑不足；身体重量都压在坐骨结节上，时间长了会产生不适感。

3. 斜倾度

座面应有一定的斜倾度，一般做成仰角 3°～8°（工作椅 3°～8°，安乐椅 8°），以免人体向前滑下。

4. 座面形状

老式的椅子面曾雕出臀部凹形，在两腿之间略有隆起，目的欲使坐者更舒适些。但实践证明，人的臀部大小和大腿粗细，个体差异很大，这种座面凹凸形反而不合适。其一，它妨碍臀部在座面上自由移动；其二，这种座面使人体重量压在整个臀部，与解剖生理学提出的由坐骨结节承重的结论大相径庭，不利于血液流通。因此，座面还是以无凹凸形者为宜，但座面上可加一软垫，以增加接触表面，减小压力分布的不均匀性。坐垫以纤维性材质为好，既通气又可减少下滑，不宜采用塑料。

5. 座面高度

座面高度是一个重要的参数，应根据工作面高度确定座面高度，单纯考虑小腿长度是不全面的。决定座面高度最重要的因素是使人的肘部与工作面之间有个合理的高度差。实验证明，这个高度差较合适的距离是 275±25 mm。当上半身处于良好位置后，再考虑到下肢，舒适的坐姿是大腿近乎水平以及脚底被地面所支持。一般椅面至脚掌的距离为腓骨的高度，即 430～450 mm。如果脚掌接触不到地面，应加适当高度的踏板。座面过高，双腿悬空，压缩腿部肌肉，造成下肢麻木；座面过低，会导致膝部伸直，妨碍大腿活动，又易于疲劳。一张良好的座椅，座面高度应可按身高调节。科室工作的椅面高度，要保证人在写、读时眼睛与对象物的距离不小于 300 mm。

6. 靠背设计

靠背有两种，一种叫"全靠"，它可以支持人的整个背部，高 457～508 mm（以座面为 0 点）；另一种叫"半靠背"，仅支承腰部。全靠上部支承在第 5、6 节胸椎处，下部支承在第 4、5 节腰椎处，有两个明显的支承面。半靠只有腰椎一个支承面。靠背的倾斜度与椅面成 115°夹角；宽度与椅面宽度相称。休息时，肩靠起主要作用；操作时，腰靠起主要作用。图 5-13 为座面上的压力分布，图 5-14 为舒适坐姿时的体位。

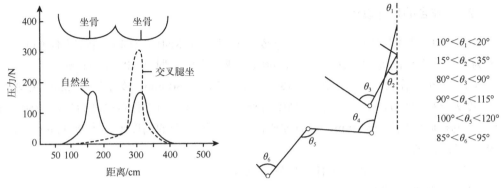

图 5-13　座面上的压力分布　　　　　图 5-14　舒适坐姿时的体位

根据上述单个作业椅设计时考虑的主要因素，本书给出了常用交通工具作业椅的设计参数，如表 5-11 所示。

表 5-11　常用交通工具作业椅的设计参数

名称	汽车乘客座	客机乘客座	轿车驾驶座	客车驾驶座
座高/cm	48～45～44	38.1	30～35	40～47
座宽/cm	45～48～53	50.8	48～52	48～52
座深/cm	42～45	43.2	40～42	40～42
靠背高/cm	53～56	96.5	45～50	45～50
扶手高/cm	23～24	20.3	—	—
座面与靠背夹角	105°～110°～115°	115°	100°	96°
迎面斜倾角	6°～7°	7°	12°	9°

当座椅前后排列时，座间距应使后座的人能自由进出并伸直腿，至少 81.3 cm，最佳 91.4～101.6 cm。座位前后错开，保证后座者有 27 mm 以上的视角宽度。剧场座椅应使后排逐渐升高，当舞台高度不超过 1.11 m 时，其坡度应使前后座每排升高 127～428 mm。

5.4.2　工作台设计

1. 工作台的分类

工作台含义很广，凡是工作时用来支承对象物和手臂，放置物料的桌台，统称为工作台。其形式有桌式、面板式、直框式、弯折式等几种，其中弯折式又可分为弧形、"Π"形和其他形式。办公桌、课桌、木工桌、检验桌、钳工台、打字台多采用桌式；控制台可用框式或面板式；商店的柜台则采用框式。

2. 工作台的尺寸设计

工作台的尺寸与作业姿势有关，立姿作业时，身体向前或向后倾斜以不超过 10°～15°为宜，工作台高度为操作者身高的 60%，或台面低于肘高 50～100 mm。

（1）立姿工作台。一般工作台高度，男子为 780～930 mm；女子低 50 mm。精密工作台高度为 900～1100 mm；轻工作台高度为 850～950 mm；重工作台高度为 700～850 mm。工作台的柱脚距侧端 150 mm，以方便脚的动作；控制台的高度平均为 900 mm，可设置15°～40°的倾斜度。

（2）坐姿工作台。根据工作性质确定其高度。

①一般作业：670～700 mm。

②精密装配作业：820～860 mm。

③超精密装配、加工作业：920～960 mm。

④书写作业：660～730 mm。

⑤粗作业（包括包装等）：610～650 mm。

⑥不能升降的办公桌：男子为 700～720 mm，女子为 680～700 mm。

⑦可升降的办公桌：680～800 mm。

⑧凡是坐姿作业，应有容膝空间：高度为 600～650 mm，宽度可稍大于椅宽。

⑨坐姿控制台的倾角：控制器板面倾角 30°～50°，显示器板面倾角 0°～20°。

复习思考题

1. 什么是人体尺度？

2. 什么是静态测量？它与动态测量有何区别？

3. 有一位女同学，她的身高为 1670 mm，请说明有百分之几的人超过她的高度？又有百分之几的人比她矮？（已知：$M=1698$ mm，$\sigma=81.83$ mm）

4. 已知某男性工人体重为 70 kg，求手掌、前臂、上臂、躯干重量，并求人体表面积。

5. 在什么情况下分别采用立姿和坐姿操作？

6. 若某女性职工的身高为 1680 mm，试设计一套作业椅、工作台、踏板系统（以做轻工作为依据）。

7. 钳工台与打字桌要设计得比其他工作台低一些，为什么？低到什么程度？

8. 研究自行车座与踏板之间的尺寸关系，若人体的平均身高为 1689 mm，应调至何种尺寸时骑行最舒适？

环境因素

第6章

微气候与气体环境

■ 6.1 微气候主要指标及人体感受与评价

6.1.1 微气候的若干条件及其相互关系

微气候又称生产环境的气候条件，是指生产环境局部的气温、湿度、气流速度以及工作现场中的设备、产品、零件和原料的热辐射条件。在办公室工作时，气候条件直接影响工作人员的工作情绪和身体健康，从而对工作质量与效率产生很大影响。

1. 微气候的主要指标

1）气温

空气的冷热程度叫作气温。气温常用干球温度计（寒暑表）测定，它所指示的温度叫干球温度。除干球温度计外，半导体温度计、温差电偶温度计也可用于测量气温。气温的标度有两种：摄氏温标（℃）和华氏温标（℉）。我国法定采用摄氏温标（℃）。两种温标的换算关系为

$$t（℃）=5/9（℉）-32$$
$$t（℉）=9/5（℃）+32$$

生产环境中的气温除取决于大气温度外，还受太阳辐射和生产上的热源及人体散热等的影响。热源通过传导、对流使生产环境的空气加热，并通过辐射加热四周物体，形成第二次热源，扩大了直接加热空气的面积，使气温升高。

2）湿度

空气的干湿程度叫作湿度。每立方米空气内所含的水汽克数叫绝对湿度。由于人们对空气干湿程度的感受不与空气中水汽的绝对数值直接相关，而与空气中水汽与饱和状态的差距直接相关，因此定义某温度、压力条件下空气的水汽压强与相同温度、压力下饱和水汽压强的百分比为该温度、压力条件下的相对湿度。生产环境的湿度常用相对湿度表示。相对湿度在70%以上称为高气湿，低于30%为低气湿。高气湿主要由于

水分蒸发和释放蒸汽所致，如纺织、印染、造纸、制革、缫丝、屠宰和潮湿的矿井、隧道等作业。低气湿可在冬季的高温车间中遇到。相对温度可用通风干湿表或干湿球温度计测量。湿球温度计指示的温度叫湿球温度，湿球温度比干球温度略低一些。根据干球、湿球温度（表 6-1）即可得出相应的空气相对湿度。用湿敏元件制成湿度计也可直接测得相对湿度。

表 6-1　从干球温度与湿球温度查找的空气相对湿度表　　单位：%

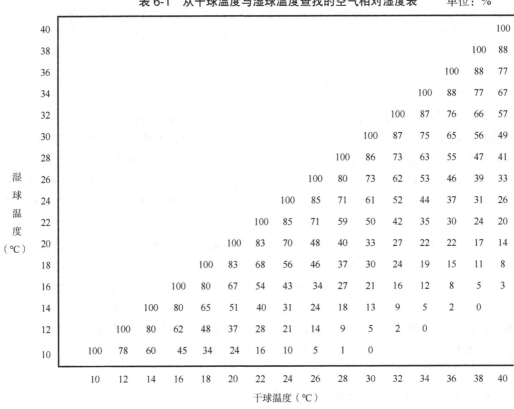

湿球温度（℃） \ 干球温度（℃）	10	12	14	16	18	20	22	24	26	28	30	32	34	36	38	40
40																100
38															100	88
36														100	88	77
34													100	88	77	67
32												100	87	76	66	57
30											100	87	75	65	56	49
28										100	86	73	63	55	47	41
26									100	80	73	62	53	46	39	33
24								100	85	71	61	52	44	37	31	26
22							100	85	71	59	50	42	35	30	24	20
20						100	83	70	48	40	33	27	22	22	17	14
18					100	83	68	56	46	37	30	24	19	15	11	8
16				100	80	67	54	43	34	27	21	16	12	8	5	3
14			100	80	65	51	40	31	24	18	13	9	5	2	0	
12		100	80	62	48	37	28	21	14	9	5	2	0			
10	100	78	60	45	34	24	16	10	1	0						

3）气流速度

空气流动的速度叫作气流速度（m/s）。测定室内气流速度一般用热球微风仪。生产环境的气流除受外界风力的影响外，主要与厂房中的热源有关。热源使空气加热而上升，室外的冷空气从厂房门窗和下部空隙进入室内，造成空气对流。室内外温差越大，产生的气流越大。

4）热辐射

物体在绝对温度高于零 K 时的辐射能量称为热辐射。热辐射主要是指红外线及一部分可视线。太阳和生产环境中的各种熔炉、开放火焰、熔化的金属等热源均能产生大量热辐射。红外线不能直接使空气加热，但可使周围物体加热。当周围物体表面温度超过人体表面温度时，周围物体表面则向人体发放热辐射而使人体受热，称为正辐射。相反，当周围物体表面温度低于人体表面温度时，人体表面则向周围物体辐射散热，称为负辐射，在防暑降温上有一定意义。热源辐射的能量（E）大小取决于辐射源的温度，并与其绝对温度（T）的 4 次方成正比（$E=KT^4$），K 为辐射系数，除受温度影响外，它与辐射源表面积和表面黑度等因素有关。热源温度越高，表面积越大，辐射能量越大。但辐射能量与辐射源距离的平方成反比，故离辐射热源越远其辐射强度越小。热辐射强度以每分钟每平方厘米表面所受热量的焦耳（J）来表示（$J/cm^2 \cdot min$）。

测量热辐射可用黑球温度计。黑球温度计是表面镀黑的薄铜板制成的空心球体，球体中心部分插入一支温度计。黑球在吸收热辐射后温度上升，它指示的温度叫黑球温度，是热辐射及气温的综合效应。若关闭热辐射源，黑球温度下降，其差值为实际辐射温度。

2. 微气候指标之间的替代关系

气温、湿度、热辐射和气流速度对人体的影响可以互相替代，某一条件的变化对人体的影响，可以由另一条件的相应变化所补偿。例如，人体受热辐射所获得的热量可以被低气温抵消。当气温增高时，若气流速度增大，会使人体散热增加。有人曾证明，当室内气流速度在 0.6 m/s 以下时，气流速度每增加 0.1 m/s，相当于气温下降 0.3 ℃；当气流速度为 0.6~1.0 m/s 时，气流速度每增加 0.1 m/s，相当于气温下降 0.15 ℃。

生产环境的气象条件除随外界大气条件的变动而改变外，也受生产场所的生产设备、生产情况、热源的数量和距离、厂房建筑、通风设备等条件影响。因此，在不同地区、不同季节中，生产环境的气象条件差异很大。而同一生产场所一日内不同时间和工作地点的不同高度与距离，其气象条件也有显著的变动和差异。由于生产环境气象条件诸因素对机体的影响是综合的，故在进行卫生学评价时，必须综合考虑各个因素，找出其主要因素，这对制定预防对策有着重要的意义。

6.1.2 人体的热平衡和热交换

1. 人体的热平衡

人体在自身的新陈代谢过程中，一方面不断吸收营养物质，制造热量（M）；另一方面不断地对外做功，消耗热量（W）；同时也通过皮肤和各种生理过程与外界环境进行着热交换，将产生的热量传递给周围环境（H），包括人体外表面以对流和辐射的方式向周围环境散发的热量、人体汗液和呼吸出来的水蒸气带走的热量。因此，人体是否能实现热平衡就取决于这几方面热量的代数和，即：

当 $M>W+H$ 时，人体将感觉到热。

当 $M=W+H$ 时，人体将感觉到不冷不热，即人体处于热平衡状态。

当 $M<W+H$ 时，人体将感觉到冷。

人体的基本热平衡方程式为

$$S=M-W-H$$

式中：S 为人体内单位时间蓄热量（热流量，以下同），W；M 为人体内单位时间能量代谢量，W；W 为人体单位时间所做的功，W；H 为人体单位时间向体外散发的热量，W。

人体内蓄热量的上限是 250 kJ（60 cal），根据人体内单位时间蓄热量 S 可以计算热暴露时间的上限

$$T=250/S（kJ/s）$$

人体内单位时间蓄热量 S 可以通过体内平均温度求得

$$S=1.15mC_u(BT_1-BT_2)/t$$

式中：m 为身体重量，kg；C_u 为人体比热容常数［3.475 kJ/（kg·K）］；BT_1 为初始体内平均温度，℃；BT_2 为终末体内平均温度，℃；体内平均温度 $BT=0.33$ 皮温+0.67 直肠温度；t 为经历的时间，h。

2. 人体的热交换

人体单位时间向体外散发的热量 H，取决于辐射热交换、对流热交换、蒸发热交换、传导热交换，即

$$H=R+C+E+K（kJ/s）$$

式中：R 为单位时间辐射热交换量，kJ/s；C 为单位时间对流热交换量，kJ/s；E 为单位时间蒸发热交换量，kJ/s；K 为单位时间传导热交换量，kJ/s。

人体单位时间辐射热交换量，取决于热辐射常数、皮肤表面积、服装热阻值、反射率、平均环境温度和皮温等。

人体单位时间对流热交换量，取决于气流速度、皮肤表面积、对流传热系数、服装热阻值、气温和皮温等。

人体单位时间蒸发热交换量，取决于皮肤表面积、服装热阻值、蒸发散热系数以及相对湿度等。

人体单位时间传导热交换量，取决于皮肤与物体温差和接触面积的大小以及物体的导热系数。

3. 影响人体热平衡的因素

影响人体热平衡的因素有很多，主要包括以下几点。

（1）人体的生理状态。人的身体越强壮，新陈代谢率越高，能够产生的热量越多。

（2）人的活动状态。人体所进行的运动越激烈，新陈代谢率越高，消耗的热量越多。

（3）人的服装。人体穿着的衣服热阻越大，通过衣服向外散失的热量越少；人体外表面因着装导致的裸露面积越小，通过人体外表面散失的热量越少。

（4）周围环境空气温度。周围环境空气与人体表面之间的温度差越大，人体与空气之间的热交换越剧烈；当空气温度高于人体表面温度时，人体将得到热量，否则人体将散热。

（5）周围环境空气湿度。周围环境空气的相对湿度越高，人体通过汗液和呼吸出来的水蒸气带走的热量越少；但较高的相对湿度可能引起人体表面衣服的导热率增加，导致人体散热量增加。

6）周围环境的风速。周围环境的风速越高，人体外表面通过对流散失的热量越多。

（7）周围环境中固体壁面的平均辐射温度。周围环境固体壁面与人体表面之间的温度差越大，人体与壁面之间的辐射热交换越剧烈；当壁面温度高于人体表面温度时，人体将得到热量，否则人体将散热。

6.1.3　人体对微气候环境的主观感觉

人体对微气候环境的主观感觉，即心理上感到满意与否，是进行微气候环境评价的重要指标之一。由于构成微气候环境的若干条件的差异，人体对其感觉取决于它们之间的综合影响。目前，常用的人体对微气候主观感受的指标包括最适合湿度与气温关系、不舒适指数 DI（discomfort index）、有效温度、冬季与夏季快感域以及综合指标 WBGT（wet bulb globe temperature，湿球黑球温度指数）。

1. 最适合湿度与气温关系

以人体对温度和湿度的感觉为例，舒伯特（S. W. Shepperd）和希尔（U. Hill）经过大量研究证明，最合适的湿度 Φ（%）与气温 t（℃）的关系为

$$\Phi（\%）=188-7.2t（℃）\qquad t<26（℃）$$

2. 不舒适指数 DI

鲍生（J. E. Bosen）提出了不舒适指数 DI，DI＝0.72（干球温度＋湿球温度）＋40.6 评价人体对温度、湿度环境的感觉。对美国人的实验表明：当 DI＜70 时，绝大多数人感到舒适；当 DI＝75 时，有一半人感到不舒适。

3. 有效温度

为了综合反映人体对气温、湿度、气流速度和热辐射的感觉，提出了"有效温度"这一概念。有效温度是指根据人体在微气候环境下，具有同等主诉温热感觉的最低气流速度和气湿的等效温标。杨格鲁（C. P. Yaglou）以干球温度、湿球温度、气流速度为参数，进行大量实验，绘制成有效温度图（图 6-1）。例如，测得某一作业场所的干球温度为 76 ℉（24.5 ℃），湿球温度为 62 ℉（16.6 ℃），气流速度为 100 ft/min（约 30.5 m/min）；则从干球温度标尺的 A 点（76 ℉）到湿球温度标尺的 B 点（62 ℉）引一直线 AB，AB 与气流速度 100 ft/min 的曲线交点，即为该环境条件的有效温度 69 ℉（20.6 ℃）。

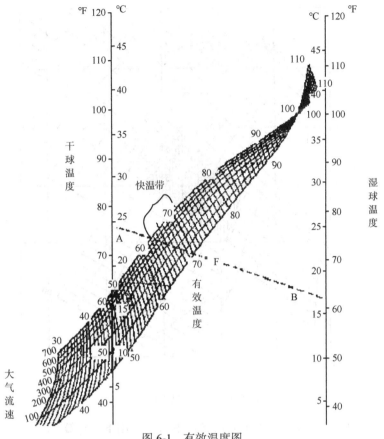

图 6-1 有效温度图

4. 冬季与夏季快感域

美国暖房换气学会经过大量实验研究总结出，夏秋与冬季人们感觉舒适的环境不同。大多数人冬季感觉舒适的微气候条件是相对湿度为 30%～70%、有效温度为 16.8～21.7℃所围成的区域（冬季快感域）；大多数人夏季感觉舒适的微气候条件是相对湿度为 30%～70%、有效温度为 18.8～23.9℃所围成的区域（夏季快感域）（图 6-2）。虽然不同的人感觉舒适的有效温度不同，但基本符合正态分布，该夏季快感域和冬季快感域就是根据这一分布，使 95% 的人感到舒适这一原则确定的。在有大量热辐射影响的环境下，应该对有效温度加以修正，因此贝特福（Bedford）用黑球温度计测出在热辐射影响下的实际温度，并以此作为杨格鲁有效温度的干球温标修正了有效温度图，这时的有效温度称为贝氏有效温度，但快感域仍无显著变化。

5. 综合指标 WBGT

有的学者提出用干球温度、湿球温度、气流速度和热辐射 4 个因素的综合指标 WBGT 作为微气候的衡量指标，即加权平均温标。

当气流速度小于 1.5 m/s 的非人工通风条件下时，采用下式计算

$$WBGT = 0.7WB + 0.2GT + 0.1DBT$$

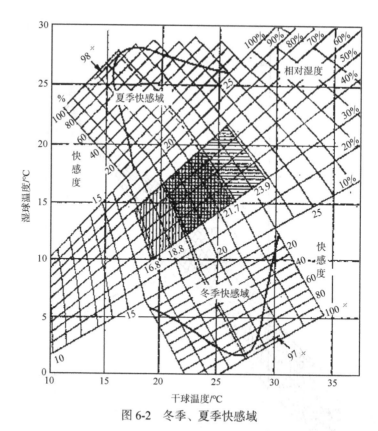

图 6-2　冬季、夏季快感域

当气流速度大于 1.5 m/s 的人工通风条件下时，采用下式计算

$$WBGT=0.63WB+0.2GT+0.17DBT$$

式中：WB 为湿球温度，℃；GT 为黑球温度，℃；DBT 为干球温度，℃。

美国工业卫生委员会根据实际作业率和休息率，推荐的 WBGT 容许热接触阈限值如表 6-2 所示。

表 6-2　WBGT 容许热接触阈限值　　　　　单位：℃

作业休息制度	轻作业	中等作业	重作业
持续作业	30.0	26.7	25.0
75%作业，25%休息	30.6	28.0	25.9
50%作业，50%休息	31.4	29.4	27.9
25%作业，75%休息	32.2	31.1	30.0

人体对微气候环境的主观感觉，除与上述环境条件有关外，还与服装、作业负荷等因素有关。一般认为，当作业负荷低于225 W时，人的服装的热阻值每增加0.1 Clo，相当于环境温度增加0.6 ℃；当作业负荷高于225 W时，人的服装的热阻值每增加0.1 Clo，相当于环境温度增加1.2 ℃；以作业负荷115 W为界，每增加30 W，相当于环境温度增加1.7 ℃。

6.2　空气污染物的来源、成分及其检测

人不能离开空气，空气中所含成分时刻都在被人吸入。由此可见，空气是否纯净对于人的健康关系甚大。工作地的空气污染问题日益严重，其后果轻则使人难受，重则引起职业病。因此分析空气污染物的来源与成分，并对其开展检测十分重要。

6.2.1　空气污染物的来源、成分及其进入人体的途径

1. 空气污染物的来源及其主要成分

空气污染物的来源主要有以下四种。

（1）原材料和辅助材料的微粒在加工过程中因飞扬、挥发和蒸发进入空气。

（2）物质的化学反应产生有害气体，逸入空气。

（3）废气进入空气。例如，汽车、火车、摩托车等交通工具都要排放含一氧化碳、氮氧化物、铅等的尾气。

（4）人们日常生活中排放的一些废物。例如，取暖、烹饪排出的烟尘，呼出的二氧化碳。

目前，空气中起危害作用的污染物有近百种之多，其主要可划分为以下五类。

（1）气体污染物。例如二氧化硫、硫化氢、三氧化硫等硫化物，一氧化碳、臭氧、过氧化物等氧化物；氯气、氯化氢、氟化氢等氯化物；氨气、一氧化氮、二氧化氮等氮化物。

（2）生产性粉尘（productive dust）。例如碳粒、飘尘、飞灰、碳酸钙、氧化锌、二氧化铝、铅粉等。

（3）蒸汽。由固体或液体气化而形成，弥漫于空气中，如汞蒸汽、汽油蒸汽等。

（4）熏烟。由气体或蒸汽凝聚而成的微粒、固体微粒和气体形成熏烟。某些金属气体凝聚物与空气中的氧化合后形成的氧化物，具有高度毒性，如铅、汞、锌、锰和镁的氧化物，均可导致金属热症。镉在空气中加热易生烟雾，可使人呼吸困难、胸痛，并引起肺水肿和骨痛病。

（5）雾滴。由气体凝聚而形成悬浮于空气中的微小液滴。如电镀时放出的铬酸烟雾、防腐剂中的酸、碱烟雾等，毒性都很大。

在生产与生活过程中，气体污染物和生产性粉尘是空气污染物的重要组成部分，本节对其主要成分与来源加以详细介绍。

1）气体污染物及其主要来源

（1）二氧化硫（SO_2）。SO_2 是一种无色、有味的刺激性气体，主要产生于煤炭和石油制品等燃料的燃烧，有色金属冶炼厂、硫酸厂、钢铁厂、焦化厂的排放气体。一般情况下，煤含硫约为 5～50 kg/T，石油含硫约为 5～30 kg/T，其燃烧产生大量二氧化硫气体。

（2）二氧化碳（CO_2）。二氧化碳是最常见的一种有害气体，主要来源于燃料燃烧，制石灰、发酵、酿造、制糖、制碱、制干冰等工业，煤井隧道工程以及人的呼吸。正常的空气和人呼气的氧及二氧化碳等组成如表 6-3 所示。当空气中的氧含量在 15%以下时，会出现嗜睡、动作迟钝、呼吸急促、脉搏加快等严重缺氧症状；含氧量降到 10%以下时，将发生休克甚至死亡。由此可见，氧含量 15%是人可以工作的临界值。

表 6-3　正常的空气和人呼气的氧及二氧化碳等组成　　　　　　　　　单位：%

化学成分	N_2	O_2	CO_2
空气	79.04	20.93	0.03
呼气	79.60	16.02	4.38

（3）一氧化碳（CO）。一氧化碳为无色、无味、无臭、无刺激性的气体。它的比重为 0.967，几乎不溶于水，亦不易为活性炭吸附，但易溶于氨水。该气体易燃易爆，在空气中爆炸极限为 12.5%～74%。含碳物质的不完全燃烧过程均可产生一氧化碳，主要有：一是冶金工业中的炼焦、炼钢、炼铁。二是机械制造工业中的铸造、锻造车间。三是化学工业中用一氧化碳做原料制造光气、甲醇、甲醛、甲酸、丙酮、合成氨；耐火材料、玻璃、陶瓷、建筑材料等工业使用的窑炉、煤气发生炉等。

（4）硫化氢（H_2S）。硫化氢为无色气体，具有腐败臭蛋味，蒸汽比重 1.19，易积聚在低洼处。该气体可燃，易溶于水、乙醇、汽油、煤油和原油，呈酸性反应，并能与大部分金属反应形成黑色硫酸盐。硫化氢一般为工业生产过程中产生的废气，其主要来源于以下方面：一是在制造硫化染料、二氧化硫、皮革、人造丝、橡胶、鞣革、制毡、造纸时均可有硫化氢产生。二是有机物腐败时也能产生硫化氢，如在疏通阴沟、下水道、沟渠、开挖和整治沼泽地以及清除垃圾、污物、粪便等作业均可接触到硫化氢。

（5）氮氧化物。氮氧化物包括 N_2O、NO、NO_2、NO_3、N_2O_4、N_2O_5 等多种氮的氧化物，而构成空气污染的主要是 NO 和 NO_2。NO 和 NO_2 主要来源于各种矿物燃料的燃烧过程以及生产和使用硝酸的工厂，如氮肥厂、化学纤维中间体厂中硝酸盐的氧化反应与硝化反应等排放的氧化氮气体。

2）粉尘的分类及其主要来源

（1）生产性粉尘的分类。生产性粉尘是指在生产中形成的，并能长时间飘浮在空气中的固体微粒。生产性粉尘按性质可分为三类。

一是无机粉尘。它主要包括金属矿物粉尘（如铅、锌、铝、铁、锡等金属及其化合物等）、非金属矿物粉尘（如石英、石棉、滑石、煤等）和人工无机粉尘（如水泥、玻璃纤维、金刚砂等）。

二是有机粉尘。它主要包括植物性粉尘（如棉、麻、谷物、亚麻、甘蔗、木、茶等粉尘）、动物性粉尘（如皮、毛、骨、丝等）和人工有机粉尘（如树脂、有机染料、合成纤维、合成橡胶等粉尘）。

三是混合性粉尘（mixed dust）。它主要是指上述各类粉尘的两种或多种混合存在，称为混合性粉尘。此种粉尘在生产中最常见，如清砂车间的粉尘含有金属和砂尘。

（2）生产性粉尘的来源。许多工业生产过程中都能产生粉尘：一是采矿与矿石加工、开凿隧道、筑路、劈山等；二是金属冶炼中原料的准备，如矿石的粉碎、筛分、运输等；三是机械工业中铸造的配砂、清砂等；四是耐火材料、玻璃、水泥等工业，陶瓷、搪瓷工业；五是纺织工业与皮毛工业；六是化学工业中固体原料的加工、成品包装等。如果在上述这些生产过程中无良好的防尘措施，均可产生大量生产性粉尘。

2. 空气污染物进入人体的主要途径

空气污染物进入人体主要通过以下三种途径。

（1）经呼吸道进入。这是空气污染物进入人体最主要、最危险的途径。呈气体、蒸汽、雾、烟及粉尘形态的生产性毒物，均可进入呼吸道。进入呼吸道的毒物，通过肺泡直接进入大循环，其毒性作用大、发生快。

（2）经皮肤进入。空气污染物通过皮肤途径进入人体有三种方式：通过表皮屏障，通过毛囊，极少数通过汗腺导管。能够经皮肤进入人体的空气污染物有以下三类：一是能溶于脂肪及类脂肪的物质；二是能与皮肤的脂酸根结合的物质，如汞；三是具有腐蚀性的物质，如强酸、强碱。

（3）经消化道进入。个人卫生习惯不好和发生意外时，空气污染物可经消化道进入人体，实际事例甚少。

6.2.2　空气污染物的检测

1. 空气污染物含量表示法及其卫生标准

空气污染物含量最常用的表示法为浓度。浓度是指标准状态下单位体积空气中所含污染物的量，其单位为毫克/立方米（mg/m³），有时也用体积百万分数（1×10^{-6}）来表示，两者之间的关系如下：

$$mg/m^3 = 1 \times 10^{-6} \times \frac{该毒物的分子量}{24.45} \tag{6-1}$$

我国的《工业企业设计卫生标准》（GBZ 2.1—2019）规定了工作场所有害因素职业接触限值，其中部分有害物质的职业接触限值如表 6-4 所示。

对于粉尘环境，也规定了时间加权平均容许浓度，如表 6-5 所示。在此浓度以下，人体不致产生病理性改变。

表 6-4 工作场所部分有害物质职业接触限值

物质名称	最高允许浓度 /（mg/m³）	时间加权平均容许浓度 /（mg/m³）	物质名称	最高允许浓度 /（mg/m³）	时间加权平均容许浓度 /（mg/m³）
一氧化碳	—	20	二氧化硫	—	5
丁烯	—	100	二硫化碳	—	5
丁醛			六六六	—	0.3
溶剂汽油	—	300	丙酮		300
甲苯（皮）	—	50	甲醛	0.5	
苯（皮）		6	氯	1	
氟化氢（皮）	2		氨	—	20
金属汞	—	0.02	氯化氢与盐酸	—	7.5
锰及其化合物	—	0.15	甲醇	—	25

本表摘自 GBZ 2.1—2019。

表 6-5 工作场所中空气中粉尘的职业接触限值

粉尘种类	时间加权平均容许浓度（mg/m³）
含 80%以上游离 SiO_2 的粉尘	0.5
石棉粉尘与含 10%以上石棉的粉尘	0.8
含 10%以下游离 SiO_2 的滑石粉尘	3
含 10%以下游离 SiO_2 的水泥粉尘	4
含 10%以下游离 SiO_2 的煤尘	4
氧化铝粉尘	4
玻璃棉和矿渣棉粉尘	5

2. 大气污染浓度计算

大气中有害物质的含量是否符合规定的安全标准，需要通过实测和计算。这里介绍美国政府工业卫生学家会议（American Conference of Governmental Industrial Hygienisis，ACGIH）的计算公式：

$$P=\frac{C_1T_1+C_2T_2+\cdots C_iT_i}{480}(\text{ppm}) \tag{6-2}$$

式中：P 为时量平均值（浓度）；C 为在某一时间内某有害气体的浓度；T 为对应的与毒物接触时间(分钟)；1、2、3…i 为对应的接触环节；480 为一天的工作时间（分钟）。

3. 空气污染物的检测

空气污染物检测主要包括空气采样、污染物含量分析和测定结果报告三个主要步骤。

1）空气采样

空气采样分为两类：一类是定点采样，即选定地点采集样本，测得的结果是该点瞬间浓度或短时间内的平均浓度，定点采样包括直接采样和浓缩采样。直接采样是使用 1000 mL 真空样瓶、采气管、医用 100 mL 注射器、塑料袋、球胆等抽取现场空气进行测定；浓缩采样是采取一定量空气样本，使之通过吸收液或吸附剂，将有害物质吸收或阻留，使原来空气中的有害物质得到富集。另一类是个体采样，即将小型个体采样器佩戴在操作者的呼吸带附近，采集该人在整个工作日内接触的累积毒物。测定结果是接触有害物质的时间加权平均浓度。利用个体采样就可以对操作者接触毒物的程度进行评价。

（1）采气体积。以最小采气体积计算，其公式为

$$V = sa/cb \tag{6-3}$$

式中：V 为最小采气量，L；s 为测定方法的检测下限，μg/mL；a 为样品总体积，mL；c 为车间空气中有害物的最高容许浓度，mg/m³；b 为分机时所采取样品的体积。

采集的气体体积应换算成标准状况下的气体体积

$$V_0 = V_t \frac{T_0}{T_t} \cdot \frac{P}{P_0}$$

或
$$V_0 = V_t \frac{273}{273+t} \cdot \frac{P}{760} \tag{6-4}$$

式中：V_0 为标准状况下的气体体积，L；V_t 为在工作地采集的实际气体体积，L；T_t 为工作地温度，℃；T_0 为绝对温度；P 为工作地大气压，mmHg；P_0 为标准大气压。

（2）采样效率。两个收集器串联采样，第一个收集器中有害物质含量对总有害物质含量的百分数比叫作采样效率，即

$$K = \frac{C_1}{C_1+C_2} \times 100\% \tag{6-5}$$

式中：K 为采样效率；C_1 为第一个收集器中有害物质含量；C_2 为第二个收集器中有害物质含量。

K 值应大于 90%。为提高采样效率，应注意选择合适的收集器、吸收液、吸附剂、抽气速度和抽样方法。

（3）采样位置。收集器应放置于操作者经常活动的地带，使所采集的样本符合操作者每天吸入有害物质的实际情况。如若对净化设备的性能进行评价，应在设备上开孔采集管道内的气体进行测定。对管道的采样，应采取等速采样。例如，采集烟道的样本，要使气体进入采样嘴的速度与烟道内的气流速度相等。

2）污染物含量分析

对空气中的污染物进行定性、定量分析，常用的方法有比色法、气相色谱法、原子吸收分光光度法、离子选择电极法、荧光法、检气管法等。其中，比色法是利用被测物质与显色剂生成有色化合物，根据有色化合物颜色的深浅来确定被测物质的浓度。比色法可分析绝大多数无机毒物和有机毒物。而气相色谱法是效率最高的一种分析方法。其所用设备为气相色谱仪及其辅助设备，分离效率高，已被广泛利用。

3）测定结果报告

测定的数据是否全部有效，要进行鉴别取舍，异常数据应剔除。

（1）准确度：指测定值与真值的符合程度，以说明测定数据的可靠性，一般用绝对误差来量度：

$$E=X-\mu \tag{6-6}$$

式中：E 为测定的误差值；X 为测定值；μ 为真值。

若用相对误差表示，则相对误差（S'）为

$$S'=\frac{X-\mu}{\mu}\times100\% \tag{6-7}$$

（2）精度：指测定数据的重现性，用测定值与一系列测定数据的平均值之差，即绝对偏差来表示：

$$d_i=x_i-\bar{X} \tag{6-8}$$

式中：d_i 为个别数据的偏差值；x_i 为测定值；$\bar{X}$ 为平均值。

精度也可用相对偏差来表示：

$$相对偏差=\frac{x_i-\bar{X}}{\bar{X}}\times100\% \tag{6-9}$$

对于一系列测定数据的精度可用下列各值表示：

平均偏差
$$\bar{d}=\frac{1}{n}\sum_{i=1}^{n}|x_i-\bar{X}| \tag{6-10}$$

标准偏差
$$\sigma=\sqrt{\frac{\sum_{i=1}^{n}\left(x_i-\mu\right)^2}{n}} \tag{6-11}$$

或
$$s=\sqrt{\frac{\sum_{i=1}^{n}\left(x_i-\bar{X}\right)^2}{n-1}} \tag{6-12}$$

测定次数大于 30 次时用式（6-11），小于 30 次时用式（6-12）。

变异系数
$$CV(\%)=\frac{s}{\bar{X}}\times100\% \tag{6-13}$$

变异系数代表单次测定标准偏差 s 对测定平均值 $\bar{X}$ 的相对值。

■6.3　微气候的影响以及空气污染物的危害

6.3.1　高温作业环境对人体的影响

1. 高温作业的主要类型

高温作业是指工作地点有生产性热源，当室外实际出现的气温等于本地区夏季通

风室外计算温度时，工作地点的气温高于室外 2 ℃或 2 ℃以上的作业。一般将热源散热量大于 23 W/m³ 的车间称为热车间或高温车间。

1）高温、强热辐射作业

如冶金工业的炼焦、炼铁、轧钢等车间；机械制造工业的铸造、锻造、热处理等车间；陶瓷、玻璃、搪瓷、砖瓦等工业的炉窑车间；火力发电厂和轮船的锅炉间等。这些生产场所的气象特点是高气温、热辐射强度大，而相对湿度较低，形成干热环境。

2）高温、高湿作业

高温、高湿作业的特点是高气温、气湿，而热辐射强度不大，主要是由于生产过程中产生大量水蒸气或生产上要求车间内保持较高的相对湿度所致。例如印染、缫丝、造纸等工业当液体加热或蒸煮时，车间气温可达 35 ℃以上，相对湿度常达 90%以上。潮湿的深矿井内气温可达 30 ℃以上，相对湿度达 95%以上。如通风不良就形成高温、高湿和低气流的不良气象条件，亦即湿热环境。

3）夏季露天作业

夏季在农田劳动、建筑、搬运等露天作业中，除受太阳的辐射作用外，还受被加热的地面和周围物体放出的热辐射作用。露天作业中的热辐射强度虽较高温车间低，但其作用的持续时间较长，加之中午前后气温升高，又形成高温、热辐射的作业环境。

2. 高温作业对机体生理机能的影响

高温作业时，人体可出现一系列生理功能改变，主要为体温调节、水盐代谢、循环系统、消化系统、神经系统、泌尿系统等方面的适应性变化。但如果超过一定限度，则可产生中暑病症。

1）高温作业对人体生理功能的改变

（1）体温调节。在高温环境下劳动时，人体的体温调节主要受气象条件和劳动强度两个因素的共同影响。在气象条件诸因素中，气温和热辐射起主要作用。前者以对流热作用于人体体表，通过血液循环使全身加热；后者以辐射热作用于体表，并加热深部组织。而在体力劳动时，随劳动强度的增加和劳动时间的延长，代谢产热量不断增加。机体这些内、外环境的热应激，激发温觉感受器发出神经冲动，刺激体温调节中枢，反射性引起散热反应，出现皮肤血管扩张和血流重新分配，以致代谢热从深部组织迅速向体表转移，皮肤温度升高，汗腺分泌增强。此时，根据皮温和环境温度的不同，发生两种体温调节。

一是当皮温超过环境温度时，体表仍能以对流与辐射方式散热，但其散热量甚小。此时，主要靠出汗蒸发散热，同时产热中枢受到抑制，产热稍有降低，从而体温得以保持正常；即使体温稍有升高，亦可稳定在一个平衡值上。

二是当气温继续升高而显著超过体表温度时，机体的唯一散热途径是蒸发散热。此时，即使大量出汗，其蒸发散热量仍远不能超过从高热环境获得的对流与辐射热量、劳动代谢产热量以及高热环境促使代谢亢进而增加的产热量这三者的总和，从而使热平衡破坏，体内不断蓄热，体温因而升高。

在强烈热辐射环境下劳动时，通过辐射的获热往往就成为机体主要的热负荷，加上体力劳动时的产热，机体的热负荷是严重的。即使大量出汗蒸发散热或使用空气淋浴，机体尚能对流散热，但终因热负荷量大于散热量，仍然会出现一定程度的蓄热。而在湿热环境下劳动时，机体由于生理饱和差（体表温度下的饱和水蒸气分压与空气中水蒸气分压之差）甚小，如果风速又不大时，即使大量出汗，但由于蒸发极慢，散热量是很小的。此时，劳动强度过大，则可因产热量增加，使得热平衡无法维持，而体温升高。

一般来说，高温作业过程中人体经常出现蓄热。人体的体温调节能力有一定限度，当身体获热与产热大于散热的情况持续存在，则会使得蓄热量不断增加，以致体温明显升高。如果热接触是间断的，则在低热负荷期间体内的蓄热就可以发散出去。体力劳动是代谢产热的主要来源，而代谢产热量对人体热负荷的增加起很重要的作用。因此，改善气象条件、安排工间休息和减轻劳动强度会有效地减少机体热负荷，从而避免蓄热过度，并可因防止过热而发生中暑。

（2）水盐代谢的变化。环境温度越高，劳动强度越大，人体出汗量则越多。汗的有效蒸发率在有风的环境中可高达80%以上，大量出汗能及时蒸发，则散热作用良好。但在湿热风小的环境中，汗的有效蒸发率则经常低至50%以下，汗液难以蒸发往往成汗珠淌下，不利于体温调节，且由于皮肤潮湿度增高，皮肤角质层渍汗而膨胀，阻碍汗腺孔正常使用，造成更多的伪流汗。

一般高温作业工人一个工作日出汗量可达3000～4000 g。通过出汗排出盐量达20～25 g，故大量出汗可致水盐代谢障碍，而影响劳动能力，甚至造成严重缺水和缺盐，导致热痉挛发生。出汗量是高温作业劳动者受热程度及劳动强度的综合指标。以一个工作日出汗量6 L为生理最高限度，失水不应超过体重的1.5%。体内缺盐时，尿中盐量减少，故测定尿盐量可判断人体是否缺盐。上海、武汉调查资料表明，如尿盐量降至5 g/24 h或2 g/8 h（工作日内）以下时，则表示人体有缺盐的可能。

（3）循环系统的变化。在高温环境下从事体力劳动时，由于出汗，大量水分丧失，导致有效血容量减少。但此时既要向高度扩张的皮肤血管网内输送大量血液，以适应散热的需要，又要向工作肌输送一定量的血液，以保证工作肌的需要，这就使得心脏负荷加重，久之可使心肌发生生理性肥大。心率的变化受环境温度和劳动强度两个因素的影响，而后者的影响更为明显。高温对心血管的影响，还反映在血压方面。热环境中皮肤血管扩张，末梢阻力下降，可使血压轻度下降，但体力劳动又可使血压上升。在一般情况下，重体力劳动时收缩压升高，但升高的程度不如常温下同等劳动时明显。舒张压一般不升高，甚至稍为下降，因此脉压有增大的趋势。过热时，血管内感受性反射减弱，其减弱不是因传入冲动的减少，而是心血管中枢调节功能减弱所致。在高温下体力劳动强度过大或劳动时间过长，则将使体温过度升高、心率增加、血压下降而不能继续劳动。

（4）消化系统的变化。高温作业时，消化液分泌减弱，消化酶活性和胃液酸度（游离酸与总酸）降低。胃肠道的收缩和蠕动减弱，吸收和排空速度减慢。唾液分泌也明显减少，淀粉酶活性降低。再加上消化道血流减少，大量饮水使胃酸稀释。这些因素均可引起食欲减退和消化不良，胃肠道疾患增多，且工龄越长，患病率越高。

（5）神经系统的变化。高温作业可使中枢神经系统出现抑制，肌肉工作能力低下，机体产热量因肌肉活动减少而下降，热负荷得以减轻。因此，可把这种抑制看作保护性反应。但由于注意力、肌肉工作能力、动作的准确性与协调性及反应速度降低，易发生工伤事故。高温作业工人的视觉—运动反应潜伏时间，随生产环境温度的升高而延长。

（6）泌尿系统的变化。高温作业时，大量水分经汗腺排出，肾血流量和肾小球过滤率下降；经肾脏排出的尿液大大减少，有时达 85%～90%。如不及时补充水分，由于血液浓缩使肾脏负担加重，可致肾功能不全，尿中出现蛋白、红细胞、管型等。

2）中暑

（1）中暑的发病机理。中暑是高温环境下由于热平衡和水盐代谢紊乱等而引起的一种以中枢神经系统和心血管系统障碍为主要表现的急性疾病。环境温度过高、湿度大、风速小、劳动强度过大、劳动时间过长是中暑的主要致病因素。该病症的发病机理可分为三种类型。

一是热射病。热射病是人体在热环境下，散热途径受阻，体温调节机制失调所致。其临床特点是在高温环境中突然发病，体温升高可达 40 ℃以上，开始时大量出汗，以后出现"无汗"，并伴有干热和意识障碍、嗜睡、昏迷等中枢神经系统症状。

二是热痉挛。热痉挛由大量出汗，体内钠、钾过量丢失所致。其主要表现为明显的肌肉痉挛，伴有收缩痛。痉挛以四肢肌肉及腹肌等经常活动的肌肉为多见，尤以腓肠肌为最。痉挛常呈对称性，时而发作，时而缓解。患者神志清醒，体温多正常。

三是热衰竭。本病发病机理尚不明确，多数认为在高温、高湿环境下，皮肤血流的增加不伴有内脏血管收缩或血容量的相应增加，因此不能足够地代偿，致脑部暂时供血减少而晕厥。一般起病迅速，先有头昏、头痛、心悸、出汗、恶心、呕吐、皮肤湿冷、面色苍白、血压短暂下降，继而晕厥，体温不高或稍高。通常休息片刻即可清醒，一般不引起循环衰竭。

（2）中暑的诊断与治疗。按其临床症状的轻重，中暑可分为以下两种。

一是轻症中暑。具备下列情况之一者，可诊断为轻症中暑。①头昏；胸闷、心悸；面色潮红、皮肤灼热；②有呼吸与循环衰竭的早期症状，如大量出汗、面色苍白、血压下降、脉搏细弱而快；③肛温升高可达 38.5 ℃以上。

二是重症中暑。凡出现前述热射病、热痉挛或热衰竭的主要临床表现之一者，可诊断为重症中暑。

中暑的治疗原则，主要依据其发病机理和临床症状进行对症治疗，具体如下。

一是对于轻症中暑，应使患者迅速离开高温作业环境，到通风良好的阴凉处安静休息，给予含盐清凉饮料，必要时给予葡萄糖生理盐水静脉滴注。

二是对于重症中暑，则根据发病机理加以治疗。①热射病：迅速采取降低体温、维持循环呼吸功能的措施，必要时应纠正水、电解质平衡紊乱。②热痉挛：及时口服含盐清凉饮料，必要时给予葡萄糖生理盐水静脉滴注。③热衰竭：使患者平卧，移至阴凉通风处，口服含盐清凉饮料，对症处理。静脉注射盐水虽可促进恢复，但通常无必要，升压药不必应用，尤其对心血管疾病患者宜慎用，以免增加心脏负荷，诱发心衰。

6.3.2　低温作业环境对人体的影响

低温作业对人体的影响主要体现在体温调节、中枢神经系统、心血管系统、机体过冷等方面，具体如下。

1. 体温调节

人体具有一定的冷适应能力，环境温度低于皮温时，刺激皮肤冷觉感受器发出神经冲动，引起皮肤毛细血管收缩，使人体散热量减少。外界温度进一步下降，肌肉因寒冷而剧烈收缩抖动，以增加产热量维持体温恒定的现象，称为冷应激效应。但人体对寒冷的适应能力有一定的限度，如果在寒冷（−5 ℃以下）环境下工作时间过长，超过适应能力，体温调节发生障碍，则体温降低，影响机体功能。

2. 中枢神经系统

在低温条件下，脑内高能磷酸化合物的代谢降低。此时，可出现神经兴奋性与传导能力减弱，出现痛觉迟钝和嗜睡状态。

3. 心血管系统

低温作用初期，心输出量增加，后期则心率减慢、心输出量减少。长时间低温作用下，可导致循环血量、白细胞和血小板减少，而引起凝血时间延长，并出现血糖降低。寒冷和潮湿影响外周血管运动装置，引起血管长时间痉挛或血管内皮细胞处于过敏状态，以致营养发生障碍，易于形成血栓。

4. 机体过冷

低温作业可引起人体全身过冷和局部过冷。全身过冷是机体长时间接触低温、负辐射加剧所致。此时，人体常出现皮肤苍白、脉搏和呼吸减弱、血压下降，还易引起感冒、肺炎、心内膜炎、肾炎和其他传染性疾患。在低温、高湿条件下，还易引起肌痛、肌炎、神经痛、神经炎、腰痛和风湿性疾患。局部过冷最常见的是手、足、耳及面颊等外露部位发生冻伤，严重时可导致肢体坏死。

6.3.3 空气污染物的危害

凡是少量物质进入机体后，能与机体组织发生化学或生物化学作用，破坏正常生理功能，引起机体暂时或永久的病理改变的，均称为毒物。污染的空气中存在着许多有毒物质，空气污染越严重，中毒越深，危害越严重。空气污染可以造成呼吸系统疾病、视觉器官疾病、生理机能障碍，严重时会导致心血管系统病变以致死亡。据美国调查，呼吸器官和胃肠系统的癌病变、动脉硬化和心肌梗死死亡率的分布与工厂和汽车的密度成正比。

本小节仅讨论化学性毒物、生产性粉尘和二氧化碳等空气污染物对人体的危害。接触空气中有毒物质时机体不一定受到损害，毒物导致中毒是有条件的。毒物对机体所致有害作用的程度与特点，取决于毒物的化学结构、理化特性（挥发性、溶解度、分散度等）、剂量、浓度、作用时间、生产环境与劳动强度以及人的个体感受等一系列因素和条件。例如，对于理化特性，挥发性大的毒物在空气中的浓度高，中毒的危险性大。对于生产环境与劳动强度，高温条件下可促进毒物挥发从而增加人吸收毒物的速度。

1. 化学性毒物的危害

1）二氧化硫的危害

当二氧化硫的浓度达 1 ppm 时，人就感到难受，不能长时间工作。二氧化硫轻度中毒出现眼睛与咽喉部的刺激；中度中毒出现声音嘶哑，胸部压迫感及痛感、吞咽困难、呕吐、眼结膜炎、支气管炎等；重度中毒会造成呼吸困难、知觉障碍、气管炎、肺水肿，甚至死亡。

二氧化硫很少单独存在于大气中，往往和飘尘结合在一起进入人的肺部，加剧了粉尘的毒害作用。二氧化硫在大气中遇到水将变成硫酸烟雾，其毒性比二氧化硫大 10 倍。

2）一氧化碳的危害

一氧化碳经呼吸道进入血液循环，主要与血红蛋白（Hb）结合，形成碳氧血红蛋白（HbCO），使之失去携氧功能。一氧化碳与血红蛋白的亲和力比氧与血红蛋白的亲和力大 240 倍，而碳氧血红蛋白的解离速度是氧合血红蛋白（HbO_2）的解离速度的 1/3600，故碳氧血红蛋白不仅本身无携带氧的功能，而且影响氧合血红蛋白的解离，阻碍氧的释放。组织受到双重缺氧作用，导致低氧血症，引起组织缺氧。

3）硫化氢的危害

硫化氢为剧毒气体，主要经呼吸道进入，它的主要危害如下。

（1）体内的硫化氢如未及时被氧化解毒，能与氧化型细胞色素氧化酶中的二硫键或三价铁结合，使之失去传递电子的能力，造成组织细胞内窒息，尤以神经系统为敏感。

（2）硫化氢还能使脑和肝中的三磷酸腺苷酶活性降低，造成细胞缺氧窒息，并明显影响脑细胞功能。

（3）高浓度硫化氢可作用于颈动脉窦及主动脉的化学感受器，引起反射性呼吸抑制，且可直接作用于延髓的呼吸及血管运动中枢，使呼吸麻痹，造成"电击样"的死亡。

4）氮氧化物的危害

空气污染主要是一氧化氮和二氧化氮。二氧化氮中毒会引起肺气肿，而其慢性中毒引起慢性支气管炎。人在二氧化氮浓度 16.9 ppm 环境下，工作 10 min 便出现呼吸困难。当氮氧化物与其他化学物质共存时，其危害更大。

（1）二氧化氮和二氧化硫两种污染物共存时，由于相互作用的效应，危害更大。

（2）氮氧化物和碳氢化物在阳光紫外线照射下，生成毒性很大的光化学氧化剂，其主要成分为臭氧（占90%左右）、醛类、过氧乙酰基硝酸酯、烷基硝酸盐、酮等。光化学氧化剂与二氧化硫形成的硫酸雾相结合成危害更大的光化学烟雾。它能使人的眼睛、鼻子、喉咙、气管和肺部的黏膜受到刺激，出现眼睛红肿、流泪、喉痛、胸痛和呼吸困难等症状。

5）金属毒物的危害

金属毒物是指混入空气中的铅、汞、铬、锌、锰、钛、砷、钒、钡等，它们都可能引起人体中毒。一般认为金属毒物与心脏病、动脉硬化、高血压、贫血、中枢神经疾病、肾炎、肺气肿、癌症有密切关系。金属毒物一般不以单质单独存在，如四乙基铅用于汽油抗爆剂，汽车排放的废气中含有铅，因此在生产和使用过程中会吸入或接触中毒。铅中毒在人体内有蓄积性，它会妨碍红细胞的生长和成熟，出现贫血、牙齿变黑、神经麻痹等慢性中毒症状。急性中毒表现为全身关节疼痛（骨痛病）、骨骼变形、血磷降低、蛋白尿、糖尿等。

2. 生产性粉尘的危害

1）生产性粉尘的理化特性

生产性粉尘理化性质的不同，其对机体的损害也不同。

（1）粉尘的化学组成。粉尘的化学组成是直接决定其对人体危害性质和严重程度的重要因素，据其化学成分不同可分别致纤维化、刺激、中毒和致敏作用。如含有游离二氧化硅的粉尘，可引起矽肺（silicosis），而且含矽量越高，病变发展越快，危害性就越大；石棉尘可引起石棉肺；如果粉尘含铅、锰等有毒物质，吸收后可引起相应的全身铅、锰中毒；如果是棉、麻、牧草、谷物、茶等粉尘，不但可以阻塞呼吸道，而且可以引起呼吸道炎症和变态反应等肺部疾患。

（2）浓度高和暴露时间。浓度高和暴露时间也是决定其对人体危害严重程度的重要因素。生产环境中的粉尘浓度越高，暴露时间越长，进入人体内的粉尘剂量越大，对人体的危害就越大。为保护粉尘作业工人的身体健康，我国对车间空气中生产性粉尘的最高容许浓度做了具体的规定。

（3）分散。分散度越高，对人体的危害越大。因为分散度越高，粉尘的颗粒越细小，在空气中飘浮的时间越长，进入人体内的机会就越多，危害越大；分散度越高，进入呼吸道深部的机会越多，直径<5 μm 的粉尘可以进入呼吸道深部及肺泡区，称为呼吸性粉尘（respirable dust）。

（4）硬度。硬度越大的粉尘，对呼吸道黏膜和肺泡的物理损伤越大。

（5）溶解度。有毒粉尘的溶解度越高，毒作用越强；无毒粉尘的溶解度越高，作用越低；石英尘很难溶解，在体内持续产生危害作用。

（6）荷电性。固体物质在被粉碎和流动的过程中，相互摩擦或吸附空气中的带电粒子，飘浮在空气中的粉尘 90%~95%带正电或带负电，同性电荷相排斥，异性电荷相吸引，带电粉尘易在肺内阻留，危害大。

（7）爆炸性。有些粉尘达到一定的浓度，遇到明火、电火花和放电时会爆炸，导致人员伤亡和财产损失，加重危害。煤尘的爆炸极限是 35 g/m³，面粉、铝、硫黄为 7 g/m³，糖为 10.3 g/m³。

2）生产性粉尘的危害

生产性粉尘由于种类和理化性质的不同，对机体的损害也不同。按照危害作用部位和病理性质，可将危害归纳为尘肺（pneumoconiosis）、局部作用、全身中毒、变态反应和其他五种。

（1）尘肺。尘肺是指在工农业生产过程中，长期吸入粉尘而发生的以肺组织纤维化为主的全身性疾病。按其病因不同，它又可以分为以下五类。

①矽肺。矽肺是指在生产过程中长期吸入含有游离二氧化硅的粉尘而引起的以肺纤维化为主的疾病。

②硅酸盐肺（silicatosis）。硅酸盐肺是指长期吸入含有结合状态的二氧化硅的粉尘所引起的尘肺，如石棉肺、滑石尘肺、云母尘肺等。

③炭尘肺（carbon pneumoconiosis）。炭尘肺是指长期吸入煤、石墨、炭黑、活性炭等粉尘引起的尘肺。

④混合性尘肺（mixed dust pneumoconiosis）。混合性尘肺是指长期吸入含有游离二氧化硅和其他物质的混合性粉尘（如煤矽肺、铁矽肺等）所致的尘肺。

⑤其他尘肺。其他尘肺是指长期吸入铝及其氧化物引起的铝尘肺，或长期吸入电焊烟尘所引起的电焊工尘肺等。

上述各类尘肺中，以矽肺、石棉肺、煤矽肺较常见，危害性则以矽肺最为严重。

（2）局部作用。吸入的粉尘颗粒作用于呼吸道黏膜，早期会引起其功能亢进、充血、毛细血管扩张，分泌增加，从而阻留更多粉尘；久之则酿成肥大性病变，黏膜上皮细胞营养不足，最终造成萎缩性改变。粉尘产生的刺激作用，可引起上呼吸道炎症；沉着于皮肤的粉尘颗粒可堵塞皮脂腺，易于继发感染而引起毛囊炎、脓皮病等；作用于眼角膜的硬度较大的粉尘颗粒，可引起角膜外伤及角膜炎等。

（3）全身中毒。吸入含有铅、锰、砷等毒物的粉尘，可被吸收引起全身中毒。

（4）变态反应。某些粉尘，如棉花和大麻的粉尘可能是变应原，可引起支气管哮喘、上呼吸道炎症和间质性肺炎等。

（5）其他。某些粉尘具有致癌作用，如接触放射性粉尘可致肺癌，石棉尘可引起间皮瘤，沥青粉尘沉着于皮肤可引起光感性皮炎等。

3. 二氧化碳对人体机能的影响

二氧化碳的影响主要涉及对人体的影响、对体力作业的影响以及对疲劳的影响三个方面，其影响程度与其浓度有关。

1）二氧化碳浓度对人体的影响

空气中二氧化碳浓度对人体的影响如表 6-6 所示。当二氧化碳含量增加到 5%～6% 时，呼吸感到困难；增加到 10% 时，即使不活动的人也只能忍耐几分钟。

表 6-6   空气中二氧化碳浓度对人体的影响

浓度		对人体的影响	浓度		对人体的影响
%	mg/L		%	mg/L	
3	54	1 h 后呼吸深度增加	8	144	呼吸困难
4	72	发生局部症状、耳鸣、恶心、头痛等	10	180	意识丧失
6	108	呼吸频率增加	20	360	生命中枢麻痹

2）二氧化碳浓度对体力作业的影响

工作场所换气不好，二氧化碳含量增加，空气不新鲜，会直接影响人的工作效率。据纽约的换气委员会实验，工作场所换气对体力作业的影响结果如表 6-7 所示。

表 6-7   工作场所换气对体力作业的影响

温度/℃	20	20	24	24
空气	新鲜	停滞	新鲜	停滞
作业效率/%	100	91.1	85.2	76.2

3）二氧化碳浓度对疲劳的影响

一般新鲜空气中二氧化碳含量为 0.03%。在人工作的场所二氧化碳污染应控制在 0.1% 以下。表 6-8 为二氧化碳浓度对疲劳的影响。

表 6-8   二氧化碳浓度对疲劳的影响

CO_2 浓度/%	0.07 以下	0.07～0.1	0.1～0.2	0.2～0.4	0.4～0.7
评定	良好	一般	不好	很不好	非常不好

6.4　微气候改善措施与空气污染物防治途径

6.4.1　微气候改善措施

1. 高温作业环境的改善

高温作业环境改善可以采用如下措施。

1）技术措施

（1）合理设计工艺流程。合理设计工艺流程，改进生产设备和操作方法，是改善高温作业劳动条件的根本措施。例如钢水连铸、轧钢、铸造等工艺流程的自动化，使操作工人远离热源，并减轻劳动强度。而热源的布置应符合下列要求：一是尽量布置在车间外面；二是采用热压为主的自然通风时，尽量布置在天窗下面；三是采用穿堂风为主的自然通风时，尽量布置在夏季主导风向的下风侧；四是对热源采用隔热措施；五是热源之间可设置隔墙（板），使热空气沿着隔墙上升，通过天窗排出，以免扩散到整个车间。

（2）隔热。隔热是改善高温工作环境的一项重要措施。目前，可以采用如下方式进行隔热：一是采用水或导热系数小的材料进行隔热。水的隔热效果最好，因为它的比热大，能最大限度地吸收热辐射。水隔热常采用循环水炉门、水箱、瀑布水幕、钢板流水等方式。而缺乏水源的中、小型企业以选取隔热材料为佳，采用导热系数小的材料隔热。例如，拖拉机、挖土机的热源可用经常保持湿润的麻布或帆布隔热。二是其他隔热措施。例如为防止太阳辐射传入室内，可将屋顶和墙壁刷白，或采用空心砖墙、屋顶搭凉棚、空气层屋顶、屋顶喷水等措施；工作室地面温度超过 40 ℃时，如轧钢车间的铁地面和地下有烟道通过时，可利用地板下喷水、循环水管或空气层隔热。

（3）通风降温。通风降温可以考虑采用如下方式：一是自然通风。任何房屋均可透过门窗、缝隙进行自然通风换气，但高温车间仅仅依靠这种方式是不够的，只能使部分空间得到换气而得不到全面通风。在散热量大、热源分散的高温车间，1 h 内需换气 30 次以上，才能使余热及时排出，此时就必须把进风口和排风口配置得十分合理，充分利用热压和风压的综合作用，使自然通风发挥最大的效能。二是机械通风。在自然通风不能满足降温的需要或生产上要求车间内保持一定温湿度的情况下，可采用机械通风，其设备主要有风扇、喷雾风扇与系统式局部送风装置。

（4）降低湿度。人体对高温环境的不舒适反应，很大程度上受湿度的影响。当相对湿度超过 50% 时，人体通过蒸发汗的散热功能显著降低。工作场所控制湿度的唯一方法是在通风口设置除湿器。

2）生产组织措施

（1）合理安排作业负荷。在高温作业环境下，为了使机体维持热平衡机能，工人不得不放慢作业速度或增加休息次数，以此来减少人体产热量。S. H. Rodgers 对三种负荷

（轻作业小于 140 W；中作业 140～230 W；重作业 230～350 W）在不同气流速度、温度和湿度下的耐受时间进行了实验，作业负荷越重，持续作业时间越短。因此，高温作业条件下，不应该采取强制生产节拍，而应由工人自己决定什么时候工作、什么时候休息。要通过技术措施，尽量减少高温条件下作业者的体力消耗。

（2）合理安排休息场所。作业者在高温作业时身体积热，需要离开高温环境到休息室休息，恢复热平衡机能。为高温作业者提供的休息室中的气流速度不能过高，温度不能过低。温度为 20～30 ℃最适宜高温作业环境下身体积热后的休息，否则会破坏皮肤的汗腺机能。

（3）职业适应。对于离开高温作业环境较长时间又重新从事高温作业者，应给予更长的休息时间，使其逐步适应高温环境。高温作业应采取集体作业，能及时发现热昏迷。训练高温作业者自我辨别热衰竭和热昏迷的能力，一旦出现头晕、恶心，应及时离开高温现场。

3）保健措施

（1）合理供给饮料和补充营养。高温作业工人应补充与出汗量相等的水分和盐分。若 8 h 工作日内出汗量少于 4 L，每天从食物中摄取 15～18 g 盐即可，不一定在饮料中补充；若出汗量超过 4 L，除从食物中补充盐量外，还需从饮料中适量补充盐分。饮料的含盐量以 0.15%～0.2%为宜，温度以 15～20 ℃为佳。同时，在高温环境下劳动时，能量消耗增加，故膳食总热量应比普通工人的高，最好能达到 12 600～13 860 kJ。因此，蛋白质一般以增加到总热量的 14%～15%为宜。此外，最好能补充维生素 A、维生素 B_1、维生素 B_2、维生素 C 以及钙等。

（2）个人防护。高温作业工人的工作服，应由耐热、导热系数小而透气性能好的织物制成。对于一般强度热辐射，可用白帆布或铝箔制的工作服，此外还应根据不同作业的需要，供给工作帽、防护眼镜、面罩、手套、护腿等个人防护用品；对于高强度热辐射，如炉衬热修、清理钢包等特殊工种高温作业工人，须佩戴隔热面罩和穿着隔热、阻燃、通风的防热服，如喷涂金属（铜，银）的隔热面罩、铝膜布隔热冷风衣等。

（3）加强医疗预防卫生。对高温作业工人应进行就业前和入暑前体格检查。凡有中枢神经与心血管系统器质性疾病、持久性高血压、溃疡病、活动性肺结核、肺气肿、肝肾疾病、明显内分泌疾病、过敏性皮肤疤痕等病症的患者以及重症恢复期及体弱者，均不宜从事高温作业。

2. 低温作业环境的改善

1）做好防寒和保暖工作

应按《工业企业设计卫生标准》和《采暖通风与空气调节设计规范》的规定，设置必要的采暖设备（包括局部取暖和中心取暖），使低温作业地点经常保持合适的温度。例如，必须在进出口设置暖气幕、夹棉布幕或温暖的门斗，以提高保暖效果。冬季在露天工作或缺乏采暖设备的车间工作时，应在工作地点附近设立取暖室，以供工人轮流休息取暖之用。此外，还应注意下列防寒和保暖工作。

（1）劳动者经常逗留的场所，气温应保持恒定和均匀。

（2）局部采暖设备在燃烧过程中产生的有害气体和粉尘，应净化后排出室外。

（3）不应因使用采暖设备而使气湿过度降低。

2）采用热辐射取暖

室外作业，若用提高外界温度的方法清除寒冷是不可能的；若采用个体防护方法，厚厚的衣服又影响作业者操作的灵活性，而且有些部位又不能被保护起来。因此，此时采用热辐射的方法御寒最为有效。

3）适当程度提高作业负荷

适度增加工人的作业负荷，可以使作业者降低寒冷感。考虑到作业时出汗使衣服的热阻值减少，在休息时更感到寒冷。因此，工作负荷的增加应以不使作业者工作时出汗为限。对于大多数人，作业负荷量大约为 175 W。

4）注意个人防护

低温车间或冬季露天作业人员应穿御寒服装，其材质可采用棉织物、毛皮、毛织品以及呢绒等导热性小、吸湿和透气性强的材料。在潮湿环境下劳动时，应发给橡胶工作服、围裙、长靴等防湿用品。如果工作时衣服潮湿，须及时更换并烘干。

5）增强耐寒体质

人体皮肤在长期和反复寒冷作用下，会使得表皮增厚而增强御寒能力。因此，经常采用冷水浴、冷水擦身或短时间寒冷刺激等锻炼方式，可有效提高身体抵抗寒冷的能力。

6.4.2　空气污染物的防治

空气污染物的防治主要涉及化学性毒物、粉尘以及二氧化碳三种类型物质的防治。

1. 化学性毒物的防治

常见的化学性有毒物质包括二氧化硫、一氧化碳、氮氧化物等，其防治方式如下。

1）选择燃料以及燃料预处理

选择无硫或少硫的燃料控制二氧化硫排放量。当选择有困难时，可采用预处理的方法。例如，在选洗煤时脱硫或在煤的气化时提取硫，以达到控制二氧化硫排放量的目的。

2）改进燃烧，采用净化回收方法

对于一氧化碳和氮氧化物排放量的控制，除采取改进燃烧设备、燃烧方式，使燃料尽可能完全燃烧的措施外，还可采用净化回收方法。

3）控制交通废气含量

改进发动机的燃烧设计，采用废气过滤技术、减少废气排放等措施。例如对于汽车废气中含铅量的控制，在研究出不含铅的抗爆剂以前，一般采用废气过滤技术。

4）合理布局企业和车间，注意排放和绿化

选择厂址、布置车间时，考虑地形、风向等地理和气象条件合理布局，可以减少有毒物质受害者的数量。而在进行城市建设规划时，一方面采取分散布局的方式，另一方面在市内及周边大力开展绿化，可以使城市自然净化能力增强，提高城市可容纳的污染物排放量。

2. 粉尘的防治

在粉尘治理过程中，我国多年摸索出一套行之有效的方法，即采用"水、风、密、革、护、管、查、宣"八字方针。

水，即湿式作业，它适合于亲水性粉尘。

风，即通风除尘。

密，即密闭尘源，以达到控制尘源的目的。

革，即技术革新，改革产尘工艺，以无尘、少尘工艺代之。

护，即个体防护。

管，即对防尘设施维护管理。

查，即对接尘人员定期体检，对产尘点定期监测。

宣，即宣传教育，使接尘者提高自我保护意识和能力。

结合上述八字方针，粉尘防治主要有以下方式。

1）技术措施

（1）改革工艺过程。这是消除粉尘的根本途径，可采用管道负压输送、负压吸尘避免粉尘飞扬，以及以无矽物质代替石英和以机械装袋代替手工装袋，从而根本解决粉尘污染。

（2）通风除尘，控制尘源。这是最为常用的一种除尘方法。该方法是利用一套通风除尘系统包括吸尘罩、管道、除尘器、通风机"四大件"来控制粉尘污染，其具体设置如下。

①吸尘罩。吸尘罩是控制尘源的重要环节。一般吸尘罩应选用侧吸式或下吸式，尽量避免上吸式，因为采取上吸式，含尘气体经过操作者的呼吸带，仍会被人体吸入，不能有效地防止粉尘的侵入。

②管道。因弯头处易积尘，会增大系统阻力，影响抽风量，所以，管道设置应避免过多弯头。同时，输送易燃易爆的含尘气体，应考虑防爆问题。

③除尘器。除尘器的种类很多，可根据不同粉尘加以选择。对于较大颗粒（20 μm以上）的粉尘，经常采用旋风除尘器用来作为一级除尘。由于旋风除尘器的整个工作过程为负压操作，因此需要除尘器底部绝对密封；对于颗粒较小的粉尘，可以采用布袋除尘器。含尘气体通过布袋，尘粒阻留在袋上。使用布袋除尘器时，应注意及时清理布袋上的粉尘，更换破损布袋；而对于特别微细的粉尘，应该采用静电除尘器。

④通风机。要保证足够的抽风量，必须合理选择通风机。在选用时，需要根据整个通风除尘系统的阻力计算来确定通风机的型号大小。如果整个系统有两个以上吸尘罩口，就要进行阻力平衡。否则，就会出现有的罩口风量过大、有的罩口风量过小的现

象，从而影响控制粉尘的效果。

2）个体防护

当受条件所限，粉尘浓度暂达不到国家规定的卫生标准时，可佩戴防尘口罩加以防护。防尘口罩的滤料一般为阻尘率高、呼吸阻力小的材料。从事粉尘特大的作业时，可佩戴送风式防尘头盔。

3）定期体检

为了早期发现尘肺病患者，必须对接尘职工定期进行体检，以便及早治疗，控制病情。浓度高且游离二氧化硅含量大，应半年至 1 年检查一次；浓度高且游离二氧化硅含量低，可每 1 年至 2 年检查一次；浓度已达到卫生标准的，可每 2 年至 3 年检查一次。

3. 二氧化碳的防治

二氧化碳的防治主要采用如下措施。

（1）工作场所空气调节或通风换气。作业人员劳动强度不同，呼出的二氧化碳量也不同（如表 6-9 所示，表中为男工人数据）。因此，要求工作场所的换气量也不同。可见，相当于办公室的工作强度情况下，平均每人 $10\ m^3$ 的空气体积，每人每小时达 $30\ m^3$ 换气量时，室内二氧化碳的浓度能够保持在 0.1% 以下。能量代谢率大的作业，若使二氧化碳的浓度保持在 0.1% 以下，须相应增大换气量。表 6-10 为工作空间（空气体积）、换气量与劳动强度的关系。表 6-11 为不同场所成人每小时换气量。

表 6-9　劳动强度与二氧化碳呼出量

能量代谢率（RMR）	劳动强度	二氧化碳呼出量/（m³/h）	计算用量/（m³/h）
0.1	睡觉	0.011	0.011
0～1	极轻劳动	0.0139～0.0230	0.022
1～2	轻劳动	0.0230～0.0330	0.028
2～4	中劳动	0.0330～0.0538	0.046
4～7	重劳动	0.0538～0.0840	0.069

表 6-10　工作空间（空气体积）、换气量与劳动强度的关系

分类		劳动强度			
		极轻	轻	中	重
工作空间/（m³/人）	最少	12	12	15	18
	建议	15	18	23	27
换气量/［m³/（h·人）］	最少	30	35	50	60
	建议	45	53	75	90

表6-11　不同场所成人每小时换气量

场　所	换气量/m³	场　所	换气量/m³
居室	50	多尘车间	100
病房	60~150	影剧院	40~50
工厂车间	60	学校	25~30
商店	60		

（2）实现设备、加工环节密闭化，防止二氧化碳逸散到车间内部。

（3）燃烧系统负压操作，并适当提高烟囱高度。

（4）合理布局厂房，同时加强绿化。

自然通风效果与建筑平面布置及其形式有关。为避免日晒，车间建筑物应呈东西走向；为获得良好的通风效果，车间建筑物的走向应与夏季主导风向成 60°~90°角；为提高换气效果，对高温车间切不可设计成封闭式，应采用 L 型、U 型和 E 型，平口部分位于夏季主导风向。同时，适度提高绿化效果。据测定，10 m² 的林木，一天约吸收 1 kg 二氧化碳，放出 0.7 kg 氧气，与人一天的吸氧量相当。

复习思考题

1. 工作地空气污染物来源和污染物进入人体的途径有哪些？

2. 简述空气污染物的检测步骤。

3. 毒物对机体所致有害作用的程度与特点，取决的因素和条件有哪些？

4. 中毒的表现有哪些？并举例说明。

5. 简要说明各种化学性毒物的危害。

6. 简述生产性粉尘的概念、来源及分类。

7. 生产性粉尘的危害分为哪几个部分？

8. 化学性毒物的防治应该注意哪些问题？

9. 粉尘的防治应该注意哪些问题？

10. 二氧化碳的防治应该注意哪些问题？

11. 微气候的定义是什么？气温、湿度、热辐射和气流速度的定义是什么？

12. 气温、湿度、热辐射和气流速度的测定与影响因素是什么？

13. 人体的基本热平衡方程式是什么？并简要地解释其含义。

14. 影响人体热平衡的因素主要有哪些？

15. 高温作业的主要类型有哪些？简述高温作业对机体生理功能的影响。

16. 简述低温作业环境对人体的影响。

17. 改善高温作业环境的主要措施有哪些？

18. 改善低温作业环境的主要措施有哪些？

19. 试说明中暑发病机理的三种类型。中暑临床症状的分类有哪些？

20. 热源的布置应符合哪些要求？

【案例】

某汽车零部件生产企业铝粉尘引发重大爆炸事故及其分析

某汽车零部件生产企业创办于 1998 年，注册资本 880 万美元，是美国通用汽车公司指定的重要供应商。该企业的核心业务是生产电镀铝合金轮毂，其中一个重要工序是对电镀后的铝合金轮毂进行抛光。该企业的抛光车间共有两层，2006 年共建设安装 8 套除尘系统，除尘器为机械振打袋式除尘器。在抛光车间内部，每 4 条生产线的 48 个工位合用 1 套除尘系统，每个工位上方设置一个吸尘罩，图 6-3 是抛光车间生产场景。操作工人对铝合金轮毂进行抛光作业，此时产生的铝粉尘通过位于工人上部的除尘系统吸尘罩加以收集，并通过除尘管道排到车间外部的除尘桶中加以处理，如图 6-4 所示。2012 年该企业对除尘系统进行了改造，将 8 套除尘系统的室外排放管全部连通，并由一个主排放管排出。

图 6-3　抛光车间生产场景

图 6-4　粉尘系统的外部处理设施（非该企业照片）

一、爆炸事故描述

1. 事故经过回顾

2014年8月某一天早上7时,该企业汽车轮毂抛光车间突然冒起一大股白色烟雾,大约10 s之后烟雾由白色转变为青灰色,并且越来越浓烈。两分多钟之后,该抛光车间发生了严重爆炸。发生爆炸的车间为两层共约2000 m²,爆炸发生后约40 cm厚的墙体被爆炸产生的冲击波冲倒,重型设备也被炸出车间外墙。车间内部也已面目全非,除了一些铝制轮毂外,其他物品均被烧为炭黑色,2/3以上的屋顶已被掀翻,一、二层之间的隔板全部被烧毁,只剩下一些金属支撑架,如图6-5所示。该事故造成上百人的人身伤亡,直接经济损失达3.51亿元。

图6-5　爆炸现场照片

资料来源:图片来自中央电视台13频道

2. 爆炸事故调查与认定

据调查,这家企业的污染相对比较严重。特别是在抛光车间,操作工人安全生产知识淡薄且缺乏专职除尘人员与粉尘浓度监测设备,加之对于除尘系统管理很不严格,导致除尘设备只有在生产任务不忙时才让员工临时到通风管里清扫,几个月一次,造成车间内部粉尘积累较多。此外,事故车间除尘设备及输送管道、手动工具插座及其配电箱均未按规定采取接地措施。铝粉尘是固体物质的微小颗粒,它的表面积与相同重量的块状物质相比要大得多。如果它悬浮在空气中并达到一定浓度,当遇到热源或潮湿空气会发生速度极快的化学反应并同时释放大量的热,形成高温、高压气体产生粉尘爆炸,其破坏力惊人。

经调查认定,该事故是一起由铝粉尘爆炸引起的特别重大生产安全责任事故。结合生产情况和人因工程的相关知识,本书对本次事故做出主要原因分析并提出针对性对策建议。

二、爆炸事故主要原因分析

该爆炸事故属于典型的因铝粉尘防治不当造成的严重安全事故,其主要原因分析如下。

1. 除尘系统设计、制造安装与改造违反安全规定

该企业在设计除尘系统时，没有设置泄爆装置。泄爆装置的主要目的是降低一次爆炸危害程度，缺乏该装置导致爆炸产生的高温气体和燃烧物瞬间经除尘管道的各吸尘口反向喷出，导致整个车间所有工位上的操作人员直接受到爆炸冲击，造成群死群伤。另外，在2012年的改造过程中，厂方将8套除尘系统的室外排放管全部连通，由一个主排放管排出。显而易见，该车间除尘系统设计、制造安装与改造违反安全规定。

2. 车间操作工人缺乏安全生产教育

管理人员对车间操作工人没有进行相关的安全教育培训，导致车间操作工人安全生产意识相对缺乏。同时，该企业生产规章制度不仅不健全，还存在着盲目组织生产情况，未有效执行隐患排查治理制度。

3. 除尘系统老旧，未进行及时清理和更换

除尘系统风机开启后，打磨过程产生的高温颗粒在集尘桶上方形成粉尘云。而事故车间除尘系统较长时间未按规定清理，主要表现为仅在生产任务不繁忙时进行清理（通常数个月才进行一次），导致除尘系统内的铝粉尘堆积严重。更为严重的是，由于除尘设备管理不善，1号除尘器集尘桶锈蚀破损但未进行维修或更换，桶内铝粉受潮发生氧化放热反应达到粉尘云引燃温度，从而引发除尘系统及车间的系列爆炸。

4. 没有设置粉尘密度监测仪和检查人员

车间内部没有采取任何粉尘监测措施，也没有专兼职粉尘检查人员，导致粉尘达到危险密度但没有发出警报，最终使车间操作人员不能及时发现并及时撤离。

三、生产改善对策与建议

对于产生粉尘的车间，从人因工程的角度出发，粉尘的防治应遵循"水、风、密、革、护、管、查、宣"八字方针。结合本案例分析提出如下改善对策与建议。

1. 严格执行除尘系统设计、制造安装以及改造相关安全规定

造成本次重大安全事故的关键原因之一是：在除尘系统设计、制造安装以及后期改造过程中没有严格执行相关安全规定，最为突出的表现就是设计之初就没有泄爆装置，而后期改造时又将8套除尘系统的室外排放管全部连通，从而导致灾难的发生。由此可见，在有粉尘产生的相关企业（如面粉厂、煤矿、木质家具厂以及汽车厂喷涂车间等）应该严格按照安全规定设计、制造安装除尘系统，并对其进行安全改造。

2. 全面重视和强化企业安全生产教育，加强宣传及普及

大部分车间一线操作工人来自农村，存在着文化素质相对不高且安全生产知识缺乏的不利局面。全面系统的安全生产教育培训是有效克服解决该不利局面的关键手段与方法，应给予全面重视并加大宣贯力度，并采用有效方法确保培训与教育效果。

3. 建立更加严格的设备检查、维修与保养等一系列设备管理制度，做到设备及时清理、维修与更护

对除尘设备缺乏及时有效的清扫、检查和维修更换是导致该事故的直接原因。因此，企业应该建立一套设备检查、维修与保养的设备管理制度并加以真正落实，从而从硬件设施上排除安全隐患。

4. 强烈建议开展粉尘浓度监测与预警

企业应当设立完备的粉尘浓度监测与预警机制，安排专兼职人员采用如图6-6和图

6-7 所示的便携式粉尘监测仪与立式粉尘监测仪实时监测空气中的粉尘含量，确保排除粉尘带来的安全隐患。

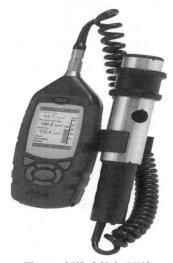 

图 6-6　便携式粉尘监测仪　　　　　　　　图 6-7　立式粉尘监测仪

5. 地板采用特殊材质

粉尘第一次爆炸后会扬起集聚和附着的粉尘，带来更严重的二次伤害。因此，在抛光等易产生粉尘的车间应当使用不产生火花、静电、扬尘的特殊材质地板，从而减少粉尘的附着，进而可以在一定程度上避免粉尘的二次爆炸。

第7章

环 境 照 明

7.1 光的物理特性及其基本物理量

7.1.1 光的物理特性

光具有二重性,既有粒子特性,又有波动特性。光的波动特性认为,光是一种电磁辐射波。电磁波的波谱范围极其广泛(图7-1),分为非电离辐射和电离辐射。非

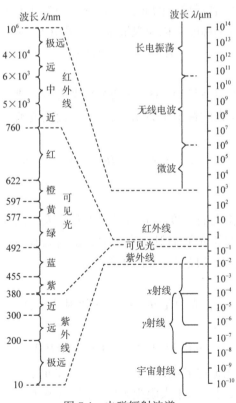

图 7-1 电磁辐射波谱

电离辐射包括紫外线、可见光、红外线、激光和射频辐射；电离辐射包括 X 射线、γ 射线。其中，人眼能感受到的叫作可见光。在可见光中，不同波长的光所呈现的色彩各不相同，随着波长的缩短，呈现的色彩依次是：红、橙、黄、绿、青、蓝、紫。只含单一波长成分的光称为单色光；包含两种或两种以上波长成分的光称为复合光。复合光给人眼的刺激呈现为混合色。太阳辐射多种波长的电磁波，其中只有波长为 380～780 nm 的电磁波能为人眼所感知，并给人以白光的综合感觉。

7.1.2 光的基本物理量

1. 视敏特性

视敏特性是指人眼对不同波长的光具有不同灵敏度的特性，即对于辐射功率相同的各色光具有不同的亮度感觉。在相同的辐射功率条件下，人眼感到最亮的光是黄绿光，而感觉最暗的光是红光和紫光。视敏特性可用视敏函数和相对视敏函数来描述，具体如下。

1）视敏函数

为了确定人眼对不同波长的光的敏感程度，可以在得到相同亮度感觉的条件下测量各个波长的光的辐射功率 $P_r(\lambda)$。显然，$P_r(\lambda)$ 越大，人眼对该波长的光越不敏感；而 $P_r(\lambda)$ 越小，人眼对它越敏感。因此，$P_r(\lambda)$ 的倒数 $1/P_r(\lambda)$ 可用来衡量人眼视觉上对各波长为 λ 的光的敏感程度，称为视敏函数，采用 $K(\lambda)$ 表示：

$$K(\lambda) = 1/P_r(\lambda)$$

2）相对视敏函数

在明亮环境下，人眼对波长为 555 nm 的黄绿光最为敏感，这里可用 $K(555) = K_{max}$ 来表示。可以把任意波长光的视敏函数 $K(\lambda)$ 与最大视敏函数 K_{max} 相比，称为相对视敏函数，并用 $V(\lambda)$ 表示：

$$V(\lambda) = K(\lambda)/K_{max} = K(\lambda)/K(555) = P_r(555)/P_r(\lambda)$$

2. 光通量

既然人眼对不同波长光的亮度感觉不同，因此从人眼的光感觉来度量某一波长光的辐射功率，不仅与该波长光的辐射功率有关，也与人眼对该波长光的视敏度有关。光通量就是按照人眼光感觉所度量的光的辐射功率。

1）单色光的光通量

对于波长为 λ 的单色光，光通量 $\Phi(\lambda)$ 等于辐射功率 $P_w(\lambda)$ 与相对视敏函数 $V(\lambda)$ 的乘积，即

$$\Phi(\lambda) = P_w(\lambda)V(\lambda) \quad (光瓦)$$

当 $\lambda_1 = 555$ nm 时，光感觉最强，$V(555) = 1$，此时，1 W 辐射功率产生的光通量定为 1 光瓦。在其他波长时，由于人眼视敏度下降，1 W 辐射功率产生的光通量均小于

1 光瓦。

2）光源的光通量

如果光源的辐射功率波谱为 $P(\lambda)$，则其总的光通量应为各波长成分的光通量之和，即

$$\Phi=\int_{380}^{180} P(\lambda)V(\lambda)\mathrm{d}\lambda \quad（光瓦）$$

目前，国际上通用的光通量单位是流明（lumen，缩写 lm）。国际照明委员会规定，绝对黑体在铂的凝固温度下，从 $5.305\times10^{-3}\mathrm{cm}^2$ 面积上辐射出的光通量为 1 lm。而 1 W 辐射功率为 555 nm 波长的单色光所产生的光通量恰为 680 lm。因此，光瓦与流明间的关系为

$$1\text{光瓦}=680\ \mathrm{lm} \qquad \text{或} \qquad 1\ \mathrm{lm}=1/680\text{光瓦}$$

当光通量采用流明为单位时可写成

$$\Phi=680\int_{380}^{180} P(\lambda)V(\lambda)\mathrm{d}\lambda \quad（\mathrm{lm}）$$

利用相对视敏函数曲线与人眼的视敏函数曲线相同的光电管，可以直接测量光通量。

3. 发光强度

光源在单位立体角内发出的光通量，称为发光强度，一般用 I 表示。它与光通量的关系由下式表示：

$$I=\frac{\mathrm{d}\phi}{\mathrm{d}\Omega}\ （\mathrm{cd}）\left(1\ cd=\frac{1\ \mathrm{lm}}{1\text{立体弧度}}\right)$$

$$\Phi=\int I\mathrm{d}\Omega\ （\mathrm{lm}）$$

1）点光源的发光强度

点光源向四周的光辐射是均匀的，因而在各个方向上的光强均相等，各条光线都沿径向传播，并与以光源为中心的球面垂直，因为球心对球面的立体角为 4π 立体弧度，所以点光源与光通量的关系为

$$I=\Phi/4\pi\ （\mathrm{cd}）\quad \Phi=4\pi I\ （\mathrm{lm}）$$

可知，光强为 1 cd 的点光源发出的总光通量为 4π lm。

在一般情况下，光源在不同方向上的发光强度不同，其数值可由光度计直接测量。当已知各方向光强为 $I(\Omega)$ 时，该光源所辐射的光通量为

$$\Phi=\int I(\Omega)\mathrm{d}\Omega$$

2）面光源的发光强度

多数面光源只在半球空间辐射，对于漫射面（余弦射面）光源，其光强按余弦规律分布，即与光源面法线成 α 夹角的光强 I_a 为

$$I_a=I_n\cos\alpha I$$

这种光源的光强分布示意图如图 7-2 所示，图中的 I_n 为光源法线方向的光强。不难看出，当 α 角增大时，I_a 减小；当 $\alpha=\pi/2$ 时，$I_a=0$。

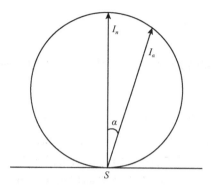

图 7-2　漫反射面光源的光强分布

对于理想散射表面，在以 α 角绕法线一周的立体角内，其辐射光通量要以导出

$$\Phi_\alpha = \pi I_\alpha \sin^2 \alpha$$

4. 照度

光通量与被照射表面面积之比称为照度（illuminance），符号为 E。照度单位为勒克司（Lux，缩写为 lx），其定义为：在 $1\ m^2$ 的面积上均匀照射 $1\ lm$ 的光通量，则照度为 $1\ lx$，照度可用照度计直接测量。

$$E = d\Phi / ds$$

被照表面与光源在空间的几何关系对照度有很大影响。以点光源为例，图 7-3（a）表示点光源 A 与 dS 表面的垂直引线与 dS 的法线重合，设该光线的长度为 r，于是 A 点对 dS 的立体角 $d\Omega = dS/r^2$。若点光源的光强为 I，可以求得被照面上的光通量为

$$d\Phi = Id\Omega = \frac{IdS}{r^2}$$

因此照度为

$$E = \frac{d\Phi}{dS} = \frac{I}{r^2} = \frac{\Phi}{4\pi r^2}$$

如果光源发出的光线与被照表面的法线间有一夹角 α，如图 7-3（b）所示，则

$$d\Omega = \frac{dS\cos\alpha}{r_2} d\Omega$$

$$d\Phi = Id\Omega = \frac{IdS\cos\alpha}{r^2}$$

于是照度为

$$E = \frac{I\cos\alpha}{r^2} = \frac{\Phi\cos\alpha}{4\pi r^2}$$

上式说明，被照表面的照度 E 与光源的光强 I 成正比，与夹角的余弦 α 成正比，而与光源至表面的距离 r 的平方成反比（照度的平方反比定律）。当使用点光源时，为了增加工作面照度，常采取将灯放低，并尽可能将灯放在工作面的正上方，就是这个道理。若光源是平行光束时，照度将与距离 r 无关。

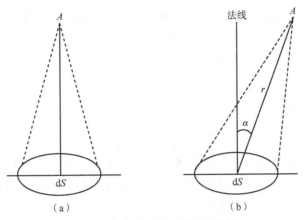

图 7-3 点光源照射下照度的计算

表 7-1 所示为各种环境中在自然光照射下的照度值。

表 7-1 各种环境中在自然光照射下的照度值

环境条件	黑夜	月夜	阴天室内	阴天室外	晴天室内	读书需要照度	电视排演室需要照度
照度/lx	0.001～0.02	0.02～0.2	5～50	50～500	100～1000	50	300～2000

5. 亮度

亮度是指发光面在指定方向的发光强度与发光面在垂直所取方向的平面上的投影之比，其数学表达式可按图 7-4 中所用符号表示为

$$L = \frac{\mathrm{d}I_\alpha}{\mathrm{d}S \cos\alpha}$$

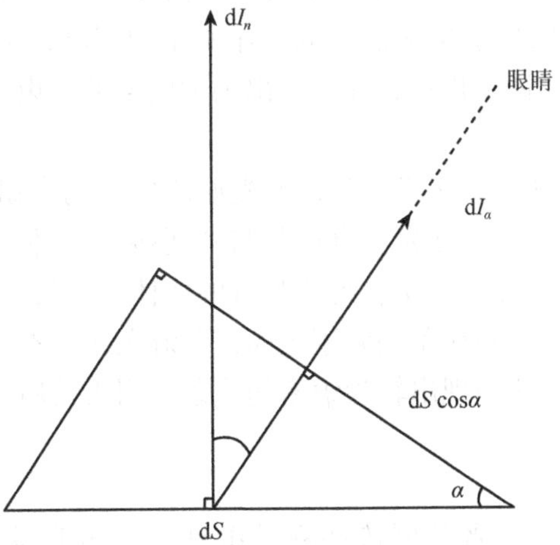

图 7-4 发光面的亮度

亮度表示发光面的明亮程度。如果在取定方向上的发光强度越大，而在该方向看

到的发光面积越小，则看到的明亮程度越高即亮度越大。这里的发光面可以是直接辐射的面光源，也可以是被光照射的反射面或透射面。

对于漫散射面 $\mathrm{d}S$，在 α 方向上的发光强度为

$$\mathrm{d}I_\alpha = \mathrm{d}I_n \cos\alpha$$

所以在该方向上的亮度为

$$L = \frac{\mathrm{d}I_n \cos\alpha}{\mathrm{d}S \cos\alpha} = \frac{\mathrm{d}I_n}{\mathrm{d}S} = I_n$$

上式说明，理想漫散射面虽然在各个方向上的光强和光通量均不同，但其不同角度的亮度感觉相同。电视显像管的荧光屏为一个近似余弦分布的散射面，即使从不同角度看电视图像，亮度感觉也相同。

当亮度用每单位面积的发光强度表示时，国际单位为坎德拉/平方米（ $\mathrm{cd/cm^2}$ ），公制单位为熙提（Stilb，sb）。

$$1\mathrm{sb} = 1\mathrm{cd}/\mathrm{cm}^2 = 10^4\,\mathrm{cd}/\mathrm{m}^2$$

当光源为漫散射面时，常用每单位面积发出的光通量表示，亮度单位为亚熙提（Apostilb，lasb）。

$$1\mathrm{asb} = 1\mathrm{lm}/\mathrm{cm}^2 = 1/\pi\mathrm{cd}/\mathrm{m}^2$$

如果一个无限广阔的平面上的亮度是每单位面积 1 cd，则与其等效的均匀辐射面，每单位面积发出的光通量为 $\pi\mathrm{lm}$。

6. 光的质与量

1）光强度

光的强弱激发人们不同程度的视觉感受，以同样功率的光源为例，光束角越小，中心亮度越高，视觉强调的效果也越明显。强有力的光束常造成高对比的视觉焦点，可用以制造视觉感的特效，却也是眩光的可能来源，阻碍人眼观看物体细微处的能力；微弱的灯光，虽无法提供从事精密性视觉工作所需的照度，但由于亮度较弱可直视无碍，而常使光源本身成为视觉焦点，亦穿透出某种内凝的收束。

2）光分布

光的分布特性与照明品质密切相关，即光照所传达的资讯加强或矛盾于建构的内涵，空间中光的分布形态可概分为"直接"与"间接"两种，直接光线使物体阴影明显，间接光线先经其他室内表面反射到达观看的物体，亮度不仅减弱而且不具备指向性。强烈的直射光，较适合粗线条的阳刚表面；漫射光线虽不似直射光来得锐利、爽快与引人注目，却能更真实地表现出较为绵密的线条与阴柔特质。

7. 光色与色调

光与色彩密切相关，二者共同传递视觉讯息。在照明设计上，对于光的色彩品质，采用"色温"与"显色性"来做度量，在不同光源照射下，不仅同样颜色会有不同的色感呈现，即便相同色温，显色效果也可能大异其趣。因为光也是色彩，无

论是白炽灯泡、荧光灯管、石英灯杯、金卤光源或是蜡烛，光源所发出的光谱即由不同比例色光的个别波长所构成，而色彩感知则是物体表面反射入射波长不同部分的综合结果。

1）色温度

人们对光源色温的心理反应来自对生活的体验，如温暖的阳光与清冷的阴霾，前者为实际感受，后者则属情绪反应。色温的应用亦常对应空间的材质与色调，使光源主波色光能强调被照表象的色彩属性，进而加强所欲营造的意象，如以暖光色烘托暖色调的用餐环境，高色温则辅助金卤冷质的高科技感觉。

2）显色性

自然光被定义为完美光源，是因其光谱能使所有色彩鲜活呈现，如此成就人类所处的彩色世界。人工光源是由特定的光谱组成的，对每一单色都有不同的显色能力。

7.2　环境照明对作业的影响

7.2.1　照明与疲劳

1. 照明与疲劳的关系

人的眼睛能够适应 $10^{-3} \sim 105$ lx 的照度范围。为了看清物体，使物体成像在视网膜的中心凹处，就得通过眼球外部 6 根眼肌、虹膜的睫状肌以及瞳孔括约肌与瞳孔开大肌的协作实现。其中，眼肌收缩使得瞳孔转向内上方、内下方、内侧、外侧、外下方和外上方；睫状肌的收缩或舒张调节眼睛看近物和远物的能力；瞳孔括约肌与瞳孔开大肌的收缩或舒张可以改变进入眼睛光线的强弱。照明合适与否，与眼睛的视觉疲劳问题密切相关。

1）合适的照明，能提高近视力和远视力

实验表明，照度自 10 lx 增加到 1 klx 时，视力可提高 70%。视力不仅受所视物体亮度的影响，还与周围亮度有关。当周围亮度与中心亮度相等或周围稍暗时，视力最好；若周围比中心亮，则视力会显著下降。

2）照明不良，容易造成视觉疲劳

照明不良时，作业者长时间反复辨认对象物，使视觉持续下降，引起眼睛疲劳，严重时会导致作业者的全身性疲劳。眼睛疲劳的自觉症状有：眼球干涩、怕光眼痛、视力模糊、眼球充血、产生眼屎和流泪等。眼睛疲劳还会引起视力下降、眼球发胀、头痛以及其他疾病而影响健康，工作失误甚至造成工伤。

2. 视觉疲劳的测定

视觉疲劳可以通过闪光融合值、反应时的视力与眨眼次数等方法间接测定，图7-5和表 7-2 通过眨眼次数的变化表明照度与视觉疲劳的关系。

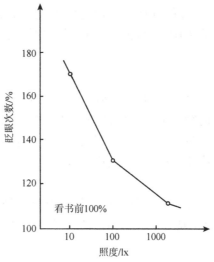

图 7-5 看书疲劳和照度的关系

表 7-2 照明与视觉疲劳

照度/lx	10	100	1000
最初和最后 5 min 阅读眨眼次数	35~60	35~46	36~39
最后 5 min 眨眼增多百分数	71.5	31.4	8.3

7.2.2 照明与视觉工效

1. 影响视觉工效的主要参数

工作者视觉系统的有效性应以视觉工效评价。视觉工效则以工作者完成作业的速度和准确度评价。视觉工效主要受作业特性、工作者特性、照明特性以及工作空间变量四个主要参数影响（图 7-6），各主要参数具体如下。

1）作业特性

（1）大小和距离。

①对视觉细节的知觉通常以视觉敏锐度（视力）来表征。识别物体大小的变换可改变可见度，放大细节可改进视觉工效。

②距离、深度、凹凸的知觉可由双目视觉质量、认知、经验能力等智力机能以及对各种视觉对象的判断确定。

（2）对比。

①作业与背景应有最佳的亮度和（或）颜色对比。在一定亮度范围内，增加背景亮度时，可提高眼睛的对比敏感度。

②视场内应无明亮的光源和无光幕反射，应避免视线从作业移向过亮的区域，以防止因失能眩光引起的对比下降。

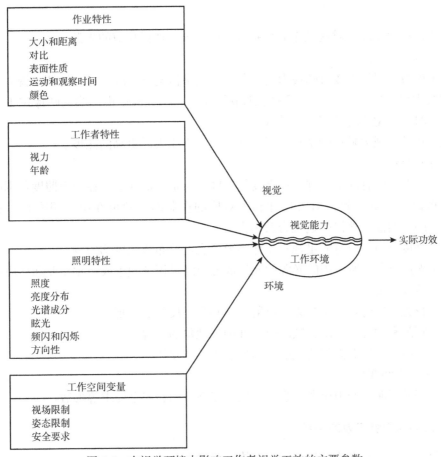

图 7-6 在视觉环境中影响工作者视觉工效的主要参数

（3）表面性质。对质地的知觉应由表面纹理明暗确定。为识别质地，应注意光线的方向性和漫射性，应有合理的阴影，不应因光线的极度漫射而降低对识别物体质地所需要的对比。

（4）运动和观察时间。

①对运动的知觉要求目标的映像应在视网膜上移动，视网膜的中央凹比视网膜周边对形状知觉更为敏感。

②对识别物体的运动知觉的准确度，可由识别物体的速度、大小、形状、对比和观察时间确定。

③宜借助在物体运动途径中跟随一段适当时间来改善该运动物体的可见度。若扫视速度过快或运动途径复杂，可使可见度变差。

（5）颜色。

①物体的颜色可影响其识别速度。

②提高照度可改善颜色知觉。

③在近似于天然光光谱组成的光照射下，可保持色觉真实性。

④色表可由光线的光谱组成和所观察表面的特性、亮度、颜色对比和颜色适应状

态确定。

⑤应根据使用场所对视觉作业识别颜色的要求，选择相应的光源。

2）工作者特性

（1）视力。视觉工效可随视力而变化，在正常情况下，眼睛可自行调整视力到传达信息的最大清晰度。为提高分辨微小细节的能力，当目标在视网膜的映像位于视网膜的中央凹时，视觉系统可有最大的效率。

（2）年龄。视力随年龄增长下降，老年人比青年人需更高的照度。

3）照明特性

（1）照度。应有满足视觉工作需要的照度。在正常情况下，在一定照度范围内，提高照度可改善视觉工效，对大尺寸和大对比的作业的工效可在中等照度时达到最大值。适当的照明能显著提高近视力及远视力。

（2）亮度分布。应有满足视觉工作需要的亮度分布或照度均匀度。

（3）光谱成分。所采用的光源的光谱成分应满足识别颜色或视觉作业和环境照明对色表与显色性的要求。

（4）眩光。应防止直接眩光、反射眩光和光幕反射的出现。

（5）频闪和闪烁。应防止频闪效应和闪烁现象的出现。

（6）方向性。应有需要的光的方向性、阴影和立体感。

4）工作空间变量

在良好的照明实践中应考虑视场限制、姿态限制和安全要求等参数。

2. 照明和视觉工效的关系

照明直接影响着人的视觉工效，具体情况如下。

1）适当的照明能显著提高视力与识别速度

亮光下瞳孔缩小，因而视网膜上成像更为清晰。实验表明，照度自 10 lx 增至 1000 lx，视力可增加 70%。同时，可使识别速度增加 20%，从而加快工作速度。

2）适当的照明可增强辨色能力

照明不当时，如在有色灯光下，极易认错物体的颜色；照明强度不够、光线暗淡时，色泽难辨。

3）适当的照明可增强立体视觉

适当的照明，使得物体轮廓清晰、凸凹分明，相对位置显著，故可增进立体视觉，易于辨认物体的高低、深浅、前后和远近。照明不当，则不易估计物体的相对位置，使工作容易失误。

4）适当的照明可扩大视野范围

在适当的照明条件下，周边视网膜才能辨认清楚物体，从而扩大视野。光线微弱影响周边视力，使视野狭小。照明不足可影响视网膜黄斑部的视力，常因中心暗点而影响工作，引起错误和工伤事故。

7.2.3 照明与事故

事故的数量与工作环境的照明条件也有关系。在适当的照度下，可以增加眼睛的辨色能力，从而减少识别物体色彩的错误率；可以增强物体的轮廓立体视觉，有利于辨认物体的高低、深浅、前后、远近及相对位置，使工作失误率降低。还可以扩大视野，防止错误和工伤事故的发生。尽管事故产生的原因有多方面，根据事故统计资料，照度值不失为一个很重要的因素。图 7-7 是英国对事故发生次数与照明关系的统计。在英国，11 月、12月、1 月日照时间短，工作场所的人工照明时间长。由于人工照明比自然光照明的照度值低，故冬季事故次数在全年中最高。另外调查资料还表明，在机械、造船、铸造、建筑、纺织等部门，人工照明的事故比自然光照明条件下增加 25%，其中由于跌倒引起的事故增加74%。据美国研究者的统计，由于企业照明条件很差，在人身事故诸原因中占5%，在人身事故间接原因中占20%。改善了照明条件后，全厂的事故次数减少了16.5%。

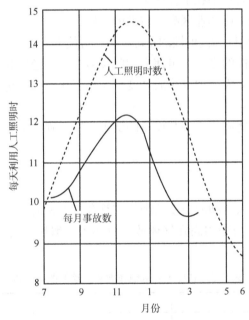

图 7-7 英国对事故发生次数与照度关系的统计

■ 7.3 环境照明的设计

7.3.1 照明准则及照度要求

1. 照明准则

1）照明的准则
采光和照明应为完成作业提供适宜的照明条件，以及为休息和改变作业而离开本作业时创造适宜的视觉环境。视觉环境应以提高工效、保证安全、健康、视觉舒适为原则，并注意节能和降低费用。其中，作业照明和环境照明应遵守如下准则。

（1）作业照明的准则。作业照明是为使工作者看清视觉对象并将注意力集中于作业而设置的照明。作业照明的有效性主要由视觉工效来判定，而视觉工效由 7.2.2 小节的参数确定。

（2）环境照明的准则。环境中各表面间的亮度和颜色的关系应满足室内功能、视觉舒适和消除眩光的需要。为了改善视觉工效，应防止在全部作业过程中视场内出现干扰因素、不利的适应以及不舒适等情况。

2）照明的要求

适宜的环境照明应满足下列要求。

（1）给空间以适当的明亮感。

（2）有利于加强安全和易于活动。

（3）有助于将注意力集中在工作区上。

（4）为一些区域提供比作业区亮度较低的亮度。

（5）借助光线的方向性和漫射性的正确平衡，可使人脸有自然立体感和柔和的阴影。

（6）采用良好显色性的光源，可使人和陈设显现出满意的自然本色。

（7）在工作室内应形成一种愉快的亮度和颜色变化，以促进工作人员的健康和减轻工作负荷。

（8）应选择适宜的地面、墙面和设备的颜色，以增强清洁明快感。

2. 照度要求

1）照度范围值

各种不同区域作业和活动的照度范围值应符合表 7-3 的规定。一般采用表 7-3 的每一照度范围的中间值。当采用高强气体放电灯作为一般照明时，在经常有人工作的场所，其照度值不宜低于 50 lx。

表 7-3　各种不同区域作业和活动的照度范围

照度范围/lx	区域、作业和活动的类型
3～5～10	室外交通区
10～15～20	室外工作区
15～20～30	室内交通区、一般观察、巡视
30～50～75	粗作业
100～150～200	一般作业
200～300～500	一定视觉要求的作业
300～500～750	中等视觉要求的作业
500～750～1000	相当费力的视觉要求的作业
750～1000～1500	很困难的视觉要求的作业
1000～1500～2000	特殊视觉要求的作业
>2000	非常精密的视觉作业

2）照度范围的选取

（1）照度范围的高值。凡符合下列条件之一及以上时，工作面的照度值应采用照度范围的高值。

①一般作业到特殊视觉要求的作业，当眼睛至识别对象的距离大于 500 mm 时。

②连续长时间紧张的视觉作业，对视觉器官有不良影响时。

③别对象在活动的面上，且识别时间短促而辨认困难时。

④工作需要特别注意安全时。

⑤当反射比特别低或对比小时。

⑥当作业精度要求较高时，由于生产差错造成损失很大时。

（2）照度范围的低值。凡符合下列条件之一及以上时，工作面上的照度值应采用照度范围值的低值。

①临时性完成工作时。

②当精度和速度无关重要时。

③当反射比或对比特别大时。

7.3.2　作业场所的照明设计

1. 作业场所的照度标准及照明方式

1）作业场所的照度标准确定

我国建筑照明设计标准（GB 50034—2013）对作业场所的照明制定了具体的标准，表 7-4 为电子工业工作场所的照度标准值。

表 7-4　电子工业场所的照度标准值

房间或场所		参考平面及其高度	照度标准值/lx	UGR	U_0	R_a	备注
2　电子工业							
整机类	整机厂	0.75 m 水平面	300	22	0.60	80	—
	装配厂房	0.75 m 水平面	300	22	0.60	80	应另加局部照明
元器件类	微电子产品及集成电路	0.75 m 水平面	500	19	0.70	80	—
	显示器件	0.75 m 水平面	500	19	0.70	80	可根据工艺要求降低照度值
	印制线路板	0.75 m 水平面	500	19	0.70	80	—
	光伏组件	0.75 m 水平面	300	19	0.60	80	—
	电真空器件、机电组件等	0.75 m 水平面	500	19	0.60	80	—
电子材料类	半导体材料	0.75 m 水平面	300	22	0.60	80	—
	光纤、光缆	0.75 m 水平面	300	22	0.60	80	—
酸、碱、药液及粉配制		0.75 m 水平面	300	—	0.60	80	—

2）照明方式

工业企业建筑物照明，通常采用三种形式，即自然照明、人工照明和二者同时并用的混合照明。人工照明按灯光照明范围和效果，又分为一般照明、局部照明、综合照明和特殊照明。

（1）一般照明。一般照明也叫全面照明，是指不考虑特殊局部的需要，为照亮整个假定工作面而设置的照明。它虽然对光源的投射方向没有特殊要求，但多表现为光源的直射照度，以及少量的工作间立体各面的相互反射所产生的扩散照度和来自侧窗或天窗的自然光照度。一般照明方式适用于工作地较密集或者作业时工作地不固定的场所。这种照明方式相对于局部照明，其效率和均匀性都比较好。作业者的视野亮度一样，视力条件好，工作时感到愉快。

（2）局部照明。它是指为增加某些特定地点的照度而设置的照明。由于它靠近工作面，使用较少的照明器具便可以获得较高的照度，故耗电量少。但要注意避免眩光和周围变暗造成强对比的影响。当对工作面照度要求不超过 30～40 lx 时，不必采用局部照明。

（3）综合照明。它是指由一般照明和局部照明共同构成的照明。其比例近似 1：5 为好。若对比过强则将使人感到不舒适，对作业效率有影响。对于较小的工作场所，一般照明的比例可适当提高。综合照明是一种最经济的照明方式，常用于要求照度高，或有一定的投光方向，或固定工作点分布较稀疏的场所。

（4）特殊照明。它是指用于特殊用途、特殊效果的各种照明方式，如方向照明、透过照明、不可见光照明、对微细对象检查的照明、色彩检查的照明和色彩照明等。这些照明将根据各自的特殊要求选取光源。

2. 光源选择

室内采用自然光照明是最理想的。因为自然光明亮柔和，光谱中的紫外线对人体生理机能还有良好的作用。所以，在设计中应最大限度地利用自然光。但是自然光受昼夜、季节和不同条件的限制，为此在生产环境中常常要用人工光源做补充照明。在选择人工光源时，主要考虑以下因素。

1）注意其光谱成分，使其尽可能接近自然光

在人工照明中荧光灯的光谱近似日光，而且与普通白炽灯相比，具有发光效率高（比白炽灯高 4 倍左右）、光线柔和（漫射光）、亮度分布均匀（系线光源，利用灯具可以起到面光源的效果）、热辐射量小等优点。但是，为消除光流波动，应采用多管装置为宜。照明不宜选择有色光源，因为有色光源会使视力效能降低。

2）考虑光源与被照物的关系

按与被照物的关系，光源可分为直射光源、反射光源和透射光源。直射光源的光线直射在物体上，由于物体反射效果不同，物体向光部分明亮，背光部分较暗，照度分布不均匀，对比度过大。反射光源的光线经反射物漫射到被照空间的物体上。透射光源的光线经散光的透明材料使光线转为漫射，漫射光线亮度低而且柔和，可减轻阴影和眩光，使照度分布均匀。

3）注意光源的最小遮光角和最低悬挂高度

灯具亮度除应满足亮度曲线法的限制要求外，还应符合表 7-5 的灯具最小遮光角和表 7-6 最低悬挂高度的规定。

表 7-5 灯具最小遮光角

灯具出光口的平均亮度/ （$10^3 cd/m^2$）	直接眩光限制等级		光源类型
	A、B、C	D、E	
$L \leqslant 20$	20°	10°	管状荧光灯
$20 < L \leqslant 500$	25°	15°	涂荧光粉或漫射光玻璃的高强气体放电灯
$L > 500$	30°	20°	透明玻壳的高强气体放电灯、透明玻璃白炽灯

注：线状的灯从端向看遮光角为 0°

表 7-6 工业企业室内一般照明灯具的最低悬挂高度

光源种类	灯具型式	灯具遮光角	光源功率/W	最低悬挂高度/m
白炽灯	有反射罩	10°～30°	≤100	2.5
			150～200	3.0
			300～500	3.5
	乳白玻璃漫射罩	—	≤100	2.0
			150～200	2.5
			300～500	3.0
荧光灯	无反射罩	—	≤40	2.0
			>40	3.0
	有反射罩	—	≤40	2.0
			>40	2.0
荧光高压汞灯	有反射罩	10°～30°	<125	3.5
			125～250	5.0
			≥400	6.0
	有反射罩带格栅	>30°	<125	3.0
			125～250	4.0
			≥400	5.0
金属卤化物灯、高压钠灯、混光光源	有反射罩	10°～30°	<150	4.5
			150～250	5.5
			250～400	6.5
			>400	7.5
	有反射罩带格栅	>30°	<150	4.0
			150～250	4.5
			250～400	5.5
			>400	6.5

3. 照度均匀度设计

如果工作台面上的照度很不均匀，当作业者的眼睛从一个表面转移到另一个表面时，将发生明适应或暗适应过程。这不仅使眼睛感到不舒服，而且视觉能力还要降低。如果经常交替适应，必然导致视觉疲劳，使工作效率降低。为此，被照空间的照度均匀的标志是：被照场内最大、最小照度与平均照度之差分别等于平均照度的 1/3，即照明均匀度 A_u 为

$$A_u = \frac{最大照度-最小照度}{平均照度} 或 \frac{平均照度-最小照度}{平均照度} \leqslant \frac{1}{3}$$

照度均匀度主要从灯具的布置上来解决。合理安排边行灯至场边的距离，该距离应保持在 $L/2 \sim L/3$ 之间（L 为灯具的间距）。如果场内（特别是墙壁）的反射系数太低，上述距离可以减小到 $L/3$ 以下。对于室外照明，照明均匀度可以放宽要求；对于一般工作面，有效面积为 $0.3 \times 0.4 \ \mathrm{m^2}$，其照度差异应不大于 10%。

4. 亮度分布设计

环境照明不仅要使人能看清对象物，而且应给人以舒适的感觉。这不是为了享受，而是为了保护视力和提高视力的需要。亮度分布比较均匀，使人感到愉快，动作活跃。当工作面明亮，周围空间较暗时，动作变得稳定、缓慢。当周围空间很昏暗时，作业者在心理上会造成不愉快的感觉。但是，工作空间的亮度过于均匀也不好。工作对象和周围环境存在着必要的反差，柔和的阴影会使心理上产生主体感。如果把所有空间都做成一样的亮度，不仅耗电多，而且会使人产生单调感和漫不经心。因此，要求视野内有适当的亮度分布，既能造成工作处有中心感的效果，有利于正确评定信息，又使工作环境协调，富有层次和愉快的气氛。

目前，室内亮度比最大允许限度推荐值如表 7-7 所示。视野内的观察对象、工作面和周围环境间的最佳亮度比为 5:2:1，最大允许亮度比为 10:3:1。如果房间的照度水平不高，如不超过 150～300 lx 时，视野内的亮度差别对视觉工作影响比较小。同时应该注意，在集体作业的情况下，需要亮度均匀的照明，以保持每个作业者都有良好的视觉条件。在单独作业的情况下，并不一定每个作业者都需要同样的亮度分布，工作面明亮些、周围空间稍暗些也可以。

表 7-7　室内亮度比最大允许限度推荐值

条件	办公室、学校	工厂
观察对象与工作面之间（如书与桌子）	3:1	5:1
观察对象与周围环境之间	10:1	20:1
光源与背景之间	20:1	40:1
一般视野内各表面之间	40:1	80:1

5. 避免眩光

当视野内出现的亮度过高或对比度过大，感到刺眼并降低观察能力，这种刺眼的光线叫作眩光。眩光按产生的原因可分为直射眩光、反射眩光和对比眩光。直射眩光由光源直接照射而引起，直射眩光效应与眩光源的位置有关；反射眩光是强光经过表面粗糙度较高的物体表面反射到人眼造成的；对比眩光是物体与背景明暗相差太大造成的，如晚上看路灯，背景漆黑，形成很大的亮度对比，感到刺眼，构成眩光。白天由于背景是自然光，亮度对比小，因此不感到刺眼，构不成眩光。研究表明，开展精细工作时，眩光在 20 min 之内就会使差错明显增加，工效显著降低。为了防止和减轻眩光对作业的不利影响，应采取的主要措施有以下几种。

1）直接眩光的限制

（1）限制光源亮度。当光源亮度大于 16×10^4 cd/m^2 时，无论亮度对比如何，都会产生严重的眩光。如普通白炽灯灯丝亮度达到 300×10^4 cd/m^2 以上，应考虑用氢氟酸进行化学处理使玻壳内表面变成内磨砂，或在玻壳内表面涂以白色无机粉末，以提高光的漫射性能，使灯光柔和。

（2）减小窗户眩光的措施。

①可采用室内外遮挡措施降低窗口亮度或减少天空视域。

②工作人员的视线不宜面对窗口。

③在不降低采光窗数目的前提下，宜提高窗户周围表面的反射比和亮度。

2）反射眩光的控制

（1）宜合理安排工作人员的工作位置和光源的位置，不应使光源工作面上的反射光射向工作人员的眼睛，若不能满足上述要求，则可采用投光方向合适的局部照明。

（2）工作面宜为低光泽度和漫反射的材料。

（3）可采用大面积和低亮度的灯具，采用高反射比的无光泽饰面的顶棚、墙壁和地面，顶棚上宜安装带有上射光的灯具，以提高整个顶棚的亮度。

3）对比眩光的控制

在可能的条件下，适当提高照明亮度，减少亮度对比。

复习思考题

1. 简述光谱成分和眼睛色彩感觉的关系。
2. 光的基本物理量有哪些？具体说明其含义。
3. 视觉作业特性有哪些？
4. 意象与美感包括哪些内容？
5. 试简要说明发生事故数量与室内照度之间的关系。
6. 照明特性有哪些？
7. 人工照明按灯光照明范围和效果可分为哪几种？
8. 简述如何选择光源。

9. 眩光的影响有哪些? 如何避免眩光?

【案例】

某高速公路隧道照明不良频繁引发交通安全事故

交通事故的数量与道路设施的照明条件密切相关。在照明条件良好的情况下,可以扩大驾驶员视野和有效增强物体的轮廓立体视觉,有利于辨识物体(包括前方车辆与道路设施)的高低、大小、前后、远近以及相对位置,有助于防止交通事故的发生。因此,开展照明设计与使用研究具有重要意义。

一、照明不良引发交通事故描述

我国 G15 沈海高速公路浙江境内某路段地处浙闽交界位置,全长 140 km,年车流量较大。该路段地处典型的南方丘陵地带,路段内有多条隧道。2012 年的时候,这些隧道的照明条件不佳,隧道内部的光线昏暗,一个个隧道犹如一个个"黑洞",极易引发交通事故,非常危险。其中,尤以某隧道的情况最为严重。该隧道是连接浙闽的高速交通要段,全长 1704 m,隧道结构并无特别之处,然而就是事故不断。据负责该隧道的高速公路交警大队统计,仅 2012 年该隧道就发生车祸 735 起(相当于每天有两起多事故),伤 32 人,涉及车辆达 1660 辆,占了该大队辖区路段交通事故量的 36%。特别是在 2012 年国庆黄金周期间,1 天交通事故最多竟达到 40 多起。而据对驾驶员进行随机采访,不少驾驶员纷纷吐槽该隧道内部光线很暗(图 7-8),导致视线不清影响车距判断,从而造成交通事故频发(图 7-9)。

图 7-8　浙江某高速公路隧道照明不佳情况

图 7-9　某高速公路隧道发生大巴与轿车相撞和汽车连环追尾事故

二、隧道交通事故主要原因分析

照明条件不良是引发该隧道内交通事故频发的关键原因。然而，影响照明条件的因素主要包括光源数量、照明设计、光源类型、照度均匀性和亮度分布等，结合本案例分析如下。

1. 照明灯具打开数量明显不足，亮度指标严重不达标

该隧道照明设计的灯光是充足的，隧道内基本灯 1200 盏左右，中间加强灯 500～600 盏。然而每天正常打开的灯却只有 260 盏左右，明显偏少。经隧道所在城市质量技术监督局专业检测人员利用分光色度计在隧道入口、中间段、出口三处位置测量，测定亮度值分别是 0.36 cd/m^2、0.28 cd/m^2 和 0.34 cd/m^2。根据国家现行的《公路隧道通风照明设计规范》要求，对于限速每小时 80 km、单向双车道的高速公路隧道，光源亮度最低标准为 2.1 cd/m^2，该隧道光源亮度和正常值差距将近 7 倍。

2. 隧道墙壁没有定期清洗，反射光源不足

据记者深入调查，负责该隧道的高速公路管理公司半年才对该隧道墙壁清洗一次，使得隧道墙壁颜色发黄、发黑，照明反射光不理想，影响了隧道内的光线，给驾驶造成很大影响。

3. 隧道出入口照明设计不合理

在隧道的入口位置和出口位置，驾驶员会发生暗适应（从明亮环境进入昏暗环境）和明适应（从昏暗环境进入明亮环境）的生理现象，此时需要数秒的适应期。而在这个适应时间之内，人的视力受到严重影响，具体表现为看不清楚前方车辆，这样容易造成追尾、碰撞事故。而该隧道在入口位置和出口位置的照明设计不尽合理，从而在一定程度上引发了交通事故。

4. 隧道是高速交通要段，车流量过大

除了上述原因，该隧道属于高速交通要段，平时的车流量为四五万辆，假期时车流量最多达到八九万辆。车流量远远大于设计流量，这也是该隧道事故多发的重要客观原因。

三、改善隧道照明条件的对策与建议

针对上述隧道交通事故主要原因分析，本部分提出隧道照明条件改善对策与建议。

1. 智能控制照明灯具打开数量，确保照明亮度达标和降低照明成本的双重目标

依据《公路隧道通风照明设计规范》要求，该隧道光源亮度最低标准为 2.1 cd/m^2。因此，严格要求该高速公路管理公司打开足够数量的照明灯具，在入口处、中间段和出口处等处达到或超过最低标准。当然更为理想的改善是，在隧道内设置亮度自动监测仪，并根据天气情况（如晴天、阴天和雨雪天气等）以及离开隧道出入口的远近自动调节灯具打开数量，从而达到确保照明亮度达标和降低照明成本的双重目标。

2. 定期清洗隧道墙壁改善反射光源，从而有效提高隧道内部亮度与照度均匀性

对于隧道照明而言，墙壁的反射光源是提高隧道内部亮度与保证照度均匀性的重要手段。因此，高速公路管理公司应该酌情加大隧道墙壁清洗频率，如做到每月或一季度清洗一次，从而有效改善隧道内部照明条件。

3. 合理设计隧道出入口照明

针对隧道入口和出口处驾驶员容易出现暗适应与明适应问题，可以考虑在两处增加人工照明灯具和在出、入口处采用自然采光(如设计如图 7-10 所示的隧道出入口镂空框架)两种方式改善照明条件，这样有效避免暗适应和明适应问题，降低追尾、碰撞事故发生。

图 7-10　采用镂空设计的隧道出入口（采用自然采光）

第8章

声 音 环 境

■ 8.1 声的基本概念及其基本物理量

8.1.1 声的基本概念

当物体在空气中振动,使周围空气发生疏、密交替变化并向外传递,且这种振动频率在 20~20 000 Hz 时,人耳可以感觉,称为可听声,简称声音。物体振动所传出的能量,只有通过介质传到接收器(如人等),显示出来的才是声音。因而声音的形成是由振动的发生、振动的传播这两个环节组成的。没有振动就没有声音,同样,没有介质来传播振动,也就没有声音。传播声音的介质可以是气体,也可以是液体与固体。在空气中传播的声音称作空气声,在水中传播的声音称作水声,在固体中传播的声音称作固体声(结构声)。人耳平时听到的声音大部分是通过空气传播的。频率低于 20 Hz 的叫次声,高于 20 000 Hz 的叫超声,它们作用到人的听觉器官时不引起声音的感觉,所以不能听到。

声音分为纯音和复合音。纯音是单一频率的声音,纯音只有在严格控制的实验室条件下才能得到。一般的声音由一些频率不同的纯音合成,称为复合音。复合音包括音乐、语言和噪声等。音乐由多种纯音组成,其各频率成整倍数关系,且波形呈周期变化;语言的特性是:元音是周期性变化的波,辅音是非周期性变化的波,它兼有音乐和噪声两种特性;噪声所属各纯音间的频率不成整倍数关系,其波形非周期性变化。从社会意义上认为,把人们不需要的声音称为噪声。因此,噪声是一个相对概念,同一个声音在某一场合成为噪声,而在另一场合则可能不成为噪声。

8.1.2 声的物理度量

1. 声强与声强级

1)声强

声强是衡量声音强弱的一个物理量。声场中,在垂直于声波传播方向上,单位时间内通过单位面积的声能称作声强。声强常以 I 表示,单位为 w/m^2。声强实质是声场中某点声波能量大小的度量,声场中某点声强的大小与声源的声功率、该点距声源的距离、波阵面的形状及声场的具体情况有关。通常距声源越远的点声强越小,若不考虑介质对声能的吸收,点声源在自由声场中向四周均匀辐射声能时,距声源 r 处的声强为

$$I = \frac{W}{4\pi r^2}$$

式中:I 为距点声源为 r 处的声强,w/m^2;W 为点声源功率,W。

2)声强级

声强级是指声强与基准声强之比的以 10 为底的对数乘以 20。用符号 L_I 表示,单位是 dB,其表达式为

$$L_I = 20 \lg \frac{I}{I_0} \, dB$$

式中:I_0 为基准声强,$2 \times 10^{-12} \, w/m^2$。

2. 声压与声压级

1)声压

目前在声学测量中,直接测量声强较为困难,故常用声压来衡量声音的强弱。声波在大气中传播时,引起空气质点的振动,从而使空气密度发生变化。在声波所达到的各点上,气压时而比无声时的压强高,时而比无声时的压强低,某一瞬间介质中的压强相对于无声波时压强的改变量称为声压,记为 $p(t)$,单位是 Pa。

声音在振动过程中,声压是随时间迅速起伏变化的,人耳感受到的实际只是一个平均效应。因为瞬时声压有正负值之分,所以有效声压取瞬时声压的均方根值。

$$p_T = \sqrt{\frac{1}{T} \int_0^T p^2(t) \, dt}$$

式中:p_T 为 T 时间内的有效声压,Pa;$p(t)$ 为某一时刻的瞬时声压,Pa。

对于正常人,人耳能够听到 1000 Hz 纯音的声压为 2×10^{-5} Pa,这只有一个大气压的 50 亿分之一,该声压称为听阈听压。而声压达 20 Pa 时,会感到震耳欲聋,使人耳产生疼痛感,该声压称为痛阈声压。

2)声压级及其合成

(1)单声源的声压级。人耳可听声的声压最强与最弱之间的比约为 10^6,相差百万倍,使用起来很不方便。因此用声压或用声强的绝对值表示声音的强弱都很不方便。韦伯(E. H. Weber)和范希纳(G. T. Fechner)的研究表明:感觉的大小与刺激量的对数成正比。既考虑使用上的方便,又考虑人的感觉特性,在声音度量中引入声压级。声压级是指声压与基准声压之比的以 10 为底的对数乘以 20。用符号 L_p 表示,单位是 dB,其表达式为

$$L_p = 20 \lg \frac{P}{P_0}$$

式中：P 为声压，Pa；P_0 为基准声压，$P_0 = 2 \times 10^{-5}$ Pa。

（2）多声源的声压级合成。在实际问题中，仅由单个声源影响的情况很少，即使在单个声源情况下，通过测量所获得的声压级也都是和背景声相叠加的结果。因此，在多个声源同时存在时，需要了解各个声源的声压级与总声压级的关系。根据能量合成原则可知，若在某点分别测得几个声源的声压为 P_1，P_2，$\cdots$，P_n，则在该点测得的总声压 $P_总$ 满足

$$P_总^2 = \sum_{i=1}^{n} P_i^2 \quad (i = 1, \ 2, \ \cdots, \ n)$$

因此，可以得到声压级的加法规则。

①求总声压级 $L_{P_总}$。设在某点测得的几个声压级为 L_{P1}，L_{P2}，L_{P3}，$\cdots$，L_{Pn}，由声压级的定义可知

$$L_{Pi} = 10 \lg \left(\frac{P_i}{P_0} \right)^2$$

可得

$$\left(\frac{P_i}{P_0} \right)^2 = 10^{0.1 L_{P_i}}$$

因为

$$\left(\frac{P_总}{P_0} \right)^2 = \sum_{i=1}^{n} \left(\frac{P_i}{P_0} \right)^2$$

所以

$$L_{P_总} = 10 \lg \left(\sum_{i=1}^{n} 10^{0.1 L_{P_i}} \right) \quad (i = 1, \ 2, \ \cdots, \ n)$$

②求声源声压级 $L_{P_源}$。某一声源的声压级，总是在一定的背景声源下测得。要准确地了解声源的声压级，必须从总声压级中剔除背景声源的影响。根据声压合成原则有

$$P_总^2 = P_源^2 + P_背^2$$

由此得

$$\left(\frac{P_源}{P_0} \right)^2 = \left(\frac{P_总}{P_0} \right)^2 - \left(\frac{P_背}{P_0} \right)^2$$

故

$$L_{P_源} = 10 \lg (10^{0.1 L_{P_总}} - 0^{0.1 L_{P_背}})$$

3. 声功率和声功率级

1）声功率

声源在单位时间内发出的总声能称为声功率。声功率是反映单位时间声源辐射声能大小的物理量，与声压有着密切的联系。在一个较大的自由声场中，声波可以看作一个球面波。假设点声源的辐射功率 W 恒定，则噪声源 r 处的声压为

$$P = \sqrt{W \rho c / 2 \pi r^2}$$

式中：c 为声速；ρ 为介质密度。

即距离声源越远，声压越低。但以声源为中心，以 r 为半径，整个球面的声功率恒定。在实际问题中，不同声源的声功率变化范围非常大，因此，常用声功率级度量声源发出的声能的大小。

2）声功率级

一个声源的声功率级等于此声源的声功率与基准功率的比值取对数的 10 倍，用符号 L_W 表示，单位是 dB，其表达式为

$$L_W = 10 \lg \frac{W}{W_0}$$

式中：W 为声功率，W；W_0 为基准声功率，$W_0 = 10^{-12}$W。

4. 声的频谱与频程

1）频谱

各种声源发出的声音很少是单一频率的纯音，大多是由许多不同强度、不同频率的声音复合而成。不同频率（或频段）成分的声波具有不同的能量，这种频率成分与能量分布的关系称为声的频谱。将声源发出的声音强度（声压、声功率级、声压级）按频率顺序展开，使其成为频率的函数，并考察变化规律称为频谱分析。通常以频率（或频带）为横坐标，以反映相应频率成分强弱的量为纵坐标，把频率与强度的对应关系用图形表示，称为频谱图。图 8-1 为 AK1300-Ⅲ汽轮鼓风机频谱。

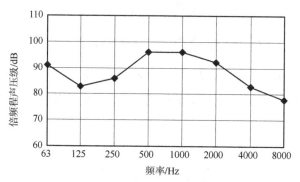

图 8-1　AK1300-Ⅲ汽轮鼓风机频谱

2）频程

由于一般噪声的频率分布宽阔，在实际的频谱分析中，不需要也不可能对每个频率成分进行具体分析。为了方便，人们把 $20 \sim 20\,000$ Hz 的声频范围分为几个段落，划分的每一个具有一定频率范围的段落称作频带或频程。它以上限频率 f_1 和下限频率 f_2 之比的对数表示，此对数通常以 2 为底

$$n = \lg 2 \frac{f_1}{f_2} \quad 或 \quad \frac{f_1}{f_2} = 2^n$$

式中：n 为倍频程数。

频程的划分方法通常有两种：一种是恒定带宽，即每个频程的上、下限频率之差为常数。另一种是恒定相对带宽的划分方法，即保持频带的上、下限之比为一常数。实验证明，当声音的声压级不变而频率提高 1 倍时，听起来音调也提高 1 倍（音乐上称提高八度音程）。为此，将声频范围划分为这样的频带：使每一频带的上限频率比下限频率高 1 倍，即频率之比为 2，这样划分的每一个频程称 1 倍频程，简称倍频程。在实际分析中，通常以倍频程或 1/3 倍频程进行分析。1 个倍频程就是上限频率比下限频率高 1 倍，但 1/3 倍频程并不是上限频率比下限频率高 1/3 倍，而是上限频率为下限频率的 $2^{1/3}$ $= \sqrt[3]{2} \approx 1.26$ 倍。倍频程通常用它的几何中心频率 f_0 代表，中心频率与上、下限频率之间的关系为

$$f_0 = \sqrt{f_1 f_2}$$

这里的 f_0 是一个频率，但它却代表一个倍频程的频率范围。目前，国际上对倍频程的分法已通用化了。通用的倍频程 f_0 及每个频带包括的频率范围如表 8-1 所示，其中 10 个频程已把可闻声（20 Hz～20 kHz）全部包括进来，因而使测量和分析工作得到简化。

表 8-1 倍频程频率范围

中心频率/Hz	31.5	63	125	250	500
频率范围/Hz	22.5～45	45～90	90～180	180～354	354～707
中心频率/Hz	1 000	2 000	4 000	8 000	16 000
频率范围/Hz	707～1 414	1 414～2 828	2 828～5 656	5 656～11 212	11 212～22 424

8.2　噪声的来源与影响

噪声是人们不需要的声音，或者是有害的声音。常见的噪声源发出声音，不但在强度上各有差别，而且在其频谱特性和时间特性上各不相同。在频谱特性方面，噪声有线状谱、连续谱、复合谱（在连续谱上加线状谱）；在时间特性方面，噪声有稳态的（声音波动小于 5 dB），有间断的高低变化频繁的非稳态噪声，还有冲击噪声（持续时间小于 0.5 s，间隔大于 1 s，声级变化在 40 dB 以上者）。

8.2.1　噪声的来源及分类

1. 噪声的来源

工业噪声是指在工业生产中，由生产因素造成的声音，其主要分为以下七类。

1）空气动力性噪声

气体振动所形成的压力突变导致气体扰动所产生的噪声，叫作空气动力性噪声。例如，各种风机、空压机、汽轮机、喷气机、空调机、汽笛等发出的噪声。

2）机械性噪声

机械的摩擦、转动、撞击等引起的固体振动所造成的噪声，叫作机械性噪声。例如，各种机械设备、电锯、绒织机、球磨机、锻压机、剪板机等发出的噪声。

3）电磁性噪声

电磁性噪声是指发生于磁场脉动、电机部件振动所导致的噪声。例如，电动机、变压器等产生的噪声。

4）手工作业噪声

手工作业噪声是指手工作业形成的噪声。例如，钣金、铆接、校平零件等发出的声音。

5）电声性噪声

电声性噪声是指由于电声转换而产生的噪声。例如，广播、电视、收录机、电话机、电子计算机等产生的噪声。

6）交通车辆噪声

交通车辆噪声是指如火车、汽车、飞机等运转引起的噪声。据一些国家调查得知，城市70%的噪声来自交通工具。

7）语言噪声

语言噪声是指讲话发声而产生的噪声。语言噪声是相对的，在两个相互沟通的人之间的讲话不会成为噪音，但在一旁的第三者有可能认为是噪声。

2. 噪声的分类

噪声泛指一切对人们生活和工作有妨碍的声音。凡使人烦恼、不愉快的声音都叫噪声。由此可见，噪声的定义不单纯由声音的物理性质所决定，而主要取决于人们的生理、心理状态。噪声可分为以下几类。

1）按人们对噪声的主观评价分类

（1）过响声：很响的使人烦躁不安的声音，如织布机的运行声。

（2）妨碍声：声音不大，但妨碍人们的交谈、学习、思考和睡眠。

（3）刺激声：刺耳的声音，如汽车制动声。

（4）无形声：日常被人们习惯了的低强度噪声。

2）按噪声随时间变化特性分类

（1）稳定噪声：声音的强弱随时间变化不显著，其波动小于5 dB。

（2）周期性噪声：声音强弱呈周期变化。

（3）无规律噪声：声音强弱随时间无规律变化。

（4）脉冲噪声：突然爆发又很快消失，其持续时间小于1 s、间隔时间大于1 s、声级变化大于40 dB的噪声。

3）按噪声源的特点分类

（1）工业噪声：工业生产产生的噪声，主要包括空气动力性噪声、机械性噪声和电磁性噪声。

（2）交通噪声：交通工具产生的噪声。

（3）社会噪声：社会活动和家庭生活引起的噪声。

8.2.2 噪声的影响

1. 噪声对听力的损伤

1）听力损伤及类型

由于接触噪声而引起的听力损失，称为噪声对听力的损伤。听力损伤定义为人耳在某一频率的听阈较正常人的听阈提高的分贝数。噪声对听力的损伤有以下几种情况。

（1）听觉疲劳。听觉适应是有一定限度的，若声压级在 90 dB 以上，接触较长时间导致的听力下降，在停止接触噪声后，听觉敏感性的恢复可从几分钟延长到几小时甚至十几小时，这种恢复听力的现象称为听觉疲劳。这是听觉器官功能性变化，并未导致听觉器官的器质性损伤。

（2）噪声性耳聋。长时间受到过强噪声的刺激，引起内耳感音性器官的退行性变化，就会由功能性影响变为器质性损伤，这时的听力下降称为噪声性耳聋或噪声性听力丧失。据调查，铆工、织布工、凿岩工等，如果长期暴露在强噪声环境中，又不采取防护措施，噪声性耳聋的发病率可达 50%～60%，甚至达 80% 以上。根据国际标准化组织（International Organization for Standardization，ISO）1964 年规定，500 Hz、1 kHz、2 kHz 三个频率的平均听力损失超过 25 dB 称为噪声性耳聋。长期在噪声环境中工作产生的听觉疲劳不能及时恢复导致永久性听阈位移，听阈位移达 25～40 dB 时为轻度耳聋；听阈位移达 55～70 dB 时为中度耳聋；听阈位移为 70～90 dB 时为严重耳聋；听阈位移为 90 dB 以上时为极端耳聋。

（3）爆发性耳聋。当声压很大时（如爆炸、炮击等），鼓膜内外产生较大内差，导致鼓膜破裂，双耳完全失听，这种情况下的耳聋称为爆发性耳聋。

2）影响听力损伤程度的因素

（1）噪声强度。55 dB（A）以下低强度噪声对人的听力没有什么损伤。据研究，在许多场合，这种噪声对人的工作效率产生一些有利的影响。因为人的信息通道在完全没有信息输入或极少信息输入时，会产生不舒适感。55 dB（A）的噪声，即使终身职业暴露，也只有 10% 的人产生轻微的听力损失。所以有人认为 55～65 dB（A）的噪声是产生轻微听力损失的临界噪声强度。

（2）暴露时间。一般每一频率的听力损失有各自的临界暴露年限。超过此年限，这个频率的听力随暴露年限的延长而下降，最初下降较快，而后逐渐变慢，最后接近停滞状态，即存在一个噪声听力损失临界停滞年限。听力损失的临界暴露年限和临界停滞年限与测听的频率和噪声强度有关。例如，暴露于 85～90 dB（A）的噪声环境，4 kHz 听力的临界暴露年限只有几个月，3 kHz 和 6 kHz 听力的临界暴露年限约 1 年。

（3）噪声频率。不同频率的噪声对听力影响的作用不同。4 kHz 的噪声对听力的损伤最为严重，其次是 3 kHz 的噪声，再次是 2 kHz 和 8 kHz 的噪声，最后是 2 kHz 以下和 8 kHz 以上的噪声。16～20 kHz 的噪声对听力的损伤作用比 3 kHz 左右的噪声要小很多。窄频带噪声、纯音对听力的损伤作用比宽频带噪声更大。

接触噪声的时间不同，接触噪声的强度不同，噪声性耳聋的程度也不同，如表 8-2 所示。

表 8-2　噪声暴露与语言听力损失的关系

dB（A）	暴露年限								
	5	10	15	20	25	30	35	40	45
	损伤人数/%								
	0	0	0	0	0	0	0	0	0
80	（0～3）	（1～3）	（2～10）	（3～7）	（5～14）	（8～14）	（14～24）	（24～33）	（41～50）
85	0～1	3	1～5	5～6	2～7	7～8	3～9	8～10	7
90	0.5～4	7～10	2～7	12～16	3～16	16～18	6～20	18～21	15
95	2～7	12～17	8～24	23～28	12～29	27～31	6～32	28～29	23～24
100	6～12	21～29	14～37	36～42	15～43	41～44	14～45	40～41	33～35
105	13～18	32～42	16～53	50～58	23～60	58～62	19～61	54	41～45
110	19～26	46～55	61～71	68～78	73～78	74～77	72	62～64	45～52
115	26～38	61～71	79～83	84～87	81～86	81～84	75～80	64～70	47～55

注：①听力损伤以 500 Hz、1000 Hz、2000 Hz 纯音听力平均值下降 25 dB 时为准；②表中括号内的数包括年龄的影响

2. 噪声对其他生理机能的影响

1）对神经系统的影响

噪声具有强烈的刺激性，如果长期作用于中枢神经系统，可以使大脑皮层的兴奋与抑制过程平衡失调，结果引起条件反射紊乱。实验证明，噪声影响可以使人的脑电波发生变化，脑血管功能紊乱，条件反射异常。人们长期接触高强度噪声后，可出现头痛、头晕、耳鸣、心悸、多梦、易疲劳、易激动、失眠、记忆力减退等神经衰弱症状；严重时，全身虚弱，体质下降，容易诱发其他疾病。噪声对神经系统的影响，是由于大脑皮层的兴奋与抑制失调，导致条件反射异常造成的，目前还未证明噪声能够引起神经系统的器质性损害。

2）对内分泌系统的影响

噪声对内分泌系统的影响主要表现为甲状腺功能亢进，肾上腺皮质功能增强（中等噪声 70～80 dB）或减弱（大强度噪声 100 dB）。在环境噪声的长期刺激下，可导致性功能紊乱、月经失调，孕妇的流产率、畸胎率、死胎率增加，以及初生儿体重降低（＜2500 g）。

3）对心血管系统的影响

噪声对交感神经有兴奋作用，可以导致心动过速、心律失常。调查的资料表明，在长期暴露于噪声环境的工人的测定结果表明有部分工人的心电图出现缺血型改变，

常见的有窦性心动过速或过缓、窦性心律不齐等。

噪声还可以引起自主神经系统功能紊乱，表现为血压升高或降低，尤其是原来血压波动大的人，接触噪声后，血压变化更为明显。噪声对心血管系统的慢性损伤作用，发生在 80～90 dB（A）噪声情况下。

4）对消化系统的影响

噪声可引起胃肠道消化功能紊乱、胃液分泌异常、胃蠕动减弱、食欲下降，甚至发生恶心、呕吐、胃炎、胃溃疡和十二指肠溃疡发病率增高。据统计，在噪声行业的工人中，溃疡病的发病率比安静环境高 5 倍。

5）对视觉功能的影响

噪声对视觉功能也有一定的影响。它使视网膜光感度下降，视野界限发生变化，视力的清晰度与稳定性降低。有人认为，目前工业大城市中车祸频繁发生的原因之一是噪声引起驾驶员的视觉功能障碍。

3. 噪声对心理状态的影响

噪声会引起烦躁、焦虑、生气等不愉快的心理情绪，称为烦恼。

1）强度对烦恼程度的影响

噪声强度增大，引起烦恼的可能性随之增大。有人曾对大学生进行过实验，在一定噪声条件下，让被试者根据自己的感觉进行投票，表达自己对该强度噪声的烦恼程度。通过对投票结果统计回归，整理出烦恼度的表达式：

$$I=0.1058L_A-4.793$$

式中：I 为烦恼度；L_A 为环境噪声强度，dB（A）。

相应的烦恼指数如表 8-3 所示。

表 8-3　烦恼指数

I	5	4	3	2	1
烦恼程度	极度烦恼	很烦恼	中等烦恼	稍有烦恼	没有烦恼

2）噪声对烦恼程度的影响

响度相同而频率高的噪声比频率低的噪声容易引起烦恼。

（1）噪声稳定性对烦恼程度的影响。噪声强度或频率不断变化比稳定的噪声容易引起烦恼。

（2）活动性质对烦恼程度的影响。在住宅区，60 dB（A）的噪声即可引起很大的烦恼，但在工业区，噪声可以高一些。相同噪声环境下，脑力劳动比体力劳动容易引起烦恼。

4. 噪声对语言通信的影响

人们一般谈话声大约是 60 dB，高声谈话为 70～80 dB。当周围环境的噪声与谈话声相近时，正常的语言交流就会受到干扰。因此，在 65 dB 以上的噪声环境中，一般的谈话活动难以正常进行，必须大声交谈，相当吃力。如果噪声达到 85 dB 以上，即使大声喊叫也无济于事，此时，人们的正常工作秩序可能受到影响，必要的指令、信号和危险警报可能被噪声掩盖，工伤事故和产品质量事故会明显增多。

噪声对电话的干扰尤为显著，在环境噪声低于 55 dB 时，受话与听话都不受干扰；65 dB 时，对话开始发生困难；80 dB 时，对话就难以继续。一些临近马路的公用电话，由于马路上车辆频繁，交通噪声强烈，通话受到严重妨碍，甚至中断通话。

一个声音由于其他声音的干扰而使听觉发生困难，需要提高声音的强度才能产生听觉，这种现象称为声音的掩蔽。一个声音的听阈因另一个声音的掩蔽作用而提高的现象称为掩蔽效应。噪声对语言的掩蔽不仅使听阈提高，还对语言的清晰度有影响。噪声对信号的掩蔽作用，常给生产带来不良后果。有些危险信号常需采用声信号，由于噪声的掩蔽作用，使作业者对信号分辨不清，因此，很容易造成事故和工伤。据美国某铁路局对造成 25 名职工死亡的 19 起事故分析认为，其主要原因是高噪声掩蔽了听觉信号的察觉能力。

5. 噪声对作业能力和工作效率的影响

1）噪声对作业能力的影响

在噪声干扰下，使人感到烦躁不安，容易疲乏，注意力难以集中，反应迟钝，差错率明显上升。所以噪声既影响工作效率又降低工作质量。有人计算过，噪声作用可使劳动生产率降低 10%～15%，特别是对那些要求注意力高度集中的复杂工作影响更大。有人曾对打字员做过实验，把噪声从 60 dB（A）降低到 40 dB（A），工作效率提高 30%。对排字、速记、校对等工种进行调查发现，随噪声增高，错误率上升。对电话交换台调查的结果是，噪声从 50 dB（A）降至 30 dB（A），差错率可减少 12%。

2）噪声对工作效率的影响

噪声对工作效率的影响与噪声的强度、频率和发声方向等因素有关。显然噪声的强度越大，干扰亦越厉害。通常，噪声大于 80 dB 时，大多数人的工作效率就有不同程度下降。高频率的噪声比低频率的噪声更令人厌烦。间歇性、时强时弱的噪声比长时间连续性噪声的影响更大。此外，发声方向经常变换的噪声比固定来自某一方向的噪声干扰大。

6. 噪声对睡眠与休息的影响

睡眠是人体消除疲劳、维持劳动力与健康的必要条件。睡眠受到干扰的结果必然导致工作和劳动效率的降低。通常，夜间周围环境的声压级不大于 30 dB，人的睡眠不致受到妨碍。如果周围有人高声谈论，房间里收音机、电视机的乐曲声不断，此时环境的声压级可达 60～70 dB，使人难以入睡。有人用脑电波测试噪声对睡眠的干扰情况，结果发现，在 40～45 dB 的噪声刺激下，睡眠者就有觉醒反应，神经衰弱者 40 dB 以下即被惊醒。

噪声对睡眠的影响表现为入睡时间和睡眠深度两个方面。经研究发现，在噪声级为 35 dB 的区域，测试者平均入睡时间为 20 min，睡眠深度即熟睡期占整个睡眠时间的 70%~80%；噪声级为 50 dB 的区域，测试者平均入睡时间为 60 min，睡眠深度为 62%。

8.3 噪声的评价指标与控制

噪声既危害人体，又影响工作效率。不同的危害及影响取决于不同的噪声特性。因此，需要制定评价方法、指标和允许接受的噪声标准。噪声控制标准分为三类：第一类是基于对作业者的听力保护而提出来的，我国的《工业企业厂界环境噪声排放标准》属此类，它以等效连续声级、噪声暴露量为指标；第二类是基于降低人们对环境噪声烦恼度而提出的，我国的《城市轨道交通列车噪声限值和测量方法》属此类，它以等效连续声级、统计声级为指标；第三类是基于改善工作条件、提高效率而提出的，该类以语言干扰级为指标。

8.3.1 噪声的评价指标

1. 响度和响度级

1）响度（N）

人的听觉与声音的频率有非常密切的关系。一般来说，两个声压相等而频率不相同的纯音听起来是不一样响的。响度是人耳判别声音由轻到响的强度等级概念，它不仅取决于声音的强度（如声压级），还与它的频率及波形有关。响度的单位叫"宋"，1 宋的定义为声压级为 40 dB，频率为 1000 Hz，且来自听者正前方的平面波形的强度。如果另一个声音听起来比这个大 n 倍，即声音的响度为 n 宋。

2）响度级（L_N）

响度级的概念也是建立在两个声音的主观比较上的。定义 1000 Hz 纯音声压级的分贝值为响度级的数值，任何其他频率的声音，当调节 1000 Hz 纯音的强度使之与这声音一样响时，则这 1000 Hz 纯音的声压级分贝值就定为这一声音的响度级值。响度级的单位叫"方"。

利用与基准声音比较的方法，可以得到人耳听觉频率范围内一系列响度相等的声压级与频率的关系曲线，即等响曲线（图 8-2），该曲线为国际标准化组织所采用，所以又称 ISO 等响曲线。图 8-2 中同一曲线上不同频率的声音，听起来感觉一样响，而声压级是不同的。从曲线形状可知，人耳对 1000~4000 Hz 的声音最敏感。对低于或高于这一频率范围的声音，灵敏度随频率的降低或升高而下降。例如，一个声压级为 80 dB 的 20 Hz 纯音，它的响度级只有 20 方，因为它与 20 dB 的 1000 Hz 纯音位于同一条曲线上。同理，与它们一样响的 1 万赫纯音声压级为 30 dB。

3）响度与响度级的关系

根据大量实验得到，响度级每改变 10 方，响度加倍或减半。例如，响度级为 30 方时响度为 0.5 宋，响度级为 40 方时响度为 1 宋，响度级为 50 方时响度为 2 宋，以此类推。它们的关系可用下列数学式表示：

$$N = 2^{\left(\frac{L_N - 40}{10}\right)}$$

或

$$L_N = 40 + 33 \lg N$$

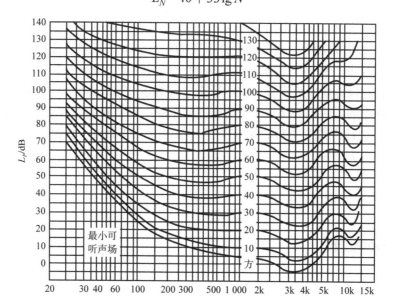

图 8-2　等响曲线

响度级的合成不能直接相加，而响度可以相加。例如，两个不同频率而都具有 60 方的声音，合成后的响度级不是 60+60＝120（方），而是先将响度级换算成响度进行合成，然后再换算成响度级。本例中 60 方相当于响度 4 宋，所以两个声音响度合成为 4+4＝8（宋），而 8 宋按数学计算可知为 70 方，因此两个响度级为 60 方的声音合成后的总响度级为 70 方。

2. 计权声级

上面所讨论的是纯音（或狭频带信号）的声压级和主观听觉之间的关系，但实际上声源所发射的声音几乎都包含很广的频率范围。为了能用仪器直接反映人的主观响度感觉的评价量，有关人员在噪声测量仪器中为声级计中设计了一种特殊滤波器，叫计权网络。通过计权网络测得的声压级，已不再是客观物理量的声压级，而叫计权声压级或计权声级，简称声级。

计权声级分为 A、B、C 和 D 计权声级。其中，A 计权声级是模拟人耳对 55 dB 以下低强度噪声的频率特性；B 计权声级是模拟 55～85 dB 的中等强度噪声的频率特性；C 计权声级是模拟高强度噪声的频率特性；D 计权声级是对噪声参量的模拟，专用于飞机噪声的测量。计权网络是一种特殊滤波器，当含有各种频率的声波通过时，它对不同频率成分的衰减是不一样的。A、B、C 计权网络的主要差别是在于对低频成分衰减程度，A衰减最多，B其次，C最少。A、B、C、D计权的特性曲线见图8-3，其中A、B、C三条曲线分别近似于40方、70方和100方三条等响曲线的倒转。由于计权曲线的频率特性是以 1000 Hz 为参考计算衰减的，因此以上曲线均重合于 1000 Hz，后来实践证明，A计权声级表征人耳主观听觉较好，故近年来B和C计权声级较少应用。A计权声级以上用L_{PA}或L_A表示，其单位用 dB（A）表示。

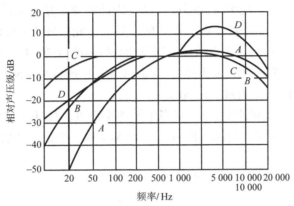

图 8-3　A、B、C、D计权特性曲线

3. 等效连续声级

A计权声级能够较好地反映人耳对噪声的强度与频率的主观感觉，因此对一个连续的稳态噪声，它是一种较好的评价方法。但对一个起伏的或不连续的噪声，A计权声级就显得不合适了。例如交通噪声随车辆流量和种类而变化；又如一台机器工作时其声级是稳定的，但由于它是间歇地工作，与另一台声级相同但连续工作的机器对人的影响就不一样。因此，提出了一个用噪声能量按时间平均方法来评价噪声对人影响的问题，即等效连续声级，符号"L_{eq}"或"$L_{Aeq \cdot T}$"。它是用一个相同时间内声能与之相等的连续稳定的A声级来表示该段时间内的噪声的大小。例如，有两台声级为85 dB的机器，第一台连续工作8 h，第二台间歇工作，其有效工作时间之和为4 h。显然作用于操作工人的平均能量是前者比后者大1倍，即大3 dB。因此，等效连续声级反映在声级不稳定的情况下，人实际所接受的噪声能量的大小，它是一个用来表达随时间变化的噪声的等效量。

$$L_{Aeq \cdot T} = 10 \lg \left[\frac{1}{T} \int_0^T 10^{0.1 L_{PA}} dt \right]$$

式中：L_{pA} 为某时刻 t 的瞬时 A 声级；T 为规定的测量时间。

如果数据符合正态分布，其累积分布在正态概率纸上为一直线，则可用下面近似公式计算：

$$L_{Aeq \cdot T} \approx L_{50} + d^2 / 60, d = L_{10} - L_{90}$$

其中 L_{10}、L_{50}、L_{90} 为累积百分声级。L_{10} 为测定时间内，10%的时间超过的噪声级，相当于噪声的平均峰值；L_{50} 为测量时间内，50%的时间超过的噪声级，相当于噪声的平均值；L_{90} 为测量时间内，90%的时间超过的噪声级，相当于噪声的背景值。累积百分声级 L_{10}、L_{50} 和 L_{90} 的计算方法有两种：其一是在正态概率纸上画出累积分布曲线，然后从图中求得；其二是将测定的一组数据（如 100 个），从大到小排列，第 10 个数据即为 L_{10}，第 50 个数据即为 L_{50}，第 90 个数据即为 L_{90}。

1）统计声级

由于环境噪声往往不规则且大幅度变动，因此需要采用不同的噪声级出现的概率或累积概率表示。统计声级表示某一 A 声级，且大于此声级的出现概率为 s%。用符号 L_s 表示。例如 $L_{10}=70$ dB（A）表示整个测量期间噪声超过 70 dB（A）的概率占 10%；$L_{50}=60$ dB（A）表示噪声超过或不超过 60 dB（A）的概率各占 50%；$L_{90}=50$ dB（A）表示噪声超过 50 dB（A）的概率占 90%。

L_{10} 相当于峰值平均噪声级，L_{50} 相当于平均噪声级，L_{90} 相当于背景噪声级。一般测量方法是选定一段时间，每隔一段时间（如 5s）取一个值，然后统计 L_{10}、L_{50}、L_{90} 等指标。

如果噪声级的统计特征符合正态分布，则

$$L_{eq}=L_{50}+\frac{d^2}{60}$$
$$d=L_{10}-L_{90}$$

式中：d 值越大说明噪声起伏程度越大，分布越不集中。

考虑到交通噪声起伏比较大，比稳定噪声对人的干扰更大，因此，交通噪声可采用交通噪声指数 TNI 进行评价，即

$$\text{TNI}=L_{90}+4d-30$$

交通噪声指数是以噪声起伏变化（$L_{10}\sim L_{90}$）为基础，并考虑到背景噪声 L_{50} 的评价方法。

2）噪声暴露量（噪声剂量）

人在噪声环境下作业，噪声对听力的损伤不仅与噪声强度有关，还与噪声暴露时间有关。噪声暴露量是噪声的 A 计权声压值平方的时间积分，用符号 E 表示，其表达式为

$$E=\int_0^T \left[P_A(t)^2\right]\mathrm{d}t \quad (\text{Pa}^2\cdot\text{h})$$

式中：T 为测量时间，h；$P_A(t)$ 为瞬时 A 计权声压，Pa。

噪声暴露量综合考虑了噪声强度与暴露时间的累积效应。某一段时间内的等效连续声级（与 L_{eq}）与噪声暴露量之间的关系为

$$L_{eq}=10\lg\frac{E}{TP_0}$$

假如 $P_A(t)$ 在测量期间保持恒定，则

$$E=P_A^2 T$$

1 $\text{Pa}^2\cdot\text{h}$ 相当于 84.95≈85 dB（A）的噪声暴露了 8 h。我国《工业企业噪声卫生标

准》（试行草案）中，规定每个工人每天工作 8 h，噪声声级不能超过 85 dB（A），相应的噪声暴露量为 1 Pa²·h。如果工人每天工作 4 h，允许噪声声级增加 3 dB（A），噪声暴露量仍保持不变。

3）语言干扰级

语言干扰级（speech interference level，SIL）是评价噪声对语言通信干扰程度的参量。人的语言声能量主要集中在以 500 Hz、1000 Hz 和 2000 Hz 为中心的 3 个倍频程中，因此对语言干扰最大的也是这 3 个频率的噪声成分。根据最近研究，4000 Hz 频带对语言干扰也有影响。因此，国际标准化组织把 500 Hz、1000 Hz、2000 Hz、4000 Hz 为中心频率的 4 个倍频程声压级算术平均值定义为语言干扰级，单位是 dB。实际应用中，将测量的 500 Hz、1000 Hz、2000 Hz、4000 Hz 4 个倍频程声压级代入下式，便可求得语言干扰级：

$$\mathrm{SIL} = \frac{L_{P500} + L_{P1000} + L_{P2000} + L_{P4000}}{4}$$

式中：L_{P500}、L_{P1000}、L_{P2000} 和 L_{P4000} 为 500、1000、2000 和 4000Hz 为中心频率的倍频带声压级。

谈话的总声压级与语言干扰级相比较，如果前者高出后者 10 dB，可以听得清楚。

4）噪声评价数

用 A 声级作为噪声评价的标准，是对噪声所有频率成分的综合反映。但是 A 声级不能代替频带声压级评价噪声，因为不同频谱形状的噪声可以是一 A 声级值。为了评价稳态环境噪声对人的影响，以及较细致地确定各频带的噪声标准，国际标准组织（ISO TC43）公布了噪声评价数曲线（NR 曲线）。噪声级范围是 0～130 dB，频率范围是 31.5～8000 Hz 共 9 个频程，通常使用 8 个频程（63～8000 Hz）（图 8-4），曲线的 NR 数等于 1 kHz 倍频程声压级分贝数。

NR 的具体求法是：对噪声进行倍频程分析，一般取 8 个频带（63～8000 Hz）测量声压级。根据测量结果在 NR 曲线上画频谱图，在噪声的 8 个倍频带声压级中找出接触到的最高一条 NR 曲线之值，即为该噪声的评价数 NR。

噪声评价数 NR 与 A 声级有较大相关性，通常 NR 数比 A 声级低 5 dB。噪声评价数对于控制噪声具有重要意义，如标准规定办公室的噪声评价数为 NR 30～40，则室内环境噪声（任一倍频程声压级）均不能超过 NR 30～40 曲线。

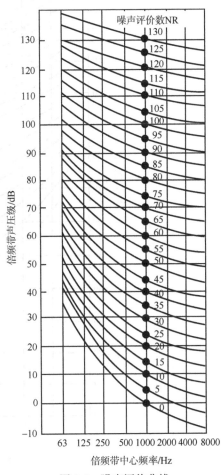

图 8-4　噪声评价曲线

5）感觉噪声级和噪度

随着航空事业的发展，飞机噪声对人们的危害日趋严重。为了评价航空噪声的影响，提出了感觉噪声级和噪度。噪度是人们在主观上对噪声厌恶程度的度量。人们对于一种声音响度的主观感觉与对这种声音的吵闹厌烦的感觉不一样。一般情况，高频噪声比同样响的低频噪声更为令人烦恼；强度变化快的噪声比强度比较稳定的噪声要吵。

感觉噪声级和噪度分别与响度级和响度对应。响度级、响度是以纯音为基础反映人耳对噪声的主观感觉，而感觉噪声级和噪度是以复合音为基础反映人耳对噪声的主观感觉。仿照等响度曲线，人们在大量实验基础上得到与 1000 Hz 信号相比较的等噪度曲线，如图 8-5 所示。

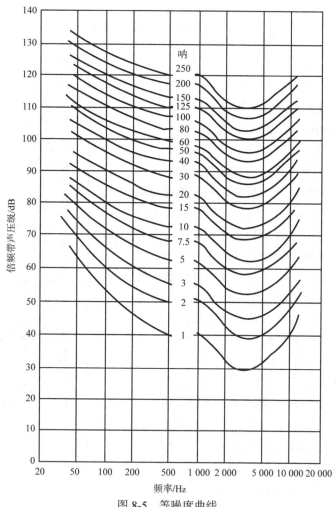

图 8-5　等噪度曲线

噪度用符号 PN 表示，单位是呐（Ni），1000 Hz 倍频程声压级为 40 dB 时的噪度为 1 Ni，50 dB 时为 2 Ni。2 Ni 比 1 Ni 的噪声有 2 倍吵的感觉。噪度的分贝标度称为感觉

噪声级 L_{PN}，它的分贝数就是等噪度曲线上 1000 Hz 所对应的声压级的分贝数，记为 PNdB。

噪度和感觉噪声级的计算方法类似于响度和响度级的计算。感觉噪声级也可用 D 计权网络测出 D 声级加 7 dB 直接得出。

8.3.2 噪声的控制

1. 声源控制

工业噪声主要由两部分构成：机械噪声和空气动力性噪声。

1）降低机械噪声

机械噪声主要由运动部件之间及连接部位的振动、摩擦、撞击引起。这种振动传到机器表面和辐射到空间形成噪声。因此，降低机械噪声的措施有以下几种。

（1）改进工艺和操作方法降低噪声。这种方法是从声源上降低噪声的一种途径。例如，把铆接改为焊接，把锻打改成摩擦压力或液压加工等。这样可降低噪声 20～40 dB。

（2）选用产生噪声小的材料。一般金属材料的内摩擦、内阻尼较小，消耗振动能量的能力小，因而用金属材料制造的机件，振动辐射的噪声较强。而高分子材料或高阻尼合金制造的机件，在同样振动下，辐射的噪声就小得多。

（3）提高机床加工精度和装配质量降低噪声。工作中的机器设备，由于机件间的相互撞击、摩擦，或由于动平衡不好，都会导致噪声增大。因此，提高机械零件加工精度和装配质量可以降低噪声。例如，提高传动齿轮加工精度，既可减小齿轮的啮合摩擦，也使振动减小，这样就会减小噪声。

（4）机电设备的布置。机电设备在车间内的布置应当遵循闹静分开的原则，即把噪声高的机电设备集中在一起，有重点地采取相应控制措施。利用噪声在传播中的自然衰减作用，能够缩小噪声的污染面。另外，为了减小车间内部的混响声，噪声严重的机电设备的布置要距声音反射面（车间墙壁）一定距离，尤其不应放置在车间墙角附近。

有些机电设备在前、后、左、右四个方向上声级大小并不是均匀的，在与声源距离相同的位置，因处在声源指向的不同方向上，接收到的噪声强度会有所不同。因此，可使噪声源指向无人或对安静要求不高的方向。

2）降低空气动力性噪声

空气动力性噪声主要由气体涡流、压力急骤变化和高速流动造成。降低空气动力性噪声的主要措施是：一是降低气流速度；二是减少压力脉冲；三是减少涡流。

2. 控制噪声的传播

控制噪声传播的主要措施有下列几种。

1）全面考虑工厂的总体布局

在总图设计时，要正确估价工厂建成投产后的厂区环境噪声状况。高噪声车间、场所与低噪声车间、生活区距离远些，特别强的噪声源应设在远处或下风处。

2）设置吸声结构

车间内设置吸声结构是减少内部混响声的一种有效措施。目前，吸声结构主要有三种形式：适用于低频吸声的结构（如共振吸声元件），适用于中频吸声的结构（如微孔吸声板），适用于中高频吸声的结构（如超细玻璃纤维吸声板）。吸声元件的声学结构应当与车间的噪声频谱相匹配。例如，高速回转机械通常以高频噪声占优势；振动强烈的机械由于引起了结构振动而使噪声频谱具有丰富的低频声；冲压机械所产生的噪声不仅有中高频声，而且具有低频声。

通常，考虑到制作方便和价格低廉等因素，吸声结构以纤维型吸声材料制成的板状结构为多数。如采取改变板的厚度、材料的容重以及增加空腔等措施，可以适应较广的频率范围，满足不同噪声频谱的要求。应当说明，作为吸声材料用的各种纤维板，都是软质纤维板，其容重一般为200～300 kg/m³。容重为1000 kg/m³以上的硬质纤维板是不能做吸声用的。还应强调，使用有机纤维时，应注意防火、防蛀和防受潮霉烂。目前，在建筑中还常使用各种具有微孔的泡沫吸声砖、泡沫混凝土等材料，来达到直接吸声的目的。

3）设置隔声装置

工程上往往采用木板、金属板、墙体等固体介质以阻挡或减弱在大气中传播的声波。隔声装置包括隔声罩和隔声屏。这种装置是控制空气声传播的有效手段。隔声罩可以分为全隔声罩（全部罩住机电设备）、半隔声罩（罩壁上有局部开口）和局部隔声罩（只罩住机电设备上产生最强噪声部分，常用于大型设备上）。隔声屏可以有固定式和活动式两种。这里应注意孔洞、缝隙对隔声量的影响。尽管孔、缝的面积很小，但是其透声系数等于1，所以透声较大，成为隔声结构的薄弱环节。

4）设置隔振装置

机电设备的振动隔离与噪声控制的关系密切。设备振动以弹性波的形式在基础、地板、墙壁中传播，并在传播过程中向外辐射噪声，通过隔振装置减少了机电设备传至基础的振动，从而使内部固定声降低。有关实验资料表明：隔振装置吸收振动70%～80%时，室内噪声级可降低6 dB（A）左右；若达到90%～97%，室内噪声级降低则可达10 dB（A）左右。可见隔振装置的采用，对降低室内噪声具有显著效果，尤其当机电设备安装在楼板上时，隔振装置的采用尤为重要。常用的隔振材料有钢弹簧减震器、橡胶减震器、毡类、空气弹簧、各种复合式的隔振装置。

5）调整声源指向，将声源出口指向天空或野外

6）利用天然地形

山冈土坡、树丛草坪和已有的建筑障碍阻断一部分噪声的传播。因此，在噪声强度很大的工厂、车间、施工现场、交通道路两旁设置足够高的围墙或屏障，种植树木限制噪声传播。

3. 个人防护

当其他措施不成熟或达不到听力保护标准时，使用耳塞、耳罩等方式进行个人保

护是一种经济、有效的方法。不同材料的防护用品对不同频率噪声的衰减作用亦不同（表8-4），因此应该分析噪声的频率特性，以选择合适的保护用品。

表8-4 不同材料的防护用品对人耳的防护作用

Hz	125	250	500	1000	2000	4000	8000
干棉毛耳塞	2	3	4	8	12	12	9
湿棉毛耳塞	6	10	12	16	27	32	26
玻璃纤维耳塞	7	11	13	17	29	35	31
橡胶耳塞	15	15	16	17	30	41	28
橡胶耳套	8	14	24	34	36	43	31
液封耳套	13	20	33	35	38	47	41

在噪声环境中使用耳塞对语言通信能力有特殊作用，如图8-6所示。在低于85 dB（A）的低噪声区，耳塞使人耳对噪声及语言的听觉能力同时下降，所以戴耳塞更不易听到对方的谈话内容；在高于85 dB（A）的高噪声区，使用耳塞或耳套可以降低人耳受到的高噪声负荷，从而有利于听清对方的谈话内容。

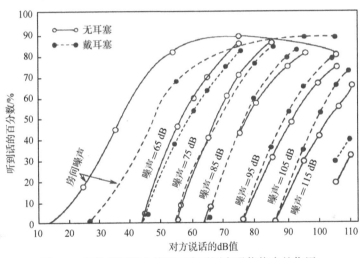

图8-6 在噪声环境中使用耳塞对语言通信能力的作用

4. 音乐调节

在工作场所播放适宜的音乐，造成良好的音乐环境，可使操作者的精神紧张状态得到松弛，疲劳得到缓解，并能掩盖噪声。

当采用音乐调节时，音量与噪声强度有关。当环境噪声强度较低时，播放音乐的声级比噪声级高3～5 dB（A）即可；当环境噪声很高时，如达到80 dB（A），播放音乐的音量就不能再比环境噪声高了，否则会使环境条件更恶劣，这时可以比环境噪声低3～5 dB（A）。因为人耳对乐曲旋律的选择作用，强度低的乐曲反而掩蔽了强度高的噪声。

对音乐调节所采用的音乐，除受噪声强度的影响外，要考虑作业人员的文化素质、年龄、工作性质等因素，同时还要恰当地选择音乐的播放时间。

复习思考题

1. 简述声波的频率、波长和声速这三个重要物理量，并具体说明其含义。
2. 简述纯音和复合音的区别。
3. 简述噪声的定义与分类。
4. 简述听力损伤的定义及类型。
5. 影响听力损伤程度的因素有哪些？
6. 响度和响度级分别指什么？二者的联系与区别是什么？
7. 简述噪声的控制方法的分类。
8. 控制噪声传播的主要措施有哪几种？并举例说明。

第9章

色 彩 调 节

色彩是物体的一个属性，在人类生产和生活中是一种必不可少的管理手段。房间的颜色、设备的颜色、操纵机构的颜色、信号的颜色，都与提高生产力联系在一起。由于颜色对人的心理和生理产生影响，因此，利用色彩调节，可以改善劳动条件，美化环境，协助操作者辨别控制器、信号和危区，以避免差错与提高工效。

9.1 色彩的特征与色彩混合

9.1.1 色彩的特征

色彩可分为无彩色系列和彩色系列。无彩色系列是指黑色、白色及其二者按不同比例而产生的灰色。彩色系列是指无彩色系列以外的各种色彩。色彩具有色调、饱和度（彩度）和明度三个基本特性。

1. 色调

色调是指颜色的基本相貌，它是颜色彼此区别的最主要、最基本的特征，表示颜色质的区别。从光的物理刺激角度认识色调：是指某些不同波长的光混合后，所呈现的不同色彩表象。从人的颜色视觉生理角度认识色调：是指人眼的三种感色视锥细胞受不同刺激后引起的不同颜色感觉。因此，色调是表明不同波长的光刺激所引起的不同颜色心理反应。例如红、绿、黄、蓝都是不同的色调。但是，由于观察者的经验不同会有不同的色觉。然而每个观察者几乎总是按波长的次序，将光谱按顺序分为红、橙、黄、绿、青、蓝、紫以及许多中间的过渡色（表 9-1）。因此，色调决定于刺激人眼的光谱成分。对单色光来说，色调决定于该色光的波长；对复色光来说，色调决定于复色光中各波长色光的比例。

表 9-1 光谱波长与色调

波长/nm	色调
620~780	红
590~620	橙
560~590	黄
530~560	黄绿
500~530	绿
470~500	青
430~470	蓝
380~430	紫

2. 饱和度（彩度）

饱和度是指主导波长范围的狭窄程度，即色调的表现程度。波长范围越狭窄，色调越纯正、越鲜艳。可见光谱的各种单色光是最饱和的彩色。当光谱色加入白光成分时，就变得不饱和。因此光谱色色彩的饱和度，通常以色彩白度的倒数表示。在孟塞尔系统中饱和度用彩度来表示。

物体色彩的饱和度取决于该物体表面选择性反射光谱辐射的能力。物体对光谱某一较窄波段的反射率高，而对其他波长的反射率很低或没有反射，则表明它有很高的选择性反射的能力，这一颜色的饱和度就高。

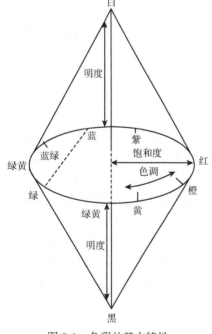

图 9-1 色彩的基本特性

3. 明度

明度是指物体发出或反射光线的强度，是色调的亮度特性。明度不等于亮度。根据光度学的概念，亮度是可以用光度计测量的、与人视觉无关的客观数值，而明度则是颜色的亮度在人们视觉上的反映，明度是从感觉上来说明颜色性质的。

上述三个基本特性可用图 9-1 所示的空间纺锤体表示。由图 9-1 可见，其中任一特性发生变化，色彩将相应发生变化。如某一色调光谱中，白光越少，明度越低，而饱和度越高。若有白光掺入，色彩称为未饱和色，掺入黑光称为过饱和色。因此，每一色调都有不同的饱和度和明度变化。若两种色彩的三个特性相同，在视觉上会产生同样的色彩感觉。无彩色系列只能根据明度差别来辨认，而彩色系列则可从色调、饱和度和明度来辨认。

9.1.2 色彩的混合

不同波长的光谱会引起不同的色彩感觉，两种不同波长的光谱混合可以引起第三种色彩感觉，这说明不同的色彩可以通过混合而得到。实验证明，任何色彩都可以由不同比例的三种相互独立的色调混合得到，这三种相互独立的色调称为三基色或三原色。国际照明委员会（Commission International De L′Eclairage，CIE）进行颜色匹配试验表明：当红、绿、蓝三原色的亮度比例为 1.0000∶4.5907∶0.0601 时，就能匹配出中性色的等能白光。尽管这时三原色的亮度值并不相等，但 CIE 却把每一原色的亮度值作为一个单位看待，色光加色法中红、绿、蓝三原色光等比例混合得到白光，其表达式为（R）＋（G）＋（B）＝（W）。红光和绿光等比例混合得到黄光，即（R）＋（G）＝（Y）；红光和蓝光等比例混合得到品红光，即（R）＋（B）＝（M）；绿光和蓝光等比例混合得到青光，即（G）＋（B）＝（C），如图 9-2 所示。如果不等比例混合，则会得到更加丰富的混合效果，如黄绿、蓝紫、青蓝等。

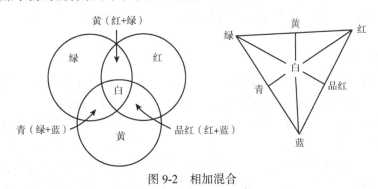

图 9-2　相加混合

1. 色光混合

由两种或两种以上的色光相混合时，会同时或者在极短的时间内连续刺激人的视觉器官，使人产生一种新的色彩感觉，称这种色光混合为加色混合。这种由两种以上色光相混合，呈现另一种色光的方法，称为色光加色法。

1）同时加色法

将三种基色光同时投射在一个全反射表面上，可以合成不同色调的光。一种波长产生一种色调，但不是一种色调只和一种特定的波长相联系。光谱相同的光能引起同样的色彩感觉，光谱不同的光线，在某种条件下，也能引起相同的色彩感觉，即同色异谱。例如，波长 570 nm 的光是黄色光，若将 650 nm 的红光和 530 nm 的绿光按一定比例混合，也能呈现黄光，而眼睛感觉不出这两者有何差别。

2）继时加色法

将三种基色光按一定顺序轮流投射到同一表面上，只要轮换速度足够快，由于视惰性，人眼产生的色彩感觉与同时加色的效果相同。

2. 色光混合规律

1）色光连续变化规律

由两种色光组成的混合色中，如果一种色光连续变化，混合色的外貌也连续变化。可以通过色光的不等量混合实验观察到这种混合色的连续变化。红光与绿光混合形成黄光，若绿光不变，改变红光的强度使其逐渐减弱，可以看到混合色由黄变绿的各种过渡色彩；相反，若红光不变，改变绿光的强度使其逐渐减弱，可以看到混合色由黄变红的各种过渡色彩。

2）补色律

在色光混合实验中可以看到：三原色光等量混合，可以得到白光。如果先将红光与绿光混合得到黄光，黄光再与蓝光混合，也可以得到白光。白光还可以由另外一些色光混合得到。如果两种色光混合后得到白光，这两种色光称为互补色光，这两种颜色称为补色。

补色混合具有以下规律：每一个色光都有一个相应的补色光，某一色光与其补色光以适当比例混合，便产生白光，最基本的互补色有三对：红—青、绿—品红、蓝—黄（图9-2）。

3）中间色律

中间色律的主要内容是：任何两种非补色光混合，便产生中间色。其颜色取决于两种色光的相对能量，其鲜艳程度取决于二者在色调顺序上的远近。

任何两种非补色光混合，便产生中间色，最典型的实例是三原色光两两等比例混合，可以得到它们的中间色：（R）+（G）=（Y）；（G）+（B）=（C）；（R）+（B）=（M）。其他非补色混合，都可以产生中间色。颜色环上的橙红光与青绿光混合，产生的中间色的位置在橙红光与青绿光的连线上。其颜色由橙红光与青绿光的能量决定：若橙红光的强度大，则中间色偏橙，反之则偏青绿色。其鲜艳程度由相混合的两色光在颜色环上的位置决定：此两色光距离越近，产生的中间色越靠近颜色环边线，就越接近光谱色，因此，就越鲜艳；相反，产生的中间色靠近中心白光，其鲜艳程度下降。

4）代替律

颜色外貌相同的光，不管它们的光谱成分是否一样，在色光混合中都具有相同的效果。凡是在视觉上相同的颜色都是等效的，即相似色混合后仍相似。如果颜色光A＝B、C＝D，那么，A＋C＝B＋D。

色光混合的代替规律表明：只要在感觉上颜色是相似的便可以相互代替，所得的视觉效果是同样的。设A＋B＝C，如果没有直接色光B，而X＋Y＝B，那么根据代替律，可以由A＋X＋Y＝C来实现C。由代替律产生的混合色光与原来的混合色光在视觉上具有相同的效果。色光混合的代替律是非常重要的规律。根据代替律，可以利用色光相加的方法产生或代替各种所需要的色光。色光的代替律，更加明确了同色异谱色的应用意义。

5）亮度相加律

由几种色光混合组成的混合色的总亮度等于组成混合色的各种色光亮度的总和。

这一定律叫作色光的亮度相加律。色光的亮度相加律，体现了色光混合时的能量叠加关系，反映了色光加色法的实质。

3. 颜料混合

颜料和色光是截然不同的物质，但是它们都具有众多的颜色。在色光中，确定了红、绿、蓝三色光为最基本的原色光。在众多的颜料中，是否也存在几种最基本的原色料，它们不能由其他色料混合而成，却能调制出其他各种色料？从颜料混合实验中人们发现，能透过（或反射）光谱较宽波长范围的色料青、品红、黄三色，能匹配出更多的色彩。在此实验基础上，人们进一步明确：由青、品红、黄三色料以不同比例相混合，得到的色域最大，而这三种颜料本身，却不能用其余两种原色料混合而成。因此，我们称青、品红、黄三色为颜料的三基色。由图 9-3 可知，黄色＝白色－蓝色；品红＝白色－绿色；青色＝白色－红色。

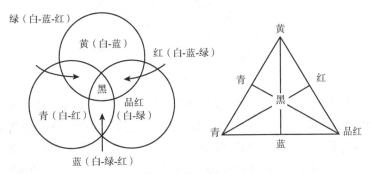

图 9-3　相减混合

9.2　色彩的表示方法

为了直观方便地表示和定量区别各种不同的色彩，1915 年孟塞尔（A. H. Munsell）创立了一个三维空间的彩色立体模型，也称孟塞尔彩色系统。孟塞尔所创建的颜色系统是用颜色立体模型表示颜色的方法。它是一个三维类似球体的空间模型，把物体各种表面色的三种基本属性色调、明度、饱和度全部表示出来。以颜色的视觉特性来确定颜色分类和标定系统，以按目视色彩感觉等间隔的方式，把各种表面色的特征表示出来。

9.2.1　孟氏表色体系立体模型

目前国际上已广泛采用孟塞尔颜色系统（图 9-4）作为分类和标定表面色的方法。孟塞尔立体模型中的每一个部位代表一个特定的色彩，并给予一定的标号。各标号的色彩都用一种着色物体（如纸片）制成颜色卡片，并按标号顺序排列，汇编成色彩图册。

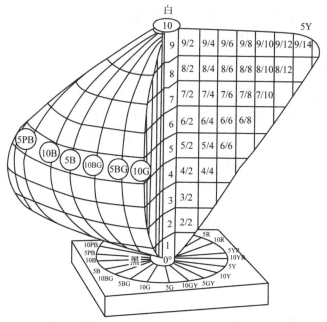

图 9-4　孟氏表色体系立体模型

模型中央轴代表无彩色系列中性色的明度等级，用符号 V 表示。理想的白色在顶部，$V=10$；理想的黑色在底部，$V=0$。它们之间按视觉上的等距指标分成 10 等分表示明度，每一明度值等级都对应于日光下色彩样品的一定亮度因素。实际应用的明度值为 1～9。

色调围绕着垂直轴的不同平面各方向分成 10 种，包括 5 种主要色调：红（5R）、黄（5Y）、绿（5G）、蓝（5B）、紫（5P）和 5 种中间色调：黄红（10YR）、绿黄（10GY）、蓝绿（10BG）、紫蓝（10PB）、红紫（10RP）。色调用符号 H 表示。每个色调还可划分为 10 个等级 1～10，如图 9-5 所示。在上述 10 种主要色的基础上再细分为 40 种颜色，全图册包括 40 种色调样品。

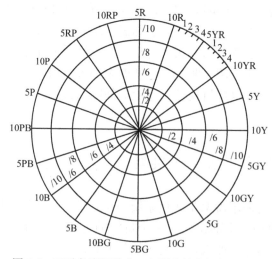

图 9-5　孟氏色彩图册中一定明度的色调与饱和度

在孟塞尔系统中，颜色样品离开中央轴的水平距离代表饱和度的变化，称为孟塞尔彩度。彩度也是分成许多视觉上相等的等级。色彩饱和度在模型中，以离开中央轴的距离代表。用符号 C 表示。各种色彩的最大饱和度并不相同，如图 9-6 所示。此图为色彩立体模型的某一垂直截面，代表某一色调的明度与饱和度的变化情况。距离中央轴远的点饱和度增加，个别色彩的饱和度可达到 20。

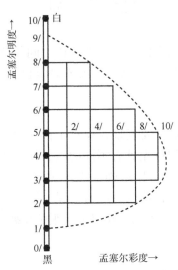

图 9-6　孟塞尔色彩图册中的一个色调面上的明度、饱和度

9.2.2　色彩的表示

任何色彩都可以用孟氏表色体系立体模型上的色调、明度值和彩度这三项坐标来标定，并给一标号。标定的方法是先写出色调 H，再写明度值 V，在斜线后写彩度 C：

$$HV/C = 色调明度值/彩度$$

例如，标号为 10Y8/12 的颜色，它的色调是黄（Y）与绿黄（GY）的中间色，明度值是 8，彩度是 12。这个标号还说明，该颜色比较明亮，具有较高的彩度。而 3YR6/5 标号表示色调在红（R）与黄红（YR）之间，偏黄红，明度值是 6，彩度是 5。

对于非彩色的黑白系列（中性色）用 N 表示，在 N 后标明度值 V，斜线后面不写彩度：

$$NV/ = 中性色明度值/$$

例如，标号 N5/ 的意义：明度值是 5 的灰色。

另外，对于彩度低于 0.3 的中性色，如果需要做精确标定时，可采用下式：

$$NV/(H, C) = 中性色明度值/（色调，彩度）$$

例如，标号为 N8/（Y，0.2）的颜色，该色是略带黄色明度为 8 的浅灰色。

9.3 色彩对人的影响

色彩对人的影响主要体现在对人体生理机能和心理效应上。

9.3.1 色彩对人体生理机能的影响

每种颜色都具有特殊的生理作用，虽然个体之间的感觉存在着差异，但某些感觉特征却是一致的。色彩的生理作用主要表现在对视觉机能和对其他生理机能的影响。

1. 对视觉机能的影响

色彩对于视觉机能的影响主要表现在视觉工作能力和视觉疲劳的影响两个方面。对于前者而言，眼睛对不同颜色光具有不同的敏感性。例如，对黄色光较敏感，故常用榴黄色做警戒色；黄与黑的对比最强，因此黑底黄字最易辨认。对于后者而言，蓝、紫色最甚，红、橙色次之，黄绿、绿蓝、绿、淡青等色引起视力疲劳最小。使用亮度过强的颜色，瞳孔收缩与扩大的差距过大，眼睛易疲劳，而且使精神不舒适。

2. 对其他生理机能的影响

色彩对人的生理机能和生理过程有着直接的影响。实验研究表明，色彩通过人的视觉器官和神经系统调节体液，对血液循环系统、消化系统、内分泌系统等都有不同程度的影响。例如，红色调会使各种器官的机能兴奋和不稳定，血压增高，脉搏加快；而蓝色调则会抑制各种器官的兴奋使机能稳定，迫使血压、心率降低。因此，合理地设计色彩环境，可以改善人的生理机能和生理过程，从而提高工作效率。

9.3.2 色彩的心理效应

不同的色彩对人的心理有不同的影响，并且因人的年龄、性别、经历、民族、习惯和所处的环境等情况不同而异。一般认为色彩的心理作用主要包括效应感、感染力和表现力、记忆与联想、意象等。

1. 色彩的效应感

（1）冷暖感。生活经验形成人的各种条件反射。例如，当看到红、橙、黄色，就联想到火，有热的感觉；看到青、绿、蓝色，就联想到水，有清凉的感觉。前者称为暖色，后者称为冷色。夏天穿冷色调衣裙，冬天穿暖色调服装，可增加心理上的舒适感。

（2）兴奋与抑制感。暖色系能起积极的、兴奋的心理作用，故喜庆节日多用暖色系来装饰环境，但暖色系也可能引起不安感和神经紧张。冷色系有抑制或镇静的心理作用，如青色使人在心理上产生肃穆、沉静之感。故休息场所、公共场所多用冷色系来美化环境。

（3）活泼忧郁感。明度和彩度值高的色彩，明亮鲜艳，富有朝气，给人以活泼感；明度和彩度值低的色彩，灰暗混浊，给人以忧郁感。

（4）轻重感。高大的重型设备，下部多用深色，上部则用浅色，这给人以安定感。人的衣装，上身用明色、下身用暗色，也给人以稳重感。轻重感主要取决于明度，明度高的感觉轻，明度低的感觉重。若明度相同，则彩度高的感觉轻，彩度低的感觉重些。

（5）远近感。在同一平面上，暖色系使人感到距离近些，冷色系使人感到距离远些。所以，室内涂上冷色调会使人感到宽敞。此外，明度高的颜色感到近些，明度低的颜色感到远些。

（6）大小感。明度高的颜色使物体显得大些；明度低的颜色则显得小些。

（7）柔软光滑感。暖色调中的明色有柔软感；冷色调中的明色有光滑感。

表 9-2 为色彩的心理效应。

表 9-2　色彩的心理效应

色别	心理效应和联想												
	兴奋	忧郁	安慰	热情	爽快	轻松	沉重	遥远	接近	温暖	寒冷	突出	安静
红	O			O			O		O	O		O	
橙	O									O		O	
橙黄	O			O					O				
黄	O			O		O			O	O		O	
黄绿						O				O			O
绿			O		O		O				O		O
绿蓝						O	O				O		O
天蓝						O	O				O		O
浅蓝			O		O	O	O						
蓝					O			O	O		O		
紫		O			O			O	O		O		
紫红	O									O			
白					O	O						O	
浅灰						O							
深灰		O					O						
黑		O					O						

2. 色彩的感染力和表现力

色彩具有感染力和表现力。就某一原色而言，它可以变化出许多色彩，给人以不同的感受。例如自然界有各种各样的绿色，表现的感情也是多种多样的。柔和的绿色田野，使人感到新鲜、平静、心旷神怡；浓绿的森林，使人感到雄伟、丰饶、茂盛、欣欣向荣；春天黄绿的新芽嫩草，给人以清新、希望、春意盎然、朝气蓬勃之感；蓝绿色的海水，又给人以美的享受和高瞻远瞩之感；绿色又是和平的象征和安全的标志。

3. 色彩的记忆与联想

人们对于见到过的各种自然物颜色，往往在脑海中都有一个印象。虽然有某些拓展性和偏移的倾向，但是判断是肯定性的。例如，海滨的黄沙，北京西山的红叶，日常吃的米、面的颜色，每个人都可凭记忆描绘。

在记忆的基础上，看见某种颜色就同时产生与其相关的其他事物的状态或现象，叫作联想。

（1）具体联想。例如看到红色联想到血液，看到白色联想到棉花等。

（2）抽象联想。例如看到红色联想到革命，看到白色联想到洁净等。

4. 色彩的意象

当我们看到色彩时，除了会感觉其物理方面的影响，心里也会立即产生感觉，这种感觉我们一般难以用言语形容，我们称之为印象，也就是色彩意象。

1）红色的色彩意象

由于红色容易引起注意，因此在各种媒体中也被广泛地利用。除了具有较佳的明视效果之外，更被用来传达有活力、积极、热诚和温暖等含义的企业形象与精神。另外，红色也常用来作为警告、危险、禁止、防火等标示用色。人们在一些场合或物品上，看到红色标示时，常不必仔细看内容，即能了解警告、危险之意。在工业安全用色中，红色即是警告、危险、禁止、防火的指定色。

2）橙色的色彩意象

橙色明视度高，在工业安全用色中，橙色即是警戒色，如火车头、登山服装、背包、救生衣等，由于橙色非常明亮刺眼，有时会使人有负面低俗的意象。这种状况尤其容易发生在服饰的运用上，因此在运用橙色时，要注意选择搭配的色彩和表现方式，才能把橙色明亮活泼具有口感的特性发挥出来。

3）黄色的色彩意象

黄色明视度高，在工业安全用色中，黄色即是警告危险色，常用来警告危险或提醒注意，如交通标志上的黄灯，工程用的大型机器，学生用雨衣、雨鞋等，都使用黄色。

4）绿色的色彩意象

在商业设计中，绿色所传达的清爽、理想、希望、生长的意象，符合了服务业、卫生保健业的诉求，在工厂中为了避免操作时眼睛疲劳，许多工作的机械也是采用绿色，一般的医疗机构场所，也常采用绿色来做空间色彩规划即标示医疗用品。

5）蓝色的色彩意象

由于蓝色沉稳的特性，具有理智、准确的意象，在商业设计中，强调科技、效率的商品或企业形象，大多选用蓝色做标准色、企业色，如电脑、汽车、影印机、摄影器材等，另外蓝色也代表忧郁，这是受了西方文化的影响，这个意象也运用在文学作品或感性诉求的商业设计中。

6）紫色的色彩意象

由于紫色具有强烈的女性化性格，在商业设计用色中，紫色也受到相当的限制，除了和女性有关的商品或企业形象之外，其他类的设计不常采用为主色。

7）褐色的色彩意象

在商业设计上，褐色通常用来表现原始材料的质感。例如，用来体现麻、木材以及竹片等材质，或用来传达咖啡、茶、麦类等某些饮品原料的色泽和味感，或强调格调古典优雅的企业或商品形象。

8）白色的色彩意象

在商业设计中，纯白色会带给人寒冷、严峻的感觉，所以白色通常需和其他色彩搭配使用，如采用象牙白、米白、乳白和苹果白。在生活用品，特别是服饰用色上，白色是永远流行的主要色，可以和任何颜色做搭配。

9）黑色的色彩意象

在商业设计中，黑色具有高贵、稳重和科技的意象。因此，许多科技产品（如电视、跑车、摄影机、音响和仪器等）的用色，大多采用黑色。在其他方面，黑色的庄严的意象，也常用在一些特殊场合的空间设计。生活用品和服饰设计大多利用黑色来塑造高贵的形象，也是一种永远流行的主要颜色。

10）灰色的色彩意象

在商业设计中，灰色具有柔和、高雅的意象。同时，该颜色属于中间性格，男女皆能接受，所以灰色也是永远流行的主要颜色。许多高科技产品，尤其是和金属材料有关的产品，几乎都采用灰色来传达高级、科技的形象。当然在使用灰色时，大多利用不同的层次变化组合或搭配其他色彩，才不会过于素，沉闷，而有呆板、僵硬的感觉。

9.4 色彩的应用

根据色彩对于人体的影响，合理选用配色使得工作地构成一个良好的色彩环境，叫作色彩调节。选用合适的色彩，可以获得如下效果。

（1）增加明度，提高照明设备的利用效果。

（2）提高对象物的生理、心理上的效果，含义明确，容易识别，容易管理。

（3）注意力集中，减少差错、事故和消耗，提高工作质量和工作效率。

（4）发挥色彩对人心理和生理的作用，使精神愉快，减少疲劳。

（5）改善劳动条件，使环境整洁，有美感。

目前，色彩的应用主要划分为环境配色、机器设备配色、标志配色以及管理工作配色四个方面。

9.4.1　环境配色

产品的美是综合了形、色和材料美而形成的，而色和形是造型设计中两个重要因素。在视觉效果上，色先于形，色比形更富有吸收力。

（1）总体色调应考虑主色调和辅助色，色彩效果往往由主色调决定，影响因素是色的三要素和面积。

①暖色和高彩度为主的布置，给人刺激感；冷色和低彩度为主的布置，给人沉静感。

②明度值高的色为主则明亮，有活力感；明度值低的色为主则暗淡，有庄重感。

③用对比色配色则活泼，用相似色配色则稳健。

④使用的色调多感到热闹，少则清淡。

（2）重点部位配色，应比其他部位更易使人注意，要选用能产生强烈视觉刺激的色彩。

（3）平衡配色要匀称、均衡。

（4）渐变配色指呈阶梯形逐渐变化的多色配合，它主要包括色的渐变、明度渐变、彩度渐变和组合渐变。其中，色的渐变按十色环次序排列，正排或反排均可；明度渐变按明度级从明到暗或由暗到明进行排列；彩度渐变按彩度级从高到低或由低到高进行排列；组合渐变是将色调、明度和彩度组合在一起做渐变处理。

（5）对比配色利用色调的差异、明度的深浅、彩度的高低、面积的大小和位置的变化等，以显示色彩对比。

（6）调和配色与对比配色相反。对比是扩大色彩差异性，调和则是缩小色彩差异性。例如，十色环上的相邻色调均属调和色。

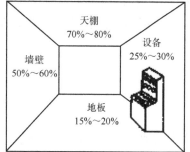

图 9-7　各种材料的反射系数

（7）背景与图形的配色。图形能否看清，关键在于与背景的对比度。明亮鲜艳的图形面积要小，暗淡的图形面积宜大。但图形色应比背景明亮。厂房或工作间配色，总的要求是：明亮、和谐、美观、舒适。同时，还应着重考虑光线反射率，以提高照明效果。室内主色调以白、乳白、浅黄、天蓝、浅蓝为好，其反射系数可参考图9-7。表9-3为各种材料的反射率。

表 9-3　各种材料的反射率

材料名称		反射率/%	材料名称		反射率/%
磨光金属面及镜面	银	92	建筑材料与室内装备	白灰	60~80
	铝	60~75		淡奶油色	50~60
	铜	75		深色墙壁	10~30
	铬	65		白色木材	40~60
	钢铁	55~60		黄木材	30~50
	玻璃镜面	82~80		红砖	15
油漆面	白漆	60~80		水泥	25
	淡灰漆	35~55		白瓷砖	60
	深灰漆	10~30		草席	40
	黑漆	5		石膏	87
地表面	道	10~20		家具	25~40
	砂地	20~30			
	雪地	95			

测定材料的反射率（反射系数）可按下式计算：

$$材料反射系数 = \frac{暗照度}{明照度} \times 100\%$$

表 9-4 为有关场所使用色彩举例。

表 9-4　有关场所使用色彩举例

场所	天棚	墙壁上部	墙壁下部	地板
冷房间	4.2Y9/1	4.2Y8.5/4	4.2Y6.5/2	5.5YR5.5/1
一般房间	4.2Y9/1	7.5GY8/1.5	75GY6.5/15	5.5YR5.5/1
暖房间	5.0G9/1	5.0G8/0.5	5.v0G6/0.5	5.5YR5.5/1
接待室	7.5YR9/1	10YR8/3	7.5GY6/2	5.5YR5.9/3
交换台	6.5R9/2	6.0R8/2	5.0G6/1	5.5YR5.5/1
食堂	7.5GY9/1.5	6.0YR8/4	5.0YR6/4	5.5YR5.5/1
厕所	N9.5/	2.5PB8/5	8.587/3	N8.5/
更衣室	5Y9/2	7.5G8/1	8BG6/2	N5/

9.4.2　机器设备配色

机器设备主要包括主机、附件、动力设备、显示装置等，其配色要求如下。

（1）设备颜色应与其功能相适应。例如医疗设备采用白色，消防设备采用红色，军用设备采用草绿色，冰箱、电扇采用白色或冷色调，家具则多采用暖色调等。

（2）设备颜色与加工对象颜色有一定对比度。加工对象颜色暗淡，则设备颜色应鲜明。

（3）设备警戒部位颜色要突出、鲜明。例如，设备的运转部件皮带轮应涂黄色等。

（4）设备的操纵装置颜色应有利于识别，避免产生错误判断。

（5）设备的显示装置的颜色要醒目，易于分辨。

（6）设备颜色与环境颜色要协调和谐。

（7）属于同一机器设备的组件，其外表颜色应尽量保持一致。

9.4.3 标志配色

标志主要包含安全标志和技术标志，它是一种形象化语言。采用配色的标志，要更加醒目和便于识别。目前，标志的颜色都有特定意义，我们国家和国际上都做了相应的规定。

1. 单一色标志

在生产、交通等标志方面，单一色标志的主要含义如下。

（1）红（7.5R4.5/14）：表示停止、禁止、高度危险和防火。凡是禁止、停止和有危险的器件设备或环境，应涂以红色的标记。①停止。交通工具要求停车，设备要求紧急制动。②禁止。红色表示不准操作，不准乱动，不准通行。③高度危险。如高压电、下水道口、剧毒物、交叉路口等。④防火。消防车和消防用具都以红色为主色。

（2）橙（2.5YR6.5/12）：用于危险标志、涂于转换开关的盖子、机器罩盖的内表面、齿轮的侧面等。此外，橙色还用于航空、船舶的保安措施。

（3）黄（2.5Y8/13）：表示注意、警告。凡是警告人们注意的器件、设备或环境，应涂以黄色标记，如铁路维护工穿黄衣。

（4）绿（5G5.5/6）：表示通行、安全和提供信息。凡是在可以通行或安全情况下，应涂以绿色标记。①安全。引导人们行走安全出口标志用色；②卫生。救护所、保护用具箱常采用此色；③绿色表示设备安全运行。

（5）蓝（2.5PB5J5/6）：表示指令、必须遵守的规定，如开关盒外表涂色，修理中的机器、升降设备、炉子、地窖、活门、梯子等的标志色。

（6）紫红（2.5RP4.5/12）：表示放射性危险的颜色。

（7）白（N9.5/）：标志中的文字、图形、符号和背景色以及安全通道、交通上的标线采用白色，表示通道、整洁、准备运行的标志色。白色还用来标志文字、符号、箭头以及作为红、绿、蓝的辅助色。

（8）黑（N1.5/）：禁止、警告和公共信息标志中的文字、图形、符号采用黑色。黑色还用于标志文字、符号、箭头以及作为白、橙的辅助色。

2. 组合色标志

标志采用组合色，可以使标志更加醒目，更易于起到提醒和警示效果。

1）红色与白色相间隔的条纹

红色与白色相间隔的条纹，比单独使用红色更为醒目。它表示禁止通行、禁止跨越，主要用于公路、交通等方面所用的防护栏杆及隔离墩。

2）黄色与黑色相间隔的条纹

黄色与黑色相间隔的条纹，比单独使用黄色更为醒目。它表示特别注意，用于起重吊钩、平板拖车排障器、低矮管道等方面。黄色与黑色相间隔的条纹，两色宽度相等，一般为 100 mm。在较小的面积上，其宽度可适当缩小，每种颜色不应少于两条。斜度一般与水平面成 45°角。在设备上的黄黑条纹，其倾斜方向应以设备的中心线为轴，呈对称形。

3）蓝色与白色相间隔的条纹

蓝色与白色相间隔的条纹，比单独使用蓝色更为醒目，表示指示方向，用于交通上的指示性导向标。

9.4.4　管理工作配色

管理工作若注意配色可以有效提高管理效率。例如，卡片采用颜色分类，其辨别时间可缩短 40%；测量工具采用带颜色刻度，可缩短读取时间 26%；报表、图形、证件、票券、文件等利用颜色，有利于迅速和准确地判读与识别。因此，办公室可以设三色转盘标记事务工作，红色表示工作紧张、紧急；绿色表示工作处于正常状态；黄色表示在等待新的工作任务。表 9-5 为事务工作颜色标记举例。

表 9-5　事务工作颜色标记举例

项目	规定事项	标记处	色别
审批	当机立断	文件阅览夹	红
文件	整齐、直观、明确	办公桌文件夹	青
报告	抓住重点、一纸一事	办公桌	绿
传阅	迅速、不停留	传阅夹	蓝
会议	1 小时做出结论	黑板会议室	黄
电话	3 分钟解决问题	电话机	紫
收发	迅速、不积压	邮箱、邮件袋等	橙

复习思考题

1. 简述颜色的分类及其基本特性。

2. 简述色调、饱和度（彩度）和明度的定义及相互关系。

3. 简述色光混合方法的原理。

4. 色光加色法的分类有哪两种？

5. 色光的混合规律有哪些？

6. 简述颜色对人体生理机能的影响。

7. 简述色彩的心理效应。

8. 简述有关标志用色的含义。

第三篇

应 用 篇

第10章

显示装置设计

信息传递方式有视觉显示、听觉传示、触觉感知和动觉感知。选择何种信息传递方式，主要依靠所传递信息的内容和性质。在上述传递方式中，视觉显示属首，听觉传示次之，最后是触觉感知和动觉感知。

机器设备向人传递视觉和听觉信息的装置称为显示装置，它主要包括视觉显示装置和听觉传示装置。显示装置设计的目的是将机器的运行状态采用数值形式定量传达出来，或者采用规定的形式定性表现出来，从而提供给机器的操纵管理人员作为控制依据。在生产操作过程中，信息的传递、处理和反馈的速度与质量，在一定程度上取决于操作者对信息的接收、处理、反馈的速度与准确度，它们与显示装置的质量和布置有着密切的关系。所以，对显示装置设计要符合操作者的生理特征和心理特征。

■ 10.1 视觉显示装置的种类及其选择

10.1.1 视觉显示装置的种类和类型

1. 视觉显示装置的种类

视觉显示装置主要分为数字显示和模拟显示两类。其中，数字显示装置是直接用数码来显示的，该显示装置主要包括机械（转轮或翻版）式、数码管式、液晶式和屏幕式等。而模拟显示装置是用刻度和指针来指示的，其认读过程首先要确定指针与刻度盘的相对位置，然后读出指针所指的刻度值。指针式指示器或指针式仪表属此类视觉显示装置，手表表盘、汽车上的油量表、氧气瓶的压力表等均是最为常见的模拟显示。两种视觉显示装置具有各自的优缺点，具体如下。

（1）数字显示的优点是认读速度比模拟显示快，准确性也比模拟显示高得多。该显示方式的主要缺点是无法反映不偏差量。例如指示液体罐内液位情况变化，用数字显示目前还无法做到。

（2）模拟显示的主要优点是给人以形象化的启示，使人对模拟值的数值范围一目了然。与此同时，它不仅能反映偏差量，还能显示出偏差处于哪一侧，这是采用数字显示做不到的。模拟显示的主要缺点是认读速度和准确性低于数字显示。

两种视觉显示装置优缺点的比较如表 10-1 所示。

表 10-1　两种视觉显示装置优缺点的比较

类型	优点	缺点
数字显示	1. 认读速度快 2. 认读准确性高	无法反映偏差量。例如，无法指示液体罐内液位情况变化
模拟显示	1. 形象化显示，模拟值范围一目了然 2. 能反映偏差量大小及其处于哪一侧	认读速度和准确性均低于数字显示

目前，视觉显示装置主要采用组合形式，采用数字化的模拟显示方式，如民用飞机驾驶舱的数字化飞机仪表。

2. 模拟显示装置的类型

仪表盘是最为常见的模拟显示装置，按刻度盘形式和指针与刻度盘相对运动方式不同，可以分成不同类型。

1）按刻度盘形式分类

按刻度盘形式的不同，该类模拟显示装置主要分为圆形、半图形、偏心半圆形、水平弧形、垂直弧形、水平直线形、垂直直线形以及开窗形 8 种，如图 10-1 所示。

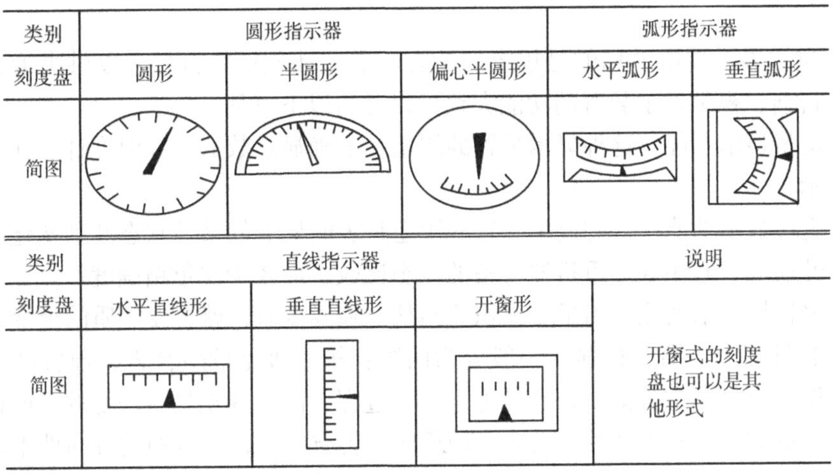

图 10-1　按刻度盘形式分类

针对图 10-1 所示的 8 种模拟显示装置，经过科学测试其读数错误率发现：开窗形读错准确度最好，垂直直线形最差，具体情况如表 10-2 所示。

表 10-2　5 种指示器读数准确度的比较

指示器类型	最大度盘尺寸/mm	读数错误率/%
开窗形	42.3	0.5
圆形	54.0	10.9
半圆形	110.0	16.6
水平直线形	180.0	27.5
垂直直线形	180.0	35.5

2）按指针与刻度盘相对运动方式分类

按指针与刻度盘相对运动方式不同，该类模拟显示装置主要分为指针运动刻度盘固定、刻度盘运动指针固定以及指针与刻度盘均运动三种形式，如图 10-2 所示。

（a）指针可动，刻度盘不动　（b）刻度盘可动，指针不动　（c）指针与刻度盘均运动

图 10-2　按指针与刻度盘相对运动方式分类

10.1.2　视觉显示装置的功能

各种视觉显示器所显示的是规定的标志、数字和颜色等符号，以供决策者进行决策判断。目前，视觉显示装置的功能大致可以分为以下三种。

（1）定量显示功能。这种显示装置的用途是准确显示数值，如温度计、速度计均属于这类显示。

（2）定性显示功能。这种显示装置的用途是表明机器的某种状态及其变化倾向或描述事物的性质等。它主要注重机器设备的状态比较，而较少注重精确度。

（3）警告性显示功能。当量变累积达到某一临界点时，就会发生质的突变，这时常需设置警告性显示。警告性显示一般分为两级：第一级是危险警告，预告已经接近临界状态；第二级是非常警报，报告已进入质变过程。由于视觉具有一定的方向性（需要注意警告灯的方向）和主动性（需要主动移向警告方向），而音响的方向性不强且无主动关闭状态，因此为了提高警告效果，警告显示常伴有音响信号。

10.1.3　视觉显示装置的选择

为了实现视觉显示装置合理选择，首先应该充分考虑显示装置信息传递的基本原则。

1. 显示装置信息传递的基本原则

（1）重要的显示装置应安装在醒目位置（保持在监视人员工作视线范围之内）。

（2）显示装置传递信息不宜过多，且相同类型参数尽量采用同一种方法传递。据研究，人在最佳工作条件下可同时接收 7 个有意义的信息。显示装置传递信息数量不宜过多，应集中传递主要参数，否则会增加操作和决策人员的负担，影响判断结果。例如，操作机械设备时观察仪表数越多，越难对操作情况做出及时正确判断。

（3）显示装置体积应尽量小巧，刻度盘设计应力求简单。设计显示装置时，其体积应力求小巧，以保证整个信号控制板简单、明了。刻度盘设计（包括刻度盘大小、刻度间距、字符形状和大小、字符与底盘颜色对比等）应按显示装置与监视者之间的距离而定，尽量避免监视人员眼睛做过多活动，以便监视人员能迅速、准确获得显示结论。例如，为了易于辨认刻度盘标记符号，其不能被指针遮盖且数字最好不超过三位。

（4）显示装置指针移动方向应与控制装置移动方向、所控制设备活动方向保持一致。

（5）显示装置设计应考虑照明、噪声、振动、微气候等因素影响。

（6）警告性显示装置应优先选用听觉传示装置。警告性显示装置是一种特殊显示装置，用于显示紧急事态信号。由于人接收听觉信息较视觉信息快，且其不存在信号源方向问题（报警信号必须在操作者的视线内），设计报警装置时应优先选用听觉传示装置。

2. 选择显示装置应遵循的原则

显示装置能反映生产过程和设备运行信息，是人们了解、监督和控制生产过程的必要手段。设计显示装置的主要目的是使操纵者能够快速辨别、准确认读，不易失误和不易疲劳。为此，选择显示装置应遵循以下原则。

（1）显示装置的精确程度应符合预定要求。如果精确度超过需要，反而使阅读困难和误差增大。

（2）显示信息要以最简单方式传递给操作者，并且应避免冗余信息。

（3）显示信息必须易于了解，避免换算。当非换算不可时，应控制在两位数以下。

（4）分划指标只能表示相当 1、2 或 5 的数值。

（5）标记符号的大小必须适合预计的最大距离。在最大可能阅读距离时，标记符号的最小尺寸如表 10-3 所示。

表 10-3　最大阅读距离"a"时标记符号的最小尺寸

字母或符号的种类	字母或符号的尺寸比例
符号高度（大标尺）	a/90
符号高度（中标尺）	a/125
符号高度（小标尺）	a/200
标记符号的粗细	a/5000
符号间距（小标尺）	a/600

续表

字母或符号的种类	字母或符号的尺寸比例
符号间距（大标尺）	a/50
小字母或数字高度	a/200
大字母或数字高度	a/133

3. 显示装置中的报警信号

显示装置中常设有信号灯和报警器，它们是用来向人们报告某种作业情况或紧急事态的，其作用主要包括以下两方面：一是指示作用，借以引起操纵者的注意，或指示操纵者应做的某种操作；二是执行作用，借以反映某个指令、某种状态、某些条件或某类演变正在执行或已执行等。例如机器、设备等发生故障或生产过程出现异常情况时，它就准确及时向操纵人员发出信号，报告事态的性质和具体位置。在实际使用中，一种信号灯或报警器只具有一种功能，即只指示一种状态或情况。信号灯是用光信号产生信息，并通过人的视觉通道传递信息的发光型装置。信号灯设计必须符合视觉通道的要求，应主要考虑亮度、颜色、闪光信号以及信号形象化四个主要方面，以保证信息传递的速度和质量。

1）亮度

与视觉密切相关的是信号灯亮度，强光信号比弱光信号易于引起注意。若要吸引操纵人员注意，其亮度至少两倍于背景的亮度，通常背景以灰暗为好。

2）颜色

作为警戒、禁止、停顿或指示不安全情况的信号灯，习惯上使用红色；提请注意的信号灯多用黄色；表示正常运行的信号灯则用绿色。

3）闪光信号

闪光信号较之固定光信号更能引起注意，常用于下列情况：一是引起操纵人员进一步注意；二是需要操纵人员立即采取行动；三是反映不符指令要求的信息。闪光信号的闪烁频率多采用 $0.67 \sim 1.67\ Hz$，其亮与灭的时间比在 $1:1$ 至 $1:4$ 之间。明度对比较差时，闪烁频率可以稍高，优先级高或较紧急的信息也可用较高闪烁频率。

4）信号形象化

当信号灯很多时，除了用颜色区别外，还可用形象化的形状加以区别，这样更有利于加强视觉信息的传递。信号灯的形象化最好能与它们所代表的意义有逻辑上的联系。此外，信号灯应安置于显眼的地方，特别是性质重要的信号灯要置于最佳视区内。

■10.2　模拟显示装置的设计

在人机系统中，人与机器之间存在的主要矛盾，往往是人对信息的辨认与理解能力和人的操纵能力之间的矛盾。无论生产过程的自动化程度如何，都要求各种显示装置尽可能及时准确地传递信息。对于模拟显示装置而言，重点是对刻度盘、指针、字符以及颜色进行良好设计，并使它们之间相互协调以符合人对于信息的感受、辨别和理解等生理特征与心理特征，从而使人能迅速而又准确地接收信息。

10.2.1　刻度盘设计

1. 形式选择

刻度盘有多种形式，参见图 10-1。开窗形刻度盘由于显示的刻度较少，认读范围小，视线集中，认读时眼睛移动路线短，因而认读迅速、准确。此外，由于眼睛的水平方向运动比垂直方向快，水平方向判读的准确度高于垂直方向，因此竖直直线形显示器的判读速度为最慢，且准确度也低，判读错误率为最高。

2. 尺寸确定

刻度盘尺寸大小与刻度标记数量、人的观察距离以及视角等因素密切相关，具体情况如下。

（1）刻度盘大小与刻度标记数量、人的观察距离之间的关系。刻度盘的大小与刻度标记数量和人的观察距离有关，表 10-4 为实验得到的圆形刻度盘最小允许直径的数据。当刻度盘尺寸增大时，刻度、刻度线、指针和字符等均可增大，这样可提高清晰度。但刻度盘尺寸并不是越大越好，因为尺寸过大时眼睛扫描路线过长，反而影响读数的速度和准确度。当然尺寸亦不宜过小，过小使刻度标记密集而不清晰，不利于认读，效果同样不好。研究表明：当刻度盘直径从 25 mm 开始增大时，读数的速度和准确度随之提高，读错率下降；直径为 35～70 mm 的刻度盘，在认读准确度上并没有什么差别；直径增大到 80 mm 以后，读数速度和准确度就下降，读错率上升。因此，尺寸偏小或偏大都不理想，当直径为中间值时，其效果最好。

表 10-4　观察距离、刻度标记数量与刻度盘直径的关系

刻度标记数量	刻度盘的最小允许直径/mm	
	观察距离 50 cm 时	观察距离 90 cm 时
38	25.4	25.4
50	25.4	32.5
70	25.4	45.5
100	36.4	64.3
150	54.4	98.0
200	72.8	129.6
300	109.0	196.0

（2）刻度盘尺寸与观察距离及视角大小的关系。刻度盘的最佳尺寸应按操作者的视

角大小来确定,最佳视角为 2.5°～5°。关于圆形刻度盘最优直径,W. J. 怀特等人做过试验,在视距为 75 cm 的情况下,将直径分别为 25 mm、44 mm 和 70 mm 的指示仪表安装在仪表盘上进行可读性测试。结果表明,圆形刻度盘的最优直径为 44 mm,如表 10-5 所示。

表 10-5　认读速度和读错率与刻度盘直径大小的关系

圆形刻度盘直径/mm	观察时间/s	平均反应时间/s	读错率（相对于读数总次数的%）
25	0.82	0.76	6
44	0.72	0.72	4
70	0.75	5.73	12

10.2.2　刻度和刻度线

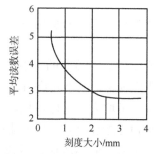

图 10-3　刻度大小对读数误差的影响

1. 刻度

刻度盘上刻度线间的距离称为刻度,刻度的大小可根据人眼的最小分辨能力来确定。如果用人眼直接读数时,刻度的最小尺寸不应小于 0.6～1 mm,一般在 1～2.5 mm 选取,而观察时间受限也可取 4～8 mm。若用放大镜读数时,其大小一般取 1/f mm（f 为放大镜的放大率）。刻度大小对读数误差的影响如图 10-3 所示。此外,刻度大小还受所用材料的限制,但不得小于表 10-6 所示数值。

表 10-6　不同材料最小刻度值

材料名称	钢	铝	黄铜	锌白铜
刻度大小/mm	1.0	1.0	0.5	0.5

2. 刻度线

刻度线一般有三级:长刻度线、中刻度线和短刻度线,如图 10-4（a）所示。为了避免反向认读差错,可采用递增式刻度线来形象地表示刻度值的增减,如图 10-4（c）所示。

（1）刻度线宽度。刻度线宽度一般可取刻度大小的 5%～15%,普通刻度线宽度通常取 0.1 mm±0.02 mm,远距离观察时取 0.6 mm、0.8 mm,带有精密装置时可取 0.0015～0.1 mm。图 10-5 是刻度线宽度与读数误差之间的关系曲线。当刻度线宽度为刻度大小的 10% 左右时,读数误差最小。

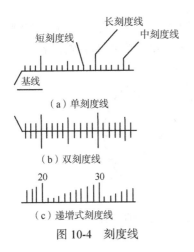

图 10-4　刻度线

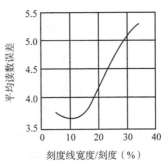

图 10-5　刻度线宽度与读数误差之间的关系曲线

（2）刻度线的长度。刻度线长度与观察距离、刻度大小有关，根据观察距离的不同，刻度线长度可参照表 10-7 选取。而依据刻度大小的不同，刻度线长度如表 10-8 所示。

表 10-7　根据观察距离的不同选取刻度线长度

观察距离/m	长度/mm		
	长刻度线	中刻度线	短刻度线
0.5 以内	5.5	4.1	2.3
0.5~0.9	10.0	7.1	4.3
0.9~1.8	20.0	14.0	8.6
1.8~3.6	40.0	28.0	17.0
3.6~6.0	67.0	48.0	29.0

表 10-8　依据刻度大小的不同选取刻度线长度　　　　　　单位：毫米

刻度线	0.15~0.3	0.3~0.5	0.5~0.8	0.8~1.2	1.2~2	2~3	3~5	5~8
L1（短）	1.0	1.2	1.5	1.8	2.0	2.5	3.0	4.0
L2（中）	1.4	1.7	2.2	2.6	3.0	4.5	4.5	6.0
L3（长）	1.8	2.2	2.8	3.3	4.0	6.0	6.0	8.0

此外，长刻度线、中刻度线和短刻度线的最小尺寸（包括长度和宽度）存在如图 10-6 所示的要求。

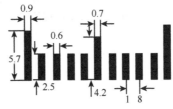

图 10-6　三种刻度线最小尺寸要求（单位：毫米）

　　刻度线的数量会对读数速度与准确性产生一定的影响。在图 10-7 中,左侧仪表的刻度标记数量过多,且采用双弧线,因此读数的速度与准确性不如右侧仪表。

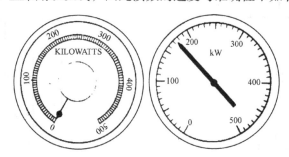

图 10-7　刻度线的数量对读数速度与准确性的影响

3. 刻度方向和刻度值

　　(1)刻度方向。刻度盘上刻度值的递增顺序叫刻度方向,其形式依刻度盘类型的不同而不同。一般都是从左到右、从下到上或顺时针方向递增,如图 10-8 所示。

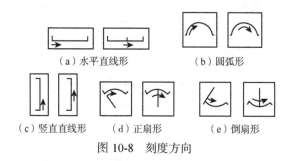

(a)水平直线形　　　　(b)圆弧形

(c)竖直直线形　(d)正扇形　　(e)倒扇形

图 10-8　刻度方向

　　(2)刻度值。刻度值的数字标注应取整数,避免采用小数或分数,避免换算,如图 10-9 所示。每一刻度线最好为被测量的 1 个、3 个或 5 个单位值,或这些单位值的 10^n 倍。

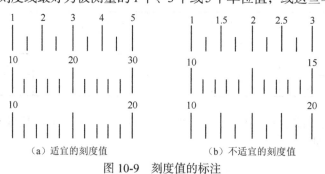

(a)适宜的刻度值　　　　　　(b)不适宜的刻度值

图 10-9　刻度值的标注

10.2.3　文字符号

1. 字符的形状

　　字符的形状要求简单醒目,多用直线和尖角,加强字体本身特有的笔画,突出

"形"的特征。图 10-10 是数字的三种基本形体，在视觉条件较差的情况下，用图 10-10（a）或 10-10（b）的形体辨认率较高；在视觉条件较好的情况下，用图 10-10（c）为优。

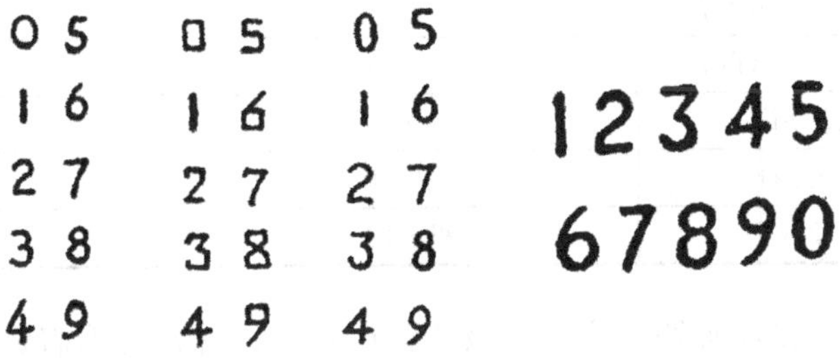

（a）圆弧形　　（b）方角形　　（c）混合形　　　　（d）建议字体

图 10-10　数字形体

2. 字符的大小

字符的大小主要涉及字符的高度、宽度、笔画粗细等，它受到照明条件与背景亮度的影响。

（1）字符的高度。一般字符高度为观察距离的 1/200，如表 10-9 所示。该数值也可以采用式（10-1）近似计算：

$$H= \frac{La}{3600} \tag{10-1}$$

式中：H 为字符高度，mm；L 为观察距离，mm；a 为最小视角，分，视角 a 一般要由实验决定，多为 10~30 分。

表 10-9　刻度盘上的字符高度

视距/m	字符高度/mm	视距/m	字符高度/mm
<0.5	2.3	1.8~3.6	17.3
0.5~0.9	4.3	3.6~6.0	28.7
0.9~1.8	8.6		

（2）字符的宽度和笔画粗细。字符宽度与笔画粗细可参考以下尺寸比：一是字体高宽比为 3∶2；二是拉丁字母高宽比为 5∶3.5；三是字体的笔画宽与字高比为 1∶8、1∶6。

（3）字符大小受照明条件和背景亮度的影响。照明与字符大小的关系如表 10-10 所示。为使字体色彩与底色或背景有较大的对比度，使字迹突出易认，设计时应注意以下几个问题。

表 10-10　照明与字符大小的关系

照明与背景亮度	字体粗细	笔画宽∶字高
低照度下	粗	1∶5
对比亮度较低	粗	1∶5

续表

照明与背景亮度	字体粗细	笔画宽：字高
字母明度较高	极细	1：12～1：20
亮度对比大于1：12　白底黑字	中粗—中	1：6～1：8
亮度对比大于1：12　黑底白字	中—细	1：8～1：10
发光背景上黑色字符	粗	1：5
黑色背景上发光字符	中—细	1：8～1：10
视距大而字母小	粗—中粗	1：5～1：6

一是模拟显示装置所处的位置。该装置在明处，观察者不需要暗适应的条件下用亮底暗字为好；该装置在暗处而观察者在明处，观察仪表需要暗适应的情况下用暗底亮字为好。

二是字符的色彩明度与底色的明度相差。两者的相差要用孟塞尔色系2级以上，以保证视力稍弱者，以及照明条件稍差和稍有振动的条件下也能认读。字形越复杂，文字符号与底色的明度对比越要大些。

三是一般不采用像玻璃那样反射性很大的材料做字符或底板。由于强反光常常会使字迹闪烁眩目，因此一般不采用。

对于数字显示装置，如荧光屏和显示器，字符的高宽比可取2：1或1：1，其笔画宽与字高比可取1：8或1：10。

3. 字符的立位

刻度线上的标度数字的立位，应与指针相垂直，在任何情况下都应正对着操纵者，以利于认读，如图10-11所示。同时，附加的装饰纹样、图形、文字等一概不要。

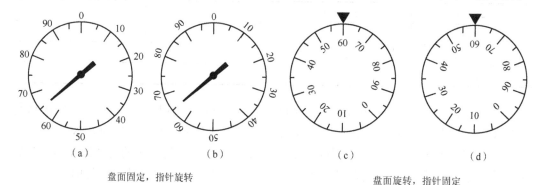

盘面固定，指针旋转　　　　　　　　　　　　　　盘面旋转，指针固定

图10-11　不同形式模拟显示器的字符立位
注：（a）和（c）字符立位正确

10.2.4　指针设计

模拟显示大都是靠指针指示，指针设计的人机学问题主要考虑指针的形状、宽度

和长度以及颜色和零点位置，具体如下。

1. 形状

指针形状要单纯、明确，不应有装饰。针身以头部尖、尾部平、中间等宽或狭长三角形的为好，图 10-12 为指针的基本形状。

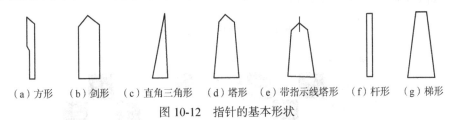

　（a）方形　　（b）剑形　　（c）直角三角形　　（d）塔形　　（e）带指示线塔形　　（f）杆形　　（g）梯形

图 10-12　指针的基本形状

2. 宽度和长度

指针针尖宽度应与最短刻度线等宽，但不应大于两刻度线间的距离。指针不应接触盘面，但要尽量贴近盘面。精度要求很高的仪表，其指针和刻度（盘面）应装配在同一平面内。

指针的针尖不要覆盖刻度，一般要离开刻度记号 1.6 mm 左右，圆形度盘的指针长度不要超过它的半径，需要超过半径时，其超过部分的颜色应与盘面的颜色相同。

3. 颜色和零点位置

指针颜色与刻度盘颜色应有较鲜明的对比，但指针与刻度线的颜色和字符的颜色应该尽量相同，如图 10-13 所示的航空高度表。

而刻度盘的零点位置一般在相当于时钟 12 点或 9 点的位置上，当一组指针式仪表同时采用标准读数来校核误差时，它们的指针方向应该一致，如图 10-14 所示。

图 10-13　航空高度表

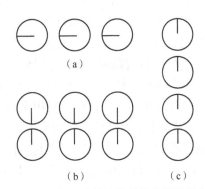

图 10-14　按照标准读数校核误差的指针零点位置

10.2.5 指针、刻度和表盘的配色

仪表指针、刻度以及表盘的颜色搭配要符合人的色觉原理。目前，配色的级次关系如表 10-11 所示。通常情况下，指针、刻度颜色应与仪表边缘的颜色不同，后者宜用浅色，其深度应介于指针色和表盘色之间为好。

表 10-11 配色的级次关系

级次		1	2	3	4	5	6	7	8	9	10
清晰程度	底色										
	被衬色										
模糊程度	底色										
	被衬色										

在显示仪表中常常有些特殊装置（如各种报警信号灯、图形信号显示等），对于这些特殊装置要配以标准色或醒目色。例如危险、安全、停顿、运行或方向性等，配以不同的颜色就可以使操纵者很快察觉，从而进行处理。

10.3 信号显示设计

视觉信号是指由信号灯产生的视觉信息，目前已广泛用于飞机、车辆、航海、铁路运输及仪器仪表板上。视觉信号的主要优点是面积小、视距远、引人注目且简单明了，其不足之处在于信息负荷有限，当信号太多时会形成杂乱和干扰。目前，信号装置主要分为两类：一类是指示性装置，即引起操作者的注意，或指示操作，具有传递信息的作用；另一类是显示性装置，即反映某个指令、某种操作或某种运行过程的执行情况。例如飞机着陆时，飞行员判断飞机的高度有困难，必须借助信号灯的显示。此时，地面人员控制信号灯，使其显示飞机着陆过程中的正确下滑状态。

在大多数情况下，一种信号只用来指示一种状态或情况。例如，运行信号灯只指示某一机件正在运行，警戒信号灯用来指示操作者注意某种不安全的因素，故障信号灯则指示某一机器或部件出了故障等。要利用信号灯很好地显示信息，需要着重考虑信号灯的视距和亮度、信号灯的颜色、闪光信号以及信号灯的形象与复合显示等问题。

10.3.1 信号灯的视距和亮度

信号灯的设计应使观察者在一定视距下看得清楚。为此，在一定视距下能引起人注意的信号灯，其亮度至少两倍于背景的亮度，同时背景以灰暗无光为好。然而，信

号灯的亮度太大，会造成眩目而影响观察。

对于远距离观察的信号灯（如交通信号灯、航标灯等），应保证在较远视距下也能看清，而且应保证在日光亮度和恶劣气候条件下清晰可辨。因此，可选用空气散射小、射程较远的长波红光的信号灯或功率消耗较少的蓝绿光。

对于远距离通信用的信号灯，还必须考虑信号灯在各种气象条件下的能见距离（当物体到达某一距离时，人眼不再能分辨它的临界距离）。能见距离不仅受空气透明度的影响，也受物体本身大小、亮度和颜色以及它与背景关系的影响。在一般白昼日照条件下，人眼看清一个以天空为背景的黑色客体的能见距离，叫气象能见距离，它是在气象上作为标准测量条件的能见距离（表 10-12）。其他非绝对黑体的能见距离一般要比气象能见距离近些，表 10-13 是夜间发光客体的能见距离，可供设计信号灯时参考。

表 10-12　气象能见距离与空气透明度的关系

大气状态	透明系数	能见距离/km
空气绝对纯净	0.99	200
透明度非常好	0.97	150
很透明	0.96	100
透明度良好	0.92	50
透明度中等	0.81	20
空气稍许混浊	0.66	10
空气混浊（霾）	0.36	4
空气很混浊（浓霾）	0.12	2
薄雾	0.015	1
中雾	$2 \times 10^{-4} \sim 8 \times 10^{-10}$	0.5～0.2
浓雾	$10^{-19} \sim 10^{-34}$	0.1～0.05
极浓雾	$< 10^{-34}$	几十～几米

表 10-13　夜间发光体的能见距离

气象能见距离/km	小煤油灯，微微发光窗子、街灯（3.5 cd）	大煤油灯，明亮街灯、火把、篝火（8.0 cd）	电灯				
			50 cd	100 cd	200 cd	500 cd	1000 cd
0.05	0.1	0.1	0.12	0.13	0.14	0.15	0.16
0.2	0.3	0.3	0.4	0.4	0.4	0.5	0.5
0.5	0.5	0.6	0.8	0.8	0.9	1.0	1.1
1	0.8	0.9	1.3	1.4	1.5	1.7	1.9
2	1.2	1.5	2.1	2.3	2.6	2.9	3.2
4	1.8	2.2	3.2	3.7	4.1	4.8	5.3
10	2.5	3.4	5.4	6.4	7.0	9.9	10
20	3.1	4.3	7.6	9.1	11	13	16
50	4.2	5.3	10.4	13.3	16	22	26

10.3.2　信号灯的颜色

作为警戒、禁止、停顿或指示不安全情况的信号灯，最好使用红色；提请注意的信号灯用黄色；表示正常运行的信号灯用绿色；其他信号灯的颜色可按用途任选，如表 10-14 所示。公路和铁路上的交通信号灯的颜色是按上述原则选择的。

表 10-14　指示信号灯的颜色及其含义

颜色	含义	说明	举例
红	危险或告急	有危险或需立即采取行动	1. 润滑系统失压 2. 温升已超（安全）极限 3. 有触电危险
黄	注意	情况有变化，或即将发生变化	1. 温升（或压力）异常 2. 发生仅能承受的暂时过载
绿	安全	正常或允许运行	1. 冷却通风正常 2. 自动控制运行正常 3. 机器准备起动
蓝	按需要指定用意	除红、黄、绿三色之外的任何指定用意	1. 遥控指示 2. 选择开关在准备位置
白	无特定用意	任何用意	

10.3.3　闪光信号

闪光信号较之固定光信号更能引起人注意，闪光信号的作用是引起观察者的进一步注意、指示操作者立即采取行动、反映不符指令要求的信息、用闪光快慢指示机器或部件运动速度快慢以及用以指示警觉或危险信号。表示重要信息或危险信号的闪光，其强度应比其他信号强。这是因为强光信号比弱光信号更易于引起注意，但光的强度不能大到刺眼和眩目。闪光信号的闪烁频率一般为 0.67～1.67 Hz，亮度对比较差时闪光频率可稍高，而较优先和较紧急的信息可使用较高闪烁频率（10～20 Hz）。

不同背景的灯光信号对人的认读效果有较大影响。人们曾做过这样的测试，如果背景的灯光信号也为闪光，人将很难辨认出作为警告用的闪光信号。表 10-15 为不同背景下人对信号灯的辨识。

表 10-15　不同背景下人对信号灯的辨识

信号灯	背景灯光	认读效果
闪光	稳光	最佳
稳光	稳光	好
稳光	闪光	好
闪光	闪光	差

10.3.4　信号灯的形象和复合显示

1. 信号灯的形象

为了使信号灯的显示与其代表的含义有逻辑上的联系，用一些形象化的办法效果最好。例如用→代表方向，用×或⊙表示禁止；用！表示警觉、危险；用较快的闪光表示快速，用较慢的闪光表示慢速等，这就是信号灯的形象显示。

2. 信号灯的复合显示

当所要显示的信息内容较复杂时，往往单个信号灯难以胜任。在此情况下，可采用多个信号灯的复合显示来实现。例如在使用信号灯的同时，加上听觉或触觉信号来区别不同信息。若使用不同颜色和形状的信号灯编码，可显示多维量的信息，且抗干扰能力较强。使用颜色编码时，最好只用 10 种以内的颜色。建议采用的 10 种编码颜色，按其不同颜色之间相互不易混淆的程度，依次排列为：黄、绿、橙、浅蓝、红、浅黄、绿、紫红、蓝、黄粉。信号灯的颜色编码还应考虑到人的记忆能力，编码太复杂则会因不易记忆而导致辨认效率下降。

目前，汽车尾灯的设计就采用了颜色编码。汽车尾灯是给后方汽车驾驶员指示前方车辆行驶情况的，其作用是用颜色灯光指示有车、制动、转弯，白灯用于夜间行驶时倒车，这对避免前后相撞有重要意义。信号灯复合显示的另一个典型例子是飞机着陆信号系统，如图 10-15 所示。它是在跑道灯的两侧各安一组灯，当飞机下滑轨迹过高时，这组灯光形成上形排列；过低时形成 T 形排列；当飞机出现危险的俯冲时，T 形信号灯成为红色。只有当下滑轨迹合适时，才出现十形排列。

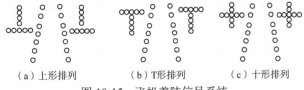

（a）上形排列　　　　（b）T形排列　　　　（c）十形排列

图 10-15　飞机着陆信号系统

10.4　显示屏显示设计

10.4.1　显示屏的显示特征

随着电子和信息技术的发展，在视觉信息显示方面，新的视频显示装置得以广泛应用。目前使用越来越多的是显示屏，如图文电视屏幕、计算机高分辨率显示器、示波器、彩超及雷达等。显示屏显示的独特优点在于既能显示图形、符号、信号，又能显示文字；既能做追踪显示，又能显示多媒体的图文动态画面。因此，它在人—机信息交换中发挥着越来越重要的作用。

1. 目标的亮度、呈现时间和余辉

目标是指在显示屏上显示的视觉信息载体（如一个图形、文字、符号、信号等），它在背景颜色的衬托下显示出来。目标是否容易觉察，与其亮度、呈现时间和余辉有关，具体如下。

（1）目标亮度越高，越易觉察。但是，当目标亮度超过 34 cd/m² 时，视敏度不再继续有较大的改善，所以目标亮度不应超过 34 cd/m²。为了在屏面上突出目标，屏面的亮度不宜调节到最亮，而应调节成合适的亮度，此时工作效率最优。

（2）目标呈现时间为 0.01～10 s 时，目标的视见度随呈现时间的增大而提高。不过，当呈现时间大于 1 s 的情况下，视见度提高的速度减慢；当呈现时间大于 10 s 时，视见度只有很小提高。一般来说，目标呈现时间为 0.5 s 大体上已可满足视觉辨别的基本要求；呈现时间在 2～3 s，可认为是最有利的数值。呈现时间再延长，则占用时间太多，对提高视见度无多大意义。

（3）余辉与目标呈现时间有一定关系，但并非同一回事。余辉是目标呈现结束后残留在屏面上的亮点，其特点是最初亮度下降快，而后下降越来越慢。而最有利于看清目标的余辉方式是"最初亮度下降慢，以后下降越来越快"。当屏面亮度较高时，余辉的视见时间约为 3 s；屏面亮度较低时，余辉能见时间约为 1 s。缩短扫描周期，可产生余辉的积累效应，改善目标的能见度。周围的灯光照度对余辉的视觉效应影响很大，周围照度太高或太低都对它有不利的影响，而以周围照度为 1 lx 时最优。

2. 目标的运动速度

目标的运动状态对视觉辨别有很大影响。一般来说，运动着的目标比静止目标易于察觉，但难以看清。因此，就视觉辨别效率来说，目标运动速度越大越不利。视敏度与目标运动状态的关系如表 10-16 所示，从表中可看出：视力大体上与目标运动速度成反比，人对静止目标的视力平均比运动目标高 1 倍左右。当目标运动速度超过 80°/s 时，已很难看清目标，视觉工作效率剧烈下降。因此，设计时应限制目标的运动速度。

表 10-16　视敏度与目标运动状态的关系

目标运动速度（°/s）	静止	20	60	90	120	150	180
视敏度（1/视角）	2.04	1.95	1.84	1.78	1.63	0.90	0.94

3. 目标的形状、大小和颜色

屏面上不同形状目标的辨认效率不同，其一般优劣次序为：三角形、圆形、梯形、方形、长方形、椭圆形、十字形。当干扰光点强度较大时，方形目标优于圆形目标。

　　目标采用红色或绿色时，视觉辨别效率与白色目标相似，但红色目标易引起视觉疲劳，故微型计算机显示屏上绝大多数都用绿色做目标；而采用蓝色则视觉辨别效率稍差。

　　从视敏度的角度看，目标越大越易察觉。一般来说，目标的能见度随着目标面积的增大而增大，大体上呈线性关系。可是目标太大，占用空间太多，因而应有一个适宜的大小。显示屏字符的大小与视距的关系如表 10-17 所示。字符的高宽比可取 2∶1 或 1∶1，其笔画宽与字高之比可取 1∶8 或 1∶10。一般常用字符的大小（字符的直径或方形字符的对角线长）规格为 0.76 mm、1.5 mm、3.8 mm、4.6 mm、5.1 mm、7.6 mm、10 mm、12.2 mm、20 mm、25.4 mm 等。

表 10-17　显示屏字符的大小与视距的关系

视距/m	字符直径/mm
0.5	3
1.0	6
3.0	10

4. 目标与背景的关系

　　目标的能见度受制于目标与背景的亮度对比值，即

$$亮度对比度 = \frac{目标亮度 - 背景亮度}{背景亮度}$$

　　目标的亮度必须在亮度对比度高于能见的阈值时，目标才能被看见。在背景亮度为 0.34～34 cd/m² 的情况下，亮度对比度一般随着背景亮度的增大而缩小，大体上成线性关系；在背景亮度为 68 cd/m² 时，亮度对比度达最大值的 90%；此后背景亮度再增大，亮度对比只有很小改善。所以就亮度对比感受性而言，68 cd/m² 可以视作背景亮度的最优数值。

　　屏面以外的照明，称为环境照明。人们往往认为环境照明最好是黑暗，以提高屏面的清晰度。实践证明，屏面亮度与环境亮度相一致时，目标察觉、识别和追踪效率都达到最优。当环境亮度超过屏面亮度较大时，视觉工作效率受到明显的不利影响。如果环境照度与目标亮度相同，颜色也相同时，视觉工作效率也会受到不利的影响。

5. 屏面

　　屏面的大小、形状、分辨率与颜色均对目标显示效果产生一定影响，具体情况如下。

　　1）屏面的大小

　　屏面的大小与视距和欲显示目标的大小有关。一般视距的范围为 50～70 cm，此时屏面大小以在水平和垂直方向对人眼形成不小于 30° 的视角为宜；当视距为 35.5～71 cm 时，屏面直径以 12.7～17.8 cm 为最佳；而对计算机而言，常用的屏面尺寸为 14 in（1 in≈2.54 cm），相当于 35.6 cm。当显示的信息较多或较复杂时，屏面可增大至 17 in、20 in。

例如，对于机械产品 CAD（computer aided design，计算机辅助设计）图形的显示，由于图形的点、线、面结构复杂，常用到 20 in 的高分辨率显示器。

2）屏面的形状

屏面的形状除雷达为圆形极坐标方式外，其他多数都为矩形直角坐标。矩形屏面宽高比为 4∶3 和 16∶9。以目标观察和定位工作效率来看，直角坐标较极坐标为优。坐标线的量表间隔，最好是以 $1×10^2$ 或 $5×10^2$ 为级差，也可以 $2×10^n$ 进行分级。坐标线之间的间距，在视距为 45.6 cm 时，小于 10 mm，目标定位精度保持稳定；大于 10～12 mm，目标定位误差随坐标线间距的增大而增大，成线性相关。若以视角表示，则坐标线间距以观察者的视角在 1°～2° 范围内为宜。

3）屏面的分辨率与颜色

对于计算机屏面，除屏面大小和形状外，还有屏面显示的分辨率和颜色对显示信息有较大影响。计算机屏面的分辨率以纵横坐标的像素点来区分。屏面的分辨率越高，显示的信息清晰度越好，越易被人认读。此外，屏面显示的颜色对于模拟客观世界真实物体的颜色具有重要意义，计算机显示器的颜色是以数字描述和分级的，24 位 16.7 M 以下称为伪彩色，24 位 16.7 M 以上（包括 24 位 16.7 M）称为真彩色。在真彩色显示方式下，显示器上每个像素点之间的颜色过渡非常平滑，完全能模拟自然界的颜色效果，使人识别信息时，更接近自然状态，认读效率高。

10.4.2　显示器应用新技术

人类的信息交流实际上是从"声""图"方式开始，逐步抽象化产生了"文"这一类信息媒体，这说明了人类信息表达过程中不同层次的需求。在人类通过感觉器官收集到的各种信息中，视觉约占 65%，听觉约占 20%，触觉约占 10%，味觉约占 2%。由此可见，用视觉和听觉收集的信息占了所收集信息的绝大部分。在计算机发展过程中，对于信息的收集处理是从极端抽象的二进制码形式开始的，而图形、图像及声音的引入能更好地表达信息，也更接近于人类对于信息接收多通道的要求，从而在计算机和信息技术领域形成多媒体技术。

多媒体技术在计算机显示中的应用体现在以视窗、视频动态信息叠加、虚拟现实等一系列可视化技术上。以 Windows 视窗技术为代表的计算机操作系统，将形象生动的彩色图文信息显示给人们，所见即所得的可视化技术，使人与计算机间的信息交流更为自然直接，大大提高了视觉识别的效率。

目前，利用虚拟现实技术（virtual reality，VR），能在计算机上重现客观世界中现在、过去和未来的真实物景。例如，"泰坦尼克"号的冰海沉船场面就是用虚拟现实技术模拟，并与人物表演相合成的，在银幕上达到了以假乱真的程度。因此，现在广泛采用虚拟现实技术来进行生产、科研、娱乐、军事演习、学习等。而高分辨率大屏幕显示器是虚拟现实技术应用不可缺少的视觉显示设备。在虚拟现实技术应用的显示器中，还有一种叫头盔式显示器，它能通过头盔前的液晶显示器来显示仿真的三维彩色场景信息，同时还能跟踪记录眼睛的运动与注视情况，这种头盔广泛应用于模拟驾驶（飞机、汽车、舰船、火车）、医学研究和军事领域，给人以身临其境的真实感觉。图 10-16 是美国研制的 F35 头盔显示器。该头盔除了提供防护和供氧基本功能外，还能够显示战机速度、高度、燃油等多种基础信息，并支持瞳孔瞄准和提供作战数据等多种功能。它将飞行员从仪表和显示器上解脱了出来，有效减轻了飞行员的绝大多数负担，达到飞行员仅需要操控战机即可轻作战的效果。

（a）晚上　　　　　　　　　　　　　　　　　（b）白天

图 10-16　美国研制的 F35 头盔显示器

10.5　图形符号设计

现代信息显示中广泛使用了各种类型的图形和符号指示。由于人在感受图形和符号信息时，辨认的信号和辨认的客体有形象上的直接联系，其信息接收速度远远高于抽象信号。此外，图形和符号具有形、意、色等多种刺激因素，因而传递的信息量大、抗干扰力强且易于接收，故图形和符号指示在现代工业生产中具有重要意义。

10.5.1　图形、符号的显示特征

1. 图形和符号的特征数量

信息显示中所采用的图形和符号，是经过对显示内容的高度概括和抽象处理而形成的，使得图形和符号与标志客体间有着相似的特征，使人便于识别辨认。图形和符号的辨认速度与准确性，与图形和符号的特征数量有关，而不是符号的形状越简单越易辨认。有人做过试验，选用三类不同复杂程度的符号，在所传递的信息量大体相同时考察其辨认效果。第一类为简单符号，只有必要的特征，只按形状（三角形、梯形等）辨认；第二类为中等符号，除了主要特征外还有辅助特征（外表和内部的细节）；第三类是复杂符号，有若干个彼此混淆的辅助特征（一般是 2 个）。试验结果表明，辨认简单符号和辨认复杂符号一样，比辨认中等符号需要的时间更长且准确性更低，如表 10-18 所示。因此，为了提高图形和符号的辨认速度与准确性，应注意设计的图形和

符号要反映出客体的特征。只有高度概括、简练、生动形象地表达出客体的基本特征，才能适宜操作者辨认。

表 10-18　辨认速度和准确性与识别特征数量的关系

辨认速度和准确性的指标	符号		
	简单符号	中等符号	复杂符号
呈现的时间阈限/s	0.034	0.053	0.169
感觉—语言反应潜伏期/s	3.11	2.70	3.13
占呈现总数的认错率/%	10.8	2.2	2.5

信息显示中所采用的图形和符号指示，大多数是作为操纵控制系统或操作内容和位置的指示。但"形象化"的图形和符号指示也有自己的限度，如果在操作中需精确知道被调节量，则图形、符号指示就不能胜任，必须用数字加以补充。

2. 图形和符号的颜色

图形和符号作为一种视觉显示标志出现时，总是以某种与被标识的客体有含义联系的颜色表示。因此，标志用色在图形符号设计中也是十分重要的内容。标志的颜色都有特定意义，我国和国际上都做了规定。目前，颜色主要用于安全标志和技术标志，它在生产、交通等方面的使用如图 10-17 所示。

禁止触摸　　　　救生衣　　　　注意防火灾

避难所　　　　必须穿防护服

图 10-17　安全标志和技术标志的颜色在生产、交通等方面的使用

颜色除了用于安全标志和技术标志外，还用来标志材料、零件、产品、包装和管线等，如表 10-19 所示。

表 10-19　各种颜色标志

类别	色别	色标
水	青色	2.5PB5.5/6
汽	深红	7.5R3/6
空气	白色	N9.5/
煤气	黄色	2.5Y8/12
酸、碱	橙、紫	2.5P5/5
油	褐	7.5YR5/6
电气	浅橙	2.5YR7/6
真空	灰	N5/
氧	蓝	

10.5.2　图形和符号的应用

图形和符号的种类繁多，应用场合很广。目前，它们在工业、农业、商业、交通运输、物资管理以及环境保护等方面都广泛运用，并作为一种高度概括、简练、形象生动的通用信息载体来代替信号的传示。

1. 图形和符号在机器设备上的应用

图形和符号应用在机器设备上，有利于操作者迅速观察和辨认，提高了信息的传递速度，这对于安全准确操控机器设备尤其重要。在运输设备（如飞机、汽车）上，由于这类设备运动速度高，操作者的注意力主要集中在航线或道路目标的观察上，对于驾驶舱（室）内各种信息显示的观察就只能在瞬间完成。这种情况下大量采用图形和符号指示，操作者就能直观而迅速地感知所显示的信息，从而避免了采用文字显示的繁杂。图 10-18 是汽车上使用的图形和符号。

图形和符号在机床操作方面也得到了广泛应用。原机械工业部编制的《机床设计手册》中就列出了常用的机床指示符号，用于机床标牌或操纵板上，代替文字表示机床的操作内容，如图 10-19 所示。

2. 图形和符号在交通标志上的应用

图形和符号也广泛应用到道路交通标志上，主要用于表达禁止、警惕、指示等信息，如图 10-20 所示。

3. 图形和符号在产品上的应用

随着国际贸易交往的发展，对外出口的产品上采用图形和符号指示，能避免各国间语言文字不同的障碍，为产品的使用者提供了世界性的共同语言。图 10-21 所示为电子装置和电气器材国际常用的部分图形符号。

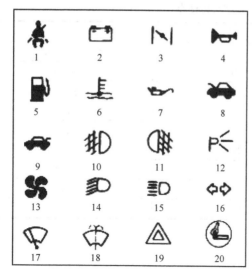

图 10-18　汽车上使用的图形和符号

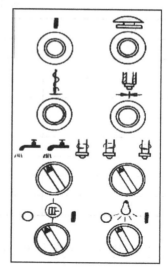

图 10-19　机床上的标志操作指示符号

禁止行人通行

小心火车

人行天桥

停车场

图 10-20　交通标志

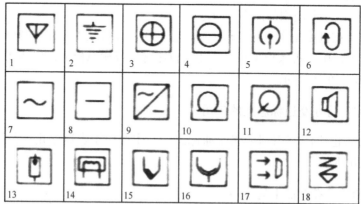

图 10-21　电子装置和电气器材国际常用的部分图形符号

　　总之，在实际应用各类图形符号时，只能使用有利于人的知觉的图形、符号，而不得采用人们不能接受的或过分抽象的图形和符号。这样才能减少知觉时间，加强对符号的记忆和提高操作者的反应速度。例如，国外某城市曾短时使用人们不能接受的交通信号灯图形与符号，如图 10-22 所示。此外，图形、符号设置的位置应与所指示的操纵机构相对应。例如，转动手柄的操纵机构（手柄转动在 90° 以上），应在手柄轴线的上方标出符号；对于普通单工位按钮，可在按钮轴线上方标出机器开动状态的符号，这样操作者就能按图形、符号所指示的内容，准确而迅速地操纵机器。

图 10-22　无法接受的交通信号灯

10.6　听觉传示设计

在工业生产和日常生活中，都离不开声音。在人机系统中，也利用这一媒介来显示、传递人与机器之间的信息。听觉传示装置传递的声波信息，应在人耳能感知的范围之内。各种音响报警装置、扬声器和医生的听诊器都属于听觉传示装置；而超声探测器、水声测深器等则是声波装置，不属于听觉传示装置。目前，听觉传示装置分为两大类：一类是音响及报警装置，另一类是言语传示装置。

10.6.1　音响及报警装置

音响及报警装置用途极广，常见的音响及报警装置分为四种，如图 10-23 所示。

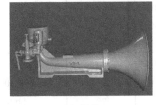

（a）蜂鸣器　　　　　（b）铃　　　　　　（c）汽笛　　　　　　（d）防空警报器

图 10-23　音响与报警装置

1. 蜂鸣器

蜂鸣器是音响及报警装置中声压级最低、频率也较低的装置。蜂鸣器发出的声音柔和，不会使人紧张或惊恐，适用于较宁静的环境，常配合信号灯一起使用。作为指示性听觉传示装置，它主要用于提请操作者注意或指示操作者去完成某种操作，也可用作指示某种操作正在进行。汽车驾驶员在操纵汽车转弯时，驾驶室的显示仪表板上通常会有一个信号灯亮和蜂鸣器鸣笛，显示汽车正在转弯，直至转弯结束。

2. 铃

铃的用途不同，其声压级和频率有较大差别，如电话铃声的声压级和频率只稍大于蜂鸣器，主要是在宁静的环境下让人注意。而用作指示上下班和报警器的铃声，其声压级和频率就较高，可在有较高强度噪声的环境中使用。

3. 角笛和汽笛

角笛的声音有吼声（声压级 90～100 dB、低频）和尖叫声（高声强、高频）两种。常用作高噪声环境中的报警装置；汽笛声频率高，声强也高，较适合于紧急事态音响及报警装置。

4. 警报器

警报器的声音强度大，可传播很远，频率由低到高，发出的声音富有节奏地上升和下降，可以抵抗其他噪声的干扰，特别能引起人们的注意，并强制性地使人们接受。警报器主要用作危急事态的报警，如防空警报、救火警报等。表 10-20 为一般音响、报警装置的强度和频率参数，可供设计时选择参考。

表 10-20　一般音响、报警装置的强度和频率参数

使用范围	装置类型	平均声压级/dB		可听到主频率/Hz	应用举例
		距离装置 2.5 m 处	距装置 1 m 处		
用于噪声较大或高区域场所	4 英寸铃	65 ～77	75 ～83	1000	用于工厂、学校、机关上下班的信号以及报警的信号
	6 英寸铃	74 ～83	84 ～94	600	
	10 英寸铃	85 ～90	95 ～100	300	
	角笛	90～100	100 ～110	5000	主要用于报警
	汽笛	100 ～110	110 ～121	7000	
用于噪声较小或低区域场所	低音蜂鸣器	50 ～60	70	200	用作指示性信号
	高音蜂鸣器	60 ～70	70 ～80	400～1000	可做报警用
	1 英寸铃	60	70	1100	用于提请人注意的场合，如电话、门铃；也可用于小范围内的报警信号
	2 英寸铃	62	72	1000	
	3 英寸铃	63	73	650	
	钟	69	78	500～1000	用作报时

10.6.2　言语传示装置

人与机器之间也可用言语来传递信息。传递和显示言语信号的装置称为言语传示装置，麦克风这样的受话器是言语传递装置，而扬声器就是言语显示装置。经常使用的言语传示系统主要包括无线电广播、电视、电话、报话机、对讲机以及其他录音、放音的电声装置等。用言语作为信息载体，其主要优点是传递和显示的信息含义准确、接收迅速、信息量较大等；缺点是易受噪声的干扰。在设计言语传示装置时应注意以下四个问题。

1. 言语的清晰度

用言语（包括文章、句子、词组以及单字）来传递信息，在现代通信和信息交换中占主导地位。对言语信号的要求是语言清晰，言语传示装置的设计首先应考虑这一要求。所谓言语的清晰度，就是人耳对通过它的音语（音节、词或语句）正确听到和理解的百分数。言语清晰度可用标准语句表通过听觉显示器来进行测量。若听对的语句或单词占总数的 20%，则该听觉显示器的言语清晰度就是 20%。对于听对和未听对的记分方法有专门的规定，此处不做论述。表 10-21 是言语清晰度（室内）与主观感觉的关系。由此可知，设计一个言语传示装置，其言语的清晰度必须在 75%以上，才能正确传示信息。

表 10-21　言语清晰度（室内）与主观感觉的关系

言语清晰度/%	人的主观感觉
96	言语听觉完全满意
85～96	很满意
75～85	满意
65～75	言语可以听懂，但非常费劲
65 以下	不满意

2. 言语的强度

言语传示装置输出的语音，其强度直接影响言语清晰度。当语音强度增至刺激极限以上时，清晰度的分数逐渐增加，直到绝大部分语音被正确听到的水平；强度再增加，清晰度分数仍保持不变，直到强度增至痛阈为止，如图 10-24 所示。不同研究者的研究结果表明，语音平均感觉阈限为 25～30 dB（测听材料可有 50%被听清楚），而汉语平均感觉阈限是 27 dB。

由图中可以看出，当言语强度达到 130 dB 时，受话者将有不舒服的感觉；达到 135 dB 时，受话者耳中即有发痒的感觉，再高便达到了痛阈，将有损耳朵的机能。因此言语传示装置的语音强度最好在 60～80 dB。

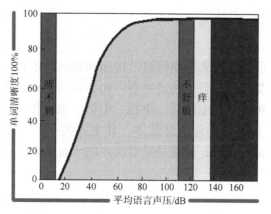

图 10-24　语音强度与言语清晰度的关系

3. 噪声对言语传示的影响

1）信噪比 S/N 的影响

当言语传示装置在噪声环境中工作时，噪声将影响言语传示的清晰度，此时语音的觉察阈限和清晰度阈限随着噪声强度的增加而增高。这种噪声对言语信号的掩蔽作用，可用信噪比（平均言语功率与平均噪声功率之比，记为 S/N）来描述。对于掩蔽阈限，S/N 在很大强度范围内是一个常数。只有在很低或很高的噪声水平时，S/N 才必须增加；对于在一般噪声环境中使用的言语传示装置，S/N 必须超过 6 dB 才能获得满意的通话效果。决定言语清晰度的主要因素是强度，但更重要的是 S/N。对每一种信噪比 S/N，都有一个最优语音强度，使言语清晰度最高。例如，当 S/N 是＋5 dB 时，语音强度在 70 dB 左右，清晰度最好。若语音强度仍是 70 dB，而 S/N 增加到＋10 dB，则清晰度更高。因此，当言语传示装置本身存在噪声时，即言语信号与噪声同源，即可采用提高整个 S/N 比值的办法来提高言语的清晰度。言语信号与噪声不同源时，只需提高 S 就能使清晰度提高。

2）噪声强度与频率的影响

不同强度与频率的噪声对语音有不同的掩蔽作用，如图 10-25 所示。当噪声强度较低时，对清晰度影响不大；当噪声强度增大时，清晰度骤然下降。强度较强的噪声，其

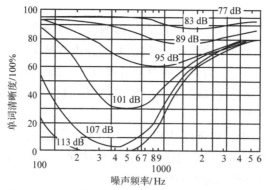

图 10-25　不同强度与频率的噪声对语音的掩蔽作用

频率在 1000 Hz 以下时，对清晰度影响最大；而强度较弱的噪声，频率高于 1000 Hz 时影响较大。因此，设计言语传示装置时，应注意尽量避开掩蔽作用强的噪声部分，以保证高的言语清晰度。

4. 噪声环境中的言语通信与防护

1）极限通信距离

在有噪声干扰的作业环境中，为了保证讲话人与收听人之间能进行充分言语通信（通信双方的言语清晰度达 75% 以上），则需要按正常噪声和提高了的噪声定出极限通信距离。在此距离内，在一定语言干涉声级或噪声干扰声级下可期望达到充分的言语通信，此时两者之间的关系如表 10-22 所示。通常情况下，距声源（讲话人）的距离每增加 1 倍，言语声级将下降 6 dB，相当于声音在室外或室内传至 5 m 左右。

表 10-22　不同语言干涉声级与噪声干扰声级下的极限通信距离

干扰噪声的 A 计权声级（L_A）/dB	语言干涉声级 L/dB	人为可以听懂正常噪音下口语的距离/m	人为提高噪音下可以听懂口语的距离/m
43	36	7	14
48	40	4	8
53	45	2.2	4.5
58	50	1.3	2.5
63	55	0.7	1.4
68	60	0.4	0.8
73	65	0.22	0.45
78	70	0.13	0.25
83	75	0.07	0.14

2）噪声对言语传示装置的影响

在使用言语传示装置（如电话）进行通信时，对收听人来说，对方的噪声和传递过来的言语音质对于言语通信质量的影响如表 10-23 所示。需要注意的是，当收听者处的干扰噪声增强时，首先受到影响的是另一方的清晰度，这时收听人根据经验会提高自己的声音。此时要保证充分的言语通信，须使 A 计权声级至少比干扰噪声的声级高 3 dB。

表 10-23　在电话中言语通信与干扰噪声的关系

收听人所在环境的干扰噪声		言语通信的质量
A 计权声级 L_A/dB	语言干涉声级 L/dB	
55	47	满意
55~65	47~57	轻微干扰
65~80	57~72	困难
80	72	不满意

3）噪声对言语显示装置的影响

在通过扬声器对言语信号进行放声时，要按照收听人所收到的干扰噪声的声级调整言语信号的声级使其匹配。根据干扰噪声的构成，可以采取抑制语言中的低频语言成分和提高对清晰度有较大意义的高频语言成分来保证言语通信的效率。此外，还可以把语言直接送入听者的耳朵，这样可把工作场所内所有声学上的不利因素（如混响时间较长、不利的房间形状等）的影响限制到最小。

在使用耳机时，噪声的干扰作用会按耳机类型的不同（开放式、闭式、耳塞式等）和佩戴方式的不同（单耳、双耳）使言语传送的清晰度有不同程度的降低。

4）噪声的防护

在噪声环境中作业，为了保护人耳免受损害而使用护耳器。护耳器一般不会影响言语通信，因为它不仅降低了言语声级，也降低了干扰噪声。不同材料的防护品对不同频率噪声的衰减作用也不同。因此，应根据噪声的频率特性选择合适的防护用品。

复习思考题

1. 试比较数字显示与模拟显示的特点，并举例说明其应用范围。
2. 怎样选择显示装置？试举例说明。
3. 信号灯用作报警显示装置应注意哪些方面？
4. 显示装置信息传递的基本原则是什么？
5. 试选择一种模拟显示装置，按人机学参数要求进行评价。
6. 读数用仪表和检查用仪表有何区别？试各举一例说明。
7. 试设计下列表盘或显示装置：①测量体表温度的温度计；②摩托车油表；③家用水表；④单相电度表；⑤水深压力表；⑥计时器表盘；⑦机床转速表；⑧切削力测定表；⑨手轮进给刻度。
8. 若字符最小视角为 20 分，字体高度为 5 mm，问最大视距为多少？
9. 在什么情况下宜采用听觉显示器？为什么？
10. 操作失误与显示器有什么关系？

【案例】
基于人因工程的机场跑道目视助航信号灯系统设计

民航飞机安全飞行最为重要的阶段是起飞、进近和降落阶段，其中起飞 5 min，降落 6 min。据不完全统计，发生在上述阶段的飞行事故约占总飞行事故的 47%（图 10-26），被人们称为"黑色 11 分钟"。尽管现代民航飞机都安装了先进的无线电助航设备和仪表着陆系统，但飞机在夜间起飞、进近与降落阶段，目视助航灯光系统在民用飞机安全起降过程中发挥着巨大作用。

一、机场跑道目视助航信号灯系统简介

所谓的目视助航灯光系统实质上就是在机场跑道安装的各式各样的信号灯，它们

发出明亮的光芒组成一个五彩斑斓的灯光世界，帮助飞机在夜间安全起落。目前，采用目视助航灯光系统降落的主要原因包括以下两个方面：一是由于部分机场地面导航设施、飞机机载设备或者飞行员培训程度等方面没达到标准，故在完成仪表进近阶段还必须借助目视助航信号灯完成最后的进近着陆阶段；二是采用目视助航灯光降落具有降落时间短和易操作的突出优点，它比仪表着陆可节省 5～6 min 时间。每节约 1 min 能省油 500 多元，能够有效降低航空公司运营成本。因此，飞行员在天气晴好和能见度高的情况下通常选择目视助航灯光降落。有鉴于此，设计良好的机场跑道信号灯系统对于保证飞行安全至关重要。

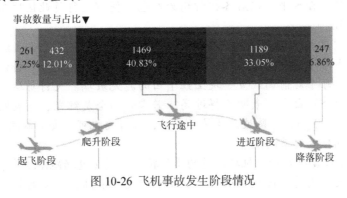

图 10-26　飞机事故发生阶段情况

二、机场跑道目视助航信号灯系统设计

机场跑道呈轴对称形式，目视助航信号灯系统采用如图 10-27 所示的对称布局方式，这种布局方式便于飞机从跑道的任何一边起飞和降落。目前，目视助航信号灯系统一般分为进近、着陆、滑行三类信号灯光系统，其中进近信号灯系统主要包括进近中线灯、进近横排灯（翼灯）、进近旁线灯和目视进近坡度指示器；起飞着陆信号灯系统包含跑道端线灯、跑道边线灯和跑道中线灯、跑道着陆区灯；滑行信号灯系统则包含跑道出口灯、滑行道中线灯和滑行道边线灯。为了确保飞机夜间安全起飞和着陆，需要基于人因工程视角重点考虑信号灯系统的颜色、闪光等相关设计问题。

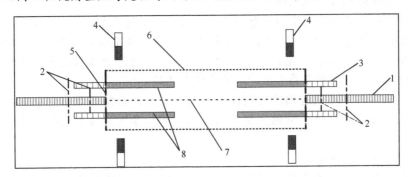

图 10-27　机场跑道目视助航信号灯系统示意图

1—进近中线灯；2—进近横排灯（翼灯）；3—进近旁线灯；4—目视进近坡度指示器；5—跑道端线灯；
6—跑道边线灯；7—跑道中线灯；8—跑道着陆区灯

1. 进近信号灯系统设计

为了引导飞机降落，在跑道端之外延伸着很长距离的信号灯，这些信号灯称作近灯信号灯。使用近灯信号灯与仪表着陆系统配套，在夜间能够有效帮助驾驶员确定飞机距离跑道的距离和进近下降坡度两个关键参数，从而实现安全着陆。

进近中线灯设计：从机场跑道端线以外的中心线延长线 900 m 处开始，每隔 30 m 设置 5 个一排的白色强光灯，一直延伸到跑道端线。从飞机上向下看，各排信号灯由远处向跑道端线依次顺序闪光（每秒钟闪动 2 次），并与跑道中线灯连成一条直线，从而帮助飞行员准确确定距离，同时引导飞机向跑道进近。

进近横排灯（翼灯）设计：从跑道前端之外 300 m 处开始，在进近中线灯两侧各增加了 1 列排灯，一直延伸到跑道端。这 2 列灯的最前 2 排为白色灯光，用来帮助飞行员校正飞机两翼是否水平；以后各排灯均为红色，提醒飞行员此区域不是跑道，飞机不能在这里落地。

目视进近坡度指示器设计：为了帮助飞行员在夜间降落时准确校正飞机下降坡度，在跑道端线附近设有一组或两组目视进近坡度指示器。这是一排灯光向跑道外侧照射的强光灯，每个灯前面放置一块上红下白的滤光玻璃。飞行员从飞机上观察这组灯光，若看到的全是白光，表明飞得过高；若看到的全是红光，则表明飞得过低。只有当看到的是上红下白，下降坡度才是正确的，此时飞机可以安全着陆。

2. 起飞着陆信号灯系统设计

为了帮助飞行员有效辨识机场跑道的总体轮廓范围（包括跑道边线、跑道端线）、跑道中心线以及跑道着陆区域，从而实现安全起飞和着陆，需要对起飞着陆信号灯系统进行合理设计。

跑道端线灯：在跑道两端各设计一排跑道端线灯（一般不少于 6 盏，灯距间隔为 3 m）。跑道端线灯向跑道外侧照射绿色强光，而向跑道内侧照射红色强光，主要用于帮助驾驶员识别跑道末端。飞机降落时飞行员所看到的近侧跑道端线灯是绿色的，表示飞机进入跑道；而远侧跑道端线灯则是红色的，警告飞行员在红灯之前飞机必须停下来；飞机起飞时，则情况正好相反。

跑道边线灯：在跑道两侧设有安装在金属柱上发出白色光的跑道边线灯，以显示跑道的轮廓。在跑道边线灯的最后 2000 foot（1 foot＝0.3048 m）换成琥珀色灯，以便向飞行员发出已接近跑道端线的警告。

跑道中线灯：沿着跑道中心线每隔 20 m 设置一个灯面与跑道道面齐平（防止被机轮碾压）的跑道中线灯，该灯发出 200 W 以上的强光。从跑道端线开始的 300 m 以内，设计跑道中线灯发出红色亮光；在跑道中间部分，则设计中线灯发出白色亮光，这种设计能够使飞行员在空中容易看出跑道的中线和两端。

跑道着陆区灯：在跑道端线内还设计有嵌入道面的着陆区灯，它分布在道面上延伸出数百米并发出白色光，它的主要作用是在夜间指示飞行员把飞机降落到该区域的地面上。

3. 滑行信号灯系统设计

跑道出口灯：飞机着陆后向前滑行，在跑道出口处设有绿色信号灯，指示飞行员可由此驶出跑道进入滑行道。

滑行道中线灯：滑行道的中心线上设有嵌入地面的滑行道中线灯，灯光颜色是绿的，主要用于引导飞机按照中心线滑行。

滑行道边线灯：滑行道的两侧设有发出蓝色光的滑行边线灯，主要用于指导飞行员由滑行道驶到停机坪。

第11章

操纵装置设计

11.1 操纵装置的类型及特征分析

11.1.1 操纵装置的类型

操纵者接收机器显示信息以及外界环境信息之后，根据自己所承担任务通过操纵装置发出信息控制机器。由此可见，操纵装置与机器的显示有着密切的关系。1974年，费兹（Fitts）和琼斯（Jones）在分析飞行驾驶中出现的460个操纵失误时，发现其中68%的错误是由于操纵装置设计不当引起的，这说明操纵装置设计的重要性。

按人使用的器官，操纵装置可分为手控、脚控、膝控、口（语言）控制及其他特殊控制（如专为残疾人设计的特殊控制器）等方式。目前，主要使用手控、脚控制、膝控制，它们完成一次动作的对比如表11-1所示。其中，手控操纵器适用于精细、快速调节及分级和连续调节，而脚控操纵器适用于动作简单、快速、需用较大操纵力的调节。

表11-1 人体完成一次动作的最少平均时间

人体运动部位	运动形式和条件	最少平均时间/ms
手	直线运动抓取	70
	曲线运动抓取	220
	极微小的阻力矩旋转	220
	有一定的阻力矩旋转	720
脚	向前方、极小阻力踩踏	360
	向前方、一定阻力踩踏	720
	向侧方、一定阻力踩踏	720~1460
膝	向前或后弯曲	720~1620
	向左或右侧弯	1260

按功能，操纵装置可分为阶段性调节的不连续控制和连续控制两种方式，其详细分类如下。

1. 不连续控制操纵装置

不连续控制操纵装置可分为以下三种情况。

（1）开关控制，如电门、起动器。

（2）不连续调整控制，如电视机的频道开关、汽车挡位手柄等。

（3）符号输入控制，如计算机键盘等。

2. 连续控制操纵装置

连续控制操纵装置主要分为以下两种情况。

（1）定量调节控制，将机器调节到某种要求的状态，如收音机上的电台调谐旋钮。

（2）连续调节控制，连续改变机器的状态，如汽车脚踏油门、收音机音量调节旋钮等。

上述两大类五种控制，均由各种控制器实现。表11-2列出了各种控制器的功能比较，可供一般设计时参考。对于特殊要求，可以设计出具有综合结构功能的控制装置。

表 11-2　各种控制器的功能比较

控制器	不连续控制			连续控制	
	开、关	不连续调节	符号输入	定量调节	连续调节
手按钮	很好	需5个以上按钮不宜选用	好（键盘）		
脚按钮	好	不好			
关节开关	好	较好，但只有两挡			
旋转选择开关	可用，开/关位置应有标记	很好			
旋钮	可用，要设两挡	可用，挡位应有标志		好	较好
摇把	用于施力较大的闸门等			较好	好
手轮				好	很好
手柄	好	好		好	好
踏板	较好			好	较好

尽管操纵装置的类型很多，但对操纵装置的工效学要求是一致的，即操纵装置的形状、大小、位置、运动状态和操纵力等都要符合人的生理、心理特性，以保证操作的舒适和方便。

11.1.2　操纵装置的用力特征

各类操纵装置的动作需由人施加适当的力和运动才能实现，因此操纵用力不应超出操纵者的用力限度，且最好使其处于操纵者施力方便的范围之内，从而保证操作质量和效率。操纵者的操纵力不是一个恒定值，它随人的施力部位、着力空间位置、施力时间不同而变化。一般来说，人的最大操纵力随着施力持续时间的延长而降低。而对于不同类型的操纵器，所需操纵力的大小各不相同（有的需要最大用力，而有的用力不大但要求平稳），这就要求操纵装置设计针对不同类型的操纵方式，以人的工作效率最优来确定用力大小。从能量利用的角度来看，使用最大肌力的 1/2 和最大收缩速度的 1/4 操作时，能量利用率最高，且人工作较长时间也不会感到疲劳。因此，操纵装置的适宜用力应当成为操纵器设计必须着重考虑的问题之一。

考虑到操纵装置的适宜用力与操纵装置的性质和操纵方式有关。在操纵装置的性质方面，对于只求操纵速度快而精度要求不太高的工作，操纵力应越小越好；对于操纵精度要求很高的工作，则操纵器应具有一定的阻力，以便获得操纵量大小的反馈信息。在操纵方式方面，对于某些操纵装置要求人的施力部位始终保持在特定位置的静态操纵（其主要特点是操纵者肌肉伸缩长度保持不变，使相应关节固定在某一确定位置，如用力握紧电动工具把手的操纵），随着操纵时间延长，由于肌肉持续紧张会出现抖动的静态疲劳现象。操纵负荷越大和肢体越外伸越易抖动。由于静态施力时，肌肉供血受阻的大小与肌肉收缩产生的力成正比，当用力大小达到最大肌力的 60%时，血液输送几乎会中断。因此，为使静态操纵能保持较长时间而不致疲劳，最好使其保持在人体最大肌力的 15%～20%。

11.1.3 操纵装置的特征编码与识别

对于必须使用多个操纵器的场合，可按照操纵器的特征进行编码，以便操纵者迅速识别而不致混淆，从而有效减少操作失误。目前，操纵装置常用形状、大小、颜色以及标志等方式进行编码。

1. 形状编码

对于不同用途的控制器，将其设计成不同的外观形状，这是一种容易被人的感觉和触觉辨认的良好编码方法。形状编码应注意以下三点：首先，操纵器的形状和它的功能最好有逻辑上的联系，这样便于形象记忆；其次，操纵器的形状应能在不同目视或戴着手套的情况下，单靠触觉也能分辨清楚，这样在紧急情况下也不容易出现操纵错误；最后，控制器的形状应当便于使用操纵，方便用力。

图 11-1 所示为波音 737MAX 飞机驾驶舱，舱内操纵装置的形状与它们的功能有直接的联系。例如，轮形的操纵器可用来操纵飞机的起落架收放，翼形操纵器则用于襟翼（flap）操纵，这种形象化的操纵器有利于减少飞行事故。而图 11-2 所示为常用旋钮的形状编码实例，各类旋钮之间不易混淆，（a）类适合做 360°以上旋转操作，（b）类和（c）类适合做 360°以内的旋转操作，（d）类适合多位置调节，（e）类适合做定位，（f）类适合指示调节。

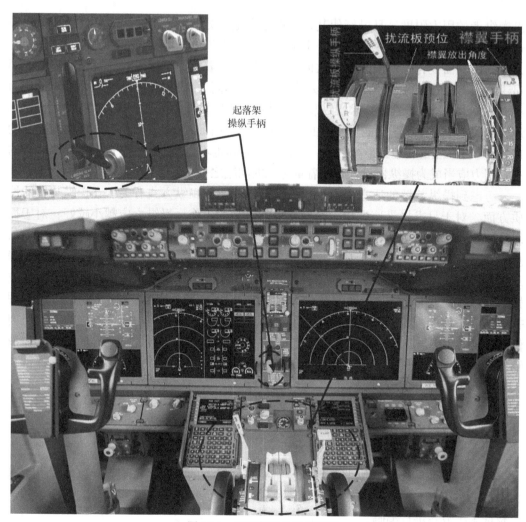

图 11-1　飞机驾驶舱操纵装置

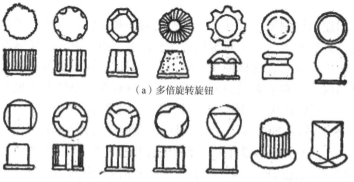

（a）多倍旋转旋钮

（b）部分旋转旋钮　　　　　　　　　（c）圆形　（d）多边形

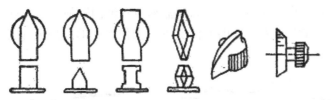

（e）定位指示旋钮　　　　（f）指示形　（g）转盘

图 11-2　常用旋钮的形状编码

2. 大小编码

操纵装置采用大小编码时，通常大操纵装置的尺寸要比小操纵装置大 20%以上，操纵者才能实现准确的识别与操纵。目前，操纵装置尺寸可分大、中、小三级，三级组合使用时效果较好，如图 11-3 所示采用大小编码的旋钮。在空间有限的位置和场合，采用大小编码较难保证，所以该编码方式往往与形状编码、颜色编码一起使用。

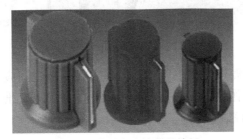

图 11-3　采用大小编码的旋钮

3. 颜色编码

颜色是物体的外部特征，可用颜色编码区分操纵装置。虽然人眼能分辨各种颜色，但用于操纵器编码的颜色一般只有红、橙、黄、蓝、绿五种，以避免颜色混淆。颜色编码一般只能同形状和大小编码组合使用，由于只能靠视觉辨认且易受照明影响，故使用范围有限。

4. 标志编码

当操纵器数量很多且形状又难区分时，可采用标志编码，即在操纵器上刻以适当的符号以示区别。符号的设计应只靠触觉就能清楚地识别。因此，符号应当简明易辨，有很强的外形特征，如图 11-4 所示。

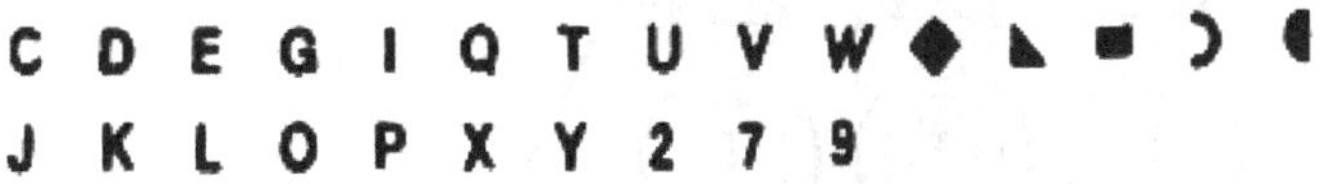

C D E G I Q T U V W ◆ ◣ ■ ◗ ◖

J K L O P X Y 2 7 9

图 11-4　可用触觉辨别的标志编码

5. 位置编码

位置编码主要利用控制器之间的相对位置以及控制器与操作者体位的相对位置进

行编码。例如，汽车上的离合器踏板、制动器踏板和油门踏板的布置就利用了位置编码，如图 11-5 所示。在没有视觉辅助的情况下，操作者能够准确地搜索到所需要的控制器。

图 11-5 汽车使用的位置编码

利用位置编码时需要注意以下两点：一是各控制器之间应有足够的间距，以防止在控制器使用时发生操作错误；二是在不用视觉的情况下，垂直布置的控制器的操作准确性优于水平布置的控制器。

6. 操作方法编码

操作方法编码是利用每个控制器所具有的独特操作方法进行编码（图 11-6）。例如，按钮只有上、下变换，旋钮只有旋转变换，控制器只有按照这种唯一的操作方法才能实现其控制功能。因此，操作者可根据操作动作的差别识别控制器。这种编码方式通常与其他编码方式结合使用。

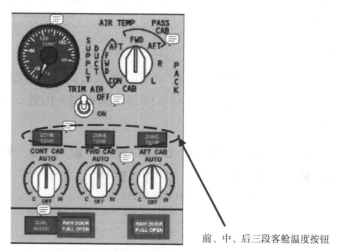

前、中、后三段客舱温度按钮

图 11-6 飞机驾驶舱顶板应用的操作方法编码

7. 文字、符号编码

文字、符号编码主要利用文字、数字或符号来标明控制器的功能，是最常见的编码方式。文字、符号的设计应该简单易读、清晰明了，并通常布置在控制器上方，同时具有良好的照明条件。

11.2　手动控制器的设计

手动控制器主要包括扳动开关、旋钮、按键、操纵杆、手柄、曲柄和转轮等。手动控制器设计要注意以下事项：一是手动控制器形状应与手的生理特点相适应；二是手动控制器形状应便于触觉对其进行识别；三是手动控制器尺寸应符合人手尺度的需要。各种手动控制器的设计具体如下。

1. 扳动开关

扳动开关只有开和关两种功能，常见的扳动开关有钮子开关、滑动开关、棒状扳动开关、船形开关和推拉式开关，如图 11-7 所示。其中，以船形开关翻转速度最快，推拉式开关和滑动开关由于行程与阻力的原因，动作时间较长。扳动开关具有操作简便、动作迅速的优点，在仅需开关、启停两种操纵的场合和设备上应用最为广泛。

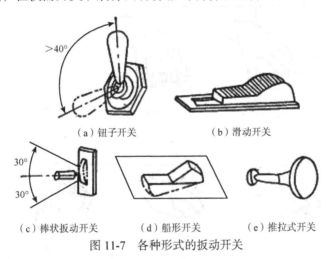

（a）钮子开关　　　（b）滑动开关

（c）棒状扳动开关　　（d）船形开关　　（e）推拉式开关

图 11-7　各种形式的扳动开关

2. 旋钮

旋钮的形状十分繁多，如图 11-2 所示。其中，为了增加圆形旋钮的功能，可以做成同心层式，如图 11-8 所示。采用同心层旋钮需要注意以下问题。

一是必须解决好层与层的直径比或厚薄比，以防无意接触造成的误操作问题。

二是旋钮周边应当加刻条纹，以便增加摩擦力产生所需的操作扭矩。

三是旋钮应具有适当的尺寸（图 11-9），这也是方便操作和产生必要扭矩的重要条件。

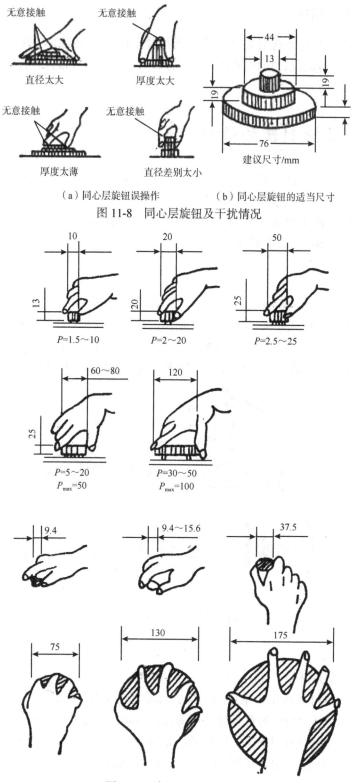

（a）同心层旋钮误操作　　　（b）同心层旋钮的适当尺寸

图 11-8　同心层旋钮及干扰情况

图 11-9　旋钮尺寸与操作力

　　对于旋钮而言，其尺寸大小是重要的识别标志之一。实验表明，大号圆形旋钮比小号圆形旋钮大 1/6 以上才便于识别。当需要快速识别时，则必须大于 1/5。然而需要特别指出的是，大小的视觉效果不如形状视觉效果显著，设计和选择时应当注意。

3. 按键

　　按键是用手指按压进行操作的控制器，按其形状可分为圆柱形键、方柱形键和弧面柱形键，如图 11-10（a）所示切纸机按钮；按用途可分为代码键（数码键和符号键）、功能键和间隔键，如图 11-10（b）所示飞机计算机按钮；按开关接触情况可分为接触式（如机械接触开关）和非接触式（如霍尔效应开关、光学开关等）。按键只有当作按钮时才单独或组合使用，通常是由形状和大小基本相同、数量较多的键布置在一起，组成键盘，并用文字、数字或符号标明其功能。一般按键直径为 8～20 mm，突出键盘的高度为 5～12 mm，升降行程为 3～6 mm，键与键的间隙不小于 0.6 mm。由键组成的键盘，按功能分区（字符区布置）要符合国家或国际标准。为了便于操作，按键可以呈倾斜式、阶梯式排列（图 11-11），其中阶梯式排列为多见。

（a）切纸机的圆柱形和弧面柱形键　　　　（b）飞机操控台计算机的代码键和功能键

图 11-10　各种类型按钮的实例

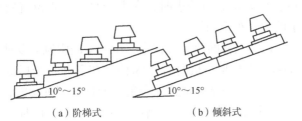

（a）阶梯式　　　　　　　　　　（b）倾斜式

图 11-11　阶梯式和倾斜式键盘

4. 操纵杆

操纵杆一般不适宜用作连续控制或精细调节，而常用于几个工作位置的转换操纵。操纵用力与操纵功能、体位和姿势等因素有关。前后操纵用力比左右操纵用力大，右手推拉力比左手推拉力大。操纵杆设计主要涉及以下四项内容。

（1）形态和尺寸。操纵杆长度取决于杠杆比要求和操作频率要求，当长度分别为100 mm（短杆）、250 mm（中杆）、580 mm（长杆）时，每分钟最高操作次数分别为26次、18次和14次；操纵杆手握端头形状若为球形、梨形、锥形，直径宜取40 mm左右，长度宜取50 mm左右；若为锭子形、圆柱形，直径宜取28 mm左右，长度宜取100 mm左右。

（2）行程和扳动角度。操纵杆具有前、后、左、右、进、退、上、下、出、入的控制功能，操纵角度通常为30°～60°，常见的有如图11-12所示的汽车变速杆。操纵角也有超过90°的，如开关柜刀闸操纵杆。操纵杆具有实现盲视定位操作的突出优点。

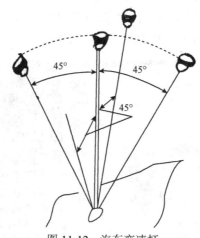

图11-12　汽车变速杆

（3）最佳安装位置。在立姿下操纵杆设置在肩部高度操作最为有力；在坐姿下操纵杆设置在腰肘部高度施力最为有力。对于图11-13所示的我国C919大型客机的飞行操纵杆和发动机推力杆，两者均设在座椅扶手前边的腰肘部高度，此时前臂可放在扶手上转动手腕即可进行坐姿操作；图11-14（a）是大型客车和货车的换挡杆，其也设置在腰肘部高度；坐姿操纵力较小时，在上臂自然下垂位置斜向操作更为轻松，如图11-14（b）所示的大货车手刹杆。

（4）复合操纵杆。在操纵杆的使用过程中，由于空间限制需要使用可完成多种功能的复合操纵杆。图11-15为某型飞机复合操纵杆，在手握整个操纵杆端头时，可用拇指、食指操作图中多个按钮，灵活完成武器发射、通话等多种功能；而图11-16是一种机床复合操纵杆，四指抓握操纵杆在十字槽内前后、左右推移时，机床的溜板箱做对应的慢速移动。而当拇指按压着顶端的"快速按钮"进行同样操作时，溜板箱改为同方向的快速移动。

图 11-13　C919 大型客机的飞行操纵杆和发动机推力杆

（a）换挡杆　　　　　　　　　　（b）手刹杆

图 11-14　大货车的换挡杆和手刹杆

快动按钮

图 11-15　某型飞机复合操纵杆　　　　　图 11-16　机床复合操纵杆

5. 转轮、手柄和曲柄

　　转轮、手柄和曲柄控制器如图 11-17 所示，功能与旋钮相当，主要用于需要较大的操作扭矩的操纵装置。其中，转轮可以单手或双手操作，并可自由连续旋转，因此操作时没有明确定位值。控制器的大小受操作者有效用力范围及其尺寸的限制，在设计时必须给予充分考虑。手柄和曲柄可以认为是转轮的变形设计，此时应注意它们的合理尺寸，使之手握舒服，用力有效且不产生滑动。

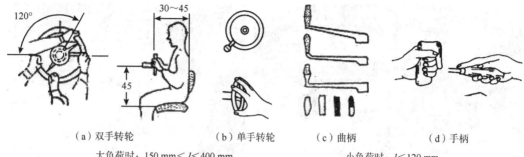

（a）双手转轮　　　　　（b）单手转轮　　　（c）曲柄　　　　（d）手柄

大负荷时：150 mm＜l＜400 mm　　　　　　　小负荷时：l＜120 mm

图 11-17　转轮、手柄和曲柄控制器

方向盘是最为典型的转轮，其设计主要涉及方向盘构造、方向盘与水平面夹角 α 与直径 D 两个主要问题。其中，方向盘构造主要是指轮缘截面形状与尺寸，它主要与车型大小有关；夹角 α 的大小取决于不同车型驾驶员的位置；直径 D 的大小取决于司机施力的舒适性限度。

（1）方向盘的构造。方向盘手握轮缘截面通常为圆形，直径为 19～28 mm。轮辐截面为椭圆形。重型车辆驾驶盘在轮缘下部做出波浪形，节距为 19 mm 左右，以便操纵者施力。

（2）方向盘与水平面夹角 α 和直径 D。对于不同车型，方向盘与水平面的夹角 α 以及方向盘直径 D 也不尽相同（图 11-18），具体如下。

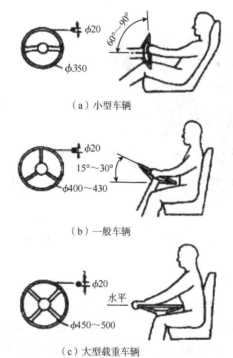

（a）小型车辆

（b）一般车辆

（c）大型载重车辆

图 11-18　不同车型的方向盘平面间夹角 α 和直径 D

①对于小型车辆（如轿车、小卡车）：因驾驶员座椅较低，方向盘的操纵力也较

小，α 可取 45°~60°，直径 D 值取 350~400 mm。

②对于一般车辆（卡车、公共汽车）：为了得到司机舒适位置，α 角可取为 15°~30°，直径 D 值可取 400 mm 左右。

③对于大型载重车辆：需要较大操作力矩，为了施力需要，方向盘的 α 值取到接近 0°，直径 D 可取 450~500 mm。

11.3　脚动控制器的设计

在用手操作不方便与工作量大难以完成控制任务，或操纵力超过 50~150 N 时，适合采用脚动控制器。按机械运动方式不同，脚动控制器可分为直动式、往复式和回转式（图 11-19）。例如，飞机方向舵操纵采用往复式，自行车采用回转式，而制动踏板、油门踏板则采用直动式；按功能不同，脚动控制器分为调节脚踏板和开关脚踏板，如图 11-20 所示。调节脚踏板随着踏板移动距离增加而阻力增大，如飞机方向舵脚蹬、汽车制动踏板、油门踏板；开关踏板主要完成机器设备启停功能，如冲压机、剪床的开关踏板，有接通和断开电路两个工位。

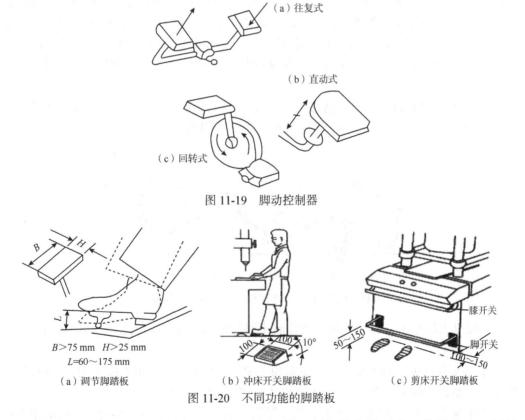

图 11-19　脚动控制器

图 11-20　不同功能的脚踏板

设计脚动控制器要注意以下原则：一是操作必须保持身体平衡且容易出力，尽量采用坐姿工作方式。二是脚动控制使用的座椅比一般座椅的椅面高度要低，如图 11-21 所示。三是脚踏板的高度以脚能最大着力为原则。在操作力很大时，脚踏板与椅面持平或稍低一些，但绝对不可超过椅面高度。四是当操纵力大于 50 N 时宜用脚掌着力，操纵力小于 50 N 或需快速连续点动操作时宜用脚尖，并保持脚跟不动。

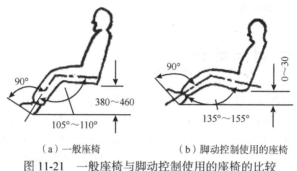

（a）一般座椅　　　　　（b）脚动控制使用的座椅

图 11-21　一般座椅与脚动控制使用的座椅的比较

1. 调节脚踏板设计

调节脚踏板主要分为悬空脚踏板（如刹车踏板）和以鞋跟为转轴的脚踏板（如汽车油门踏板）。调节脚踏板通常设计成长方形，尺寸（B×H）与离地面高度 L 如图 11-20（a）所示。操纵者通常采用坐姿工作方式，座椅要有靠背。假如单脚操作时，另一只脚还应有脚靠板。若有条件两脚交替操作时，采用交替操作方式可以减少疲劳和防止产生单调感。由于通常右脚力量大、动作速度快且准确度高，因此脚踏板常设计为右脚操作。

（1）悬空脚踏板设计。悬空脚踏板的安装高度与角度主要取决于操纵力的大小，一般可分为操纵力小、中、大三种类型（图 11-22），其设计基本要求如下。

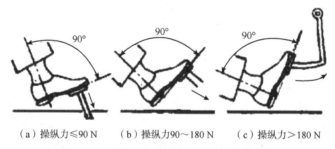

（a）操纵力≤90 N　　（b）操纵力90～180 N　　（c）操纵力>180 N

图 11-22　适用于不同操纵力的悬空脚踏板

①操纵力较小（≤90 N）时，操作时小腿与地面可成角度接近 90°，踏板与座椅面的高度差较大。

②操纵力为 90～180 N 时，小腿需加大倾斜，与地面可成角度接近 45°，踏板与座椅面高度差有所减小，以便操作时腰臀部位获得椅背的支撑。

③操纵力较大（>180 N）时，为了腰臀部获得更有利支撑，小腿与地面的角度更小，踏板与座椅面高度差更小。

在实施大操纵力的情况下（例如踩踏飞机方向舵脚蹬时），脚踏板蹬踩位置与坐姿的关系如图 11-23 所示。蹬踩时操纵者大、小腿之间的夹角为 135°～155°，大小腿两端在图中标有加号的两点受一对平衡力的作用，男性操作者的蹬踩力可高达 800 N以上。

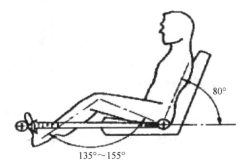

图 11-23　大操纵力时脚踏板蹬踩位置与坐姿的关系

（2）以鞋跟为转轴的脚踏板设计。在设计以鞋跟为转轴的脚踏板时，基本要求如图 11-24 所示。

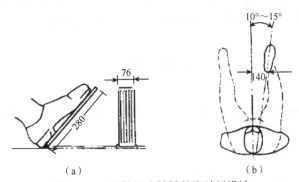

（a）　　　　　　　　（b）

图 11-24　以鞋跟为转轴的脚踏板设计

①未踩踏操作时，脚与小腿基本成 90°角。

②踩踏操作时，脚转动角度不应大于 20°，否则踝关节易感疲劳。

③踏板位置一般不得偏离人体正中矢状面 75～125 mm，对应大、小腿偏离矢状面的角度为 10°～15°。

2. 开关脚踏板设计

相对于调节脚踏板，开关脚踏板一般面积较大，这样以确保不用眼睛查看也能完成操作任务。在设计立姿操作的开关脚踏板和脚踏开关时（图 11-25），需要尽量满足以下基本要求。

（1）脚踏板（或脚踏开关）高度以 200 mm 左右为宜，且操作转角不宜超过 10°。因为立姿下操纵者抬起一只脚操作身体处于不稳定状态，踏板高度过高与操作转角过大均会造成不安全问题。

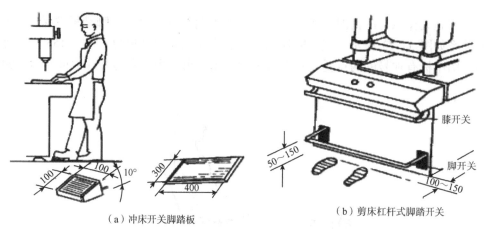

（a）冲床开关脚踏板　　　　　　（b）剪床杠杆式脚踏开关

图 11-25　立姿操作的脚踏板

（2）操作者需要左右脚轮替操作，或立姿时在移动情况下也能操作，建议采用杠杆式脚踏开关。

（3）防止各种误操作发生。当不操作时脚仍需停放在脚踏板上时，脚踏板至少应有 40 N 的阻力，以防因腿自重造成无意蹬动的误操作。杠杆式脚踏开关距地面的高度和对安置立面的伸出距离均以不超过 150 mm 为宜，且踩踏到底时应与地面相抵。

复习思考题

1. 控制器按功能分哪几类？转换与调整控制装置有何不同？紧急停车控制装置有何特点？

2. 正确选择控制器的原则是什么？

3. 控制装置的工效因素包括哪些方面？

4. 控制器的编码起什么作用？

5. 手的运动在水平面及垂直面各有什么特征？

6. 显示器、控制器的编码和运动方向与人的习惯有何关系？

7. 手的动作速度与准确度之间有何关系？它的规律是什么？

8. 控制器布置原则是什么？

第四篇

扩 展 篇

第12章

人机系统总体设计

■ 12.1 人机系统设计的概念

人因工程研究的对象是"系统中的人"。通过研究人的生活和工作方式，以便改善人的生存条件和提高工作效率。随着高新技术的发展与应用，人们逐渐认识到产品不仅要有高质量、高精度、高科技含量，更要有高情感特性。高情感特性是指产品符合人的生理需要和心理需要，具有很高的宜人性、舒适性、安全性，符合人因工程的要求。同时，产品使用方便、操作性好、不易产生疲劳。高情感特性是产品设计的一个新观念和新发展，它的实质是开展良好的人机系统设计。

12.1.1 人机系统

人机系统作为一个完整的概念，表达了人机系统设计的对象和范围。将人放到人—机—环境这样一个系统中来研究，从而建立解决劳动主体和劳动工具之间矛盾的理论与方法，是人因工程的一大贡献。人因工程的主要研究对象是"系统中的人"，人是属于特定系统的一个组成部分。但人因工程并非孤立地研究人，它同时研究系统的其他组成部分，以便根据人的特性和能力设计与改造系统。因此，人机系统的概念对设计者把握设计活动的内容、目标和认识设计活动的实质意义均十分重要。对设计而言，人机系统的概念更多是指一种思想和一种观察事物的方法，它可以从以下四个方面加以认识。

1. 系统的概念

"系统"即由相互作用和相互依赖的若干组成部分结合成的具有特定功能的有机整体。对于设计者而言，一个系统的定义是表明他确认了一个目标，并对其进行了全面的分析，了解为了实现该目标需要具备一些什么样的功能，以及这些功能之间的相互联系。例如一个城市的交通系统，它是设计者根据一定的目标使各种运输活动协调起来。因此在一个系统中，部分的意义是通过总体解释的。有了总体的概念，才能处理好各个部分的设计，这是一条符合系统思想的设计哲理。

2. 人机系统的组成

人机系统包括人和机器两个基本组成部分，它们相互联系构成一个整体，这两个部分是缺一不可的。人机系统的性质和特征可以用图 12-1 所示的人机系统模型表示。该模型表示人机之间存在着信息环路，人与机器设备相互联系具有信息传递的性质。人机系统能否正常工作，取决于信息传递过程是否能持续有效地进行。环境是人机系统的影响因素，当环境不对人体产生不利影响时，则人对环境无异常感觉，表明环境是宜人的。

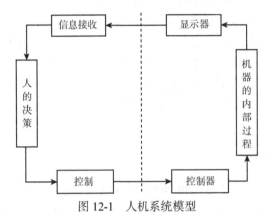

图 12-1　人机系统模型

3. 人机界面

人与机之间存在一个相互作用的界面（图 12-1），所有的人机信息交流都发生在这个作用面上，通常称为人机界面。显示器将机器工作的信息传递给人，实现机—人信息传递。人通过控制器将自己的决策信息传递给机器，实现人—机信息传递。因此，人机界面的设计主要是指显示、控制以及它们之间的关系设计，要使人机界面符合人机信息交流的规律和特性。由于机器的物理要素具有行为意义上的刺激性质（如显示的变化、控制的位移），则必然存在最有利于人的反应的刺激形式。这是一条设计哲理。因此，人机界面的设计依据始终是系统中的人。

4. 人的主导作用

肯定人机系统中人的主导地位和作用，是人因工程的一个基本思想前提。强调人的特性和限度、让人的因素贯穿设计的全过程，是人因工程的重要实践原则。在人机系统中，人的主导作用主要反映在人的决策功能上。虽然机器系统内部有了信息处理过程，人机关系发生相互适应、相互匹配的趋势，但并未改变人的主导作用。人的学习能力使人可通过训练获得优良的决策和控制能力，如人具有迅速分析编码信息（如红灯亮表示温度过高）并做出反应的能力。对于设计者而言，重要的是通过设计使系统利于发挥人的决策功能，为正确决策提供各种作业辅助手段。

12.1.2　人机系统设计

人机系统设计是为了解决系统中的人的安全、健康以及效率等问题。近年来，人的心理健康受到广泛重视，原因在于心理应激能直接损害生理健康和作业效能。因此，提高人的作业效能和降低人的应激水平成为人机系统设计的主要目标。

人机系统设计并非单一产品的设计，而是适合于所有产品的一种设计方法。一般来说，狭义的人机系统设计是指对产品系统本身进行的分析和设计，适应于普通的日用产品和机电产品。它更多的是根据人因工程的原理和参数，强调使用者的安全、舒适、满意，主要采用分析检验法；而广义的人机系统设计是指全面的、大范围的人机系统设计（包括具体系统设计和作业、培训、人员选择标准、维修、作业辅助等一系列支持系统设计），适应于军事、航天等复杂人机系统的设计。它更强调操作者的可靠性、效率、作业精度，主要采用综合分析法。人机系统设计是多学科联合设计的一部分，需要采用系统科学的方法才能实现设计优化。目前，人机系统设计主要包括以下两种设计理论。

1. 人机系统总体设计

人机系统总体设计（total system design，TSD）由美国学者贝雷提出。人机系统总体设计方法的中心设计思想是：系统设计必须分为一系列具有明确定义的设计阶段，而每个阶段的设计活动和任务必须是明确的。这是典型的系统化解决问题的策略。"总体"的意义是强调人机系统的各个组成部分（如人、硬件、软件等）都要给予全面考虑，以克服长期以来工程设计忽视人与人的效能问题。人机系统总体设计的目标是，使系统的每个成分都为实现系统目标而能够协调一致地发挥各自的功能。

良好的人机系统总体设计必须包含以下两个主要工作：第一是明确定义"问题"；第二是制定和实施某种策略来寻找解决问题的满意方案。为了有效地制定设计策略和实施设计，就需要研究一套专门的设计程序。

2. 阶段设计程序

阶段设计程序是人机系统总体设计方法的一种设计程序。它把整个设计过程分解为若干个阶段（步骤），每一个阶段是由相互联系的一系列设计活动组成的。各阶段之间具有时间形式上的顺序性，即只有上一阶段的设计活动完成以后，才能进行下一阶段的设计活动。因此，阶段设计程序就是以人机系统总体设计法的设计思想为指导，在设计过程中分析各种设计活动的"价值"以及它们的相互关系，进而总结规律性而逐步形成的。该设计程度可分为以下几个阶段。

（1）定义系统目标和作业要求阶段：确定使用者的需求；确定使用者的特性；确定群体的组织特性；确定作业方式；确定作业效能的测量参数及测试方法。

（2）系统定义阶段：定义功能要求；定义操作（作业）要求。

（3）初步设计阶段：功能分配；作业流程设计；作业反馈机制设计。

（4）人机界面设计阶段：人机界面设计；作业空间设计。

（5）作业辅助设计阶段：制定使用者素质要求；设计操作手册；设计作业辅助手段；设计培训方案。

（6）系统检验阶段：制定验证标准；实施验证；做验证结论。

12.1.3　人机系统设计的参数

人机系统设计需要运用人因工程参数和系统分析方法。人因工程参数是人因工程应用研究的成果，设计师在设计过程中必须认真查阅人因工程参数的性质和获得这些参数的相关条件。而人因工程应用研究主要是从实际工程课题出发，有目的、有系统地获得与分析有关数据资料，并进行"有控制"的实验研究，从而得出对设计有应用价值的研究结论和设计参数。由于人因工程的实验研究都是在"有控制"条件下获得的设计参数，因此应用这些设计参数是有条件的。离开了这些条件，设计参数的可靠性将受到很大影响。

目前，对人机系统设计参数影响最大的问题是实验效标与系统效标的一致性问题。人因工程的实验效标通常是指实验的因变量即反应变量，是实验目的所要求的心理、生理或行为指标，如人的反应速度、心理感受等；而系统效标则是指经济性、可靠性、安全性等综合性很高的指标。表 12-1 举例说明了实验效标与系统效标。设计师必须仔细分析实验效标和系统效标之间的关系，以便正确地选择设计参数。在符合人因工程要求的基础上，更好地发挥设计师的创造性。

表 12-1　实验效标和系统效标

实验效标	作业错误、闪光融合频率、摄氧量、肌电活性、反应时、心理量表值、脑力负荷、学习时间、心理阈限、心血管系统的反应
系统效标	产品寿命、可靠性、外观质量、方便性、操作性能、安全性、可维修性、运行费用、人员培训要求、经济性等

12.2　人机系统总体设计程序

12.2.1　定义系统目标和作业要求

人机系统设计的第一个步骤是定义系统目标和作业要求。"系统目标"一般采用比较抽象、概括的文字来叙述，如设计"飞往月球的可回收宇航器"；"系统作业要求"是进一步说明为了实现系统目标，必须解决"系统必须做什么？""做的标准是什么？""如何进行测量？"三个关键问题。系统作业要求包括两方面内容：一是若干条目的"要求";二是作业的"限制因素"。前者具体说明了系统的目标,后者则说明实现目标时所必须受到的条件限制,如"宇航器可载三名宇航员和一吨重的仪器设备"。定义系统作业要求可以采用用户需求调查、访谈、问卷、作业研究等技术,这样才能做到定义可靠。

从人因工程的角度,人机系统设计在定义阶段就要考虑人的因素。因此,设计应从以下几个方面进行调研:一是系统未来的使用者;二是目前同类系统的使用和操作;三是使用者的作业需求;四是确保系统目标体现使用者的需求。对于未来系统使用者的特性,特别是心理的、生理的、组织的(社会性)等各个方面数据进行收集,要了解"谁"是使用者;同类系统的操作比较,可采用访谈法调研方法初步掌握其作业流程;作业需求是指与作业相关的要求,如作业满意度、作业的标准和时间限制等。由于人具有较大个性特征差异,因此应十分注意数据统计的可靠性,选取正确的调查样本。

为了更加清楚地解释人机系统设计的阶段设计程序,现以平衡用户银行账目的人机系统为例加以说明。在使用支票的国家和地区,用户经常发生超支现象(支票额大于存款额),其主要原因是用户不能随时掌握自身存款的数额,这给收支双方和银行造成诸多不便。因此,银行希望设计一种人机系统,使用户随时都可以了解其实际存款数额,从而有效防止用户超支。在该人机系统设计的第一阶段,需要定义系统目标、系统作业要求以及提出多个设计方案,具体如下。

1. 系统目标

该人机系统的主要目标是为用户自己平衡银行存取款数额提供一种方法。

2. 系统作业要求

该系统的基本作业要求应该包括以下四个方面:一是使用方便;二是操作简单;三是大多数用户能正确使用;四是大多数用户有兴趣使用。

该系统的主要限制条件为:一是用户一般不了解银行的业务;二是用户的计算能力不一致;三是用户对平衡账目的态度不同。

3. 系统设计方案

针对系统目标和作业要求,提出五个系统设计方案:一是每超支一次罚款100元;二是使用一种用户专用的小型计算器;三是银行每日寄给用户账单;四是银行与各用户进行计算机联网;五是用户开支票时必须电话通知银行对账。

上述例子中系统目标的定义是采用了比较概括的语言,直接说明了系统目标,"提供一种方法"是一种抽象的提法,为设计者创造性地提出多个设计方案提供了思路上的可能。系统的作业要求与未来用户是否接受新系统直接相关,所以该人机系统在作业上应该满足以下要求:一是应方便使用,随时随地都可使用;二是操作必须简单易学;三是用户有兴趣并能正确使用系统才能实现系统目标。同时,限制条件也必须清楚定义，如用户一般不精通银行业务，且计算能力也不同，因此诸如利息计算等复杂工作不宜由用户完成。设计方案必须根据系统目标和作业要求提出，可以采用头脑风暴等各种方法来促使设计者进行创造性的设计。从本例可以看出，定义人机系统的目标和作业要求时要充分考虑人的因素。

12.2.2 系统定义

系统定义阶段是"实质性"设计工作的开始。系统目标和作业要求的定义为系统定义提供了概念基础。在转入系统定义阶段之前，设计者要与决策层人员一起开展一些重要决策，其中最主要的决策是选择"设计方案"。设计方案选择必须从更大范围和更高层次上加以考虑，从而决定采用哪个系统方案作为整个系统的一个子系统，以及它如何发挥作用。例如，在上述平衡银行账目系统的方案选择中，将会涉及该人机系统与整个银行系统运行机制的关系。因此，选择哪个方案的决策必须由更高一级的决策层和设计者做出。系统定义是对系统的输入、输出以及系统功能的定义，它包含系统功能定义和使用者资料收集两项重要工作。

1. 系统功能定义

系统功能定义是用文字描述的一组工作，系统必须完成自己的功能任务，才能实现系统目标。系统的功能定义是与输入和输出的定义同时进行的，如图 12-2 所示。在系统定义阶段，应避免"功能分配"，即只定义功能是什么而不定义怎样实现功能，特别不能将功能马上"分配"给人或者机。此处仍以平衡用户银行账目为例，假设银行已决策选择设计方案"设计小型用户专用计算器"。当用户存款和开出支票时，可使用这种专用计算器记录和查询账目，以保证账目平衡。此时定义该人机系统的主要功能（专用计算器的主要功能）：一是确定账目的平衡数；二是进行账目增值（存款）；三是进行账目减值（支票）；四是计算账目的平衡数；五是储存平衡数。这里每一个功能都定义出自己的输入和输出。例如，第四项功能"计算账目的平衡数"，输入是存款数或支票额，输出是运算后账目的实际数额。但必须注意该阶段并不确定是由人或是计算器（机）来完成计算功能。

图 12-2 功能与输入、输出的关系

2. 使用者资料收集

系统定义阶段的另一个重要工作是收集和整理有关使用者的资料，其意义是进一步定义"使用者"。该项工作主要包括两方面内容：一是确定使用者的群体特征（如人数、职业类型等）；二是明确使用者的个体特征（如感觉、认知、反应能力等）。

12.2.3 初步设计

1. 初步设计的主要内容

进入初步设计阶段，系统各个硬件、各个专业的设计活动都全面展开，往往会做出一些无法预见的改变和修改。这时应始终注意人因工程的要求与各个硬件及设计决策的协调一致性。系统总体设计的中心思想就是实现人机系统设计与整个系统设计相协调的一种设计方法，保证系统设计的全过程都有人因工程专业设计人员的参与，都要考虑人的因素。目前，人机系统的初步设计主要围绕功能分配与分析方法、作业要求以及作业分析三个方面展开，具体如下。

1）功能分配与分析方法

功能分配是指按照一定的分配原则，把已定义的系统功能分配给人和机器设备。设计者根据已经掌握的资料和人机特性制定分配原则，同时需要确定功能分配与分析的方法。部分的系统功能分配是比较直接简单的，但大多数系统功能分配需要更详尽的研究和更系统的分配方法。在进行功能分配时，对于可能由人实现的系统功能，特别需要注意以下两项内容的研究：第一，人是否有"能力"实现该功能，这是对未来"使用人"的能力与素质等人力资源的判断；第二，预测人是否乐意长时间从事这一功能。这是因为人也许具备完成某项作业的技能和知识，但缺乏做好作业的作业动机，也不能保证系统功能的正常。

2）作业要求

每一项分配给人的功能都对人的作业提出作业品质的要求，如作业的精度、速度、技能、培训时间等。设计者必须确定作业要求，并以其作为后续人机界面设计、作业辅助设计的参考依据。

3）作业分析

作业分析是指按照作业对人的能力、技能、知识、态度的要求，对分配给人的功能做进一步的分解和研究。作业分析的功能分解过程直至可以定义出"作业单元"的水平为止，作业单元水平是指达到特定使用者易懂易做的功能分解水平。作业分析主要包括两方面内容：第一，子功能的分解与再分解；第二，每一层次的子功能的输入和输出的确定，即引起人的功能活动的刺激输入和人的功能活动的输出反应，是刺激—反应（S—R）过程的确定。因此，作业分析的实质是将分配给人的系统功能分解为使用者或操作者能够理解、学习和完成的作业单元。

每一个作业单元的定义形式是它的输入和输出，这是一个有始有终的行为过程。一组作业单元可以组合为一个作业序，它是分配给一类特定使用者的一组相互关联的作业单元。通常一个给定的作业序可以由一个以上的使用者或操作者完成。作业分析除了对系统正常条件下的功能过程进行分析和研究，还应特别注意非正常条件下人的功能，特别是偶发事件的处理过程。美国三里岛核电站设计中，由于缺乏对事故的处理过程中人的因素的充分分析和研究，延误了人的正确判断时间，从而造成了较为严重的事故。

2. 初步设计的例子

关于作业分析，本小节仍以平衡用户银行账户的人机系统为例开展初步设计，详细过程如下。

1）平衡用户银行账户的人机系统功能分配

该人机系统的具体功能分配关系如下。

（1）功能 1（确定账目的平衡数）的分配。实现该功能的人机任务分配为：①取出计算器（使用人）；②显示平衡数（计算器）；③读数（使用人）。

（2）功能 2（进行账目增值）的分配。实现该功能的人机任务分配为：①取出计算器（使用人）；②开启计算器（使用人）；③键入存款数，按"存"键（使用人）；④关计算器（计算器）。

（3）功能 3（进行账目减值）的分配。实现该功能的人机任务分配为：①取出计算器（使用人）；②开启计算器（使用人）；③键入支票数额，按"支"键（使用人）；④关计算器（计算器）。

（4）功能 4 和功能 5（运算和储存账目平衡数）的分配。该项功能由计算器完成。

在上述功能分配中，功能 1、2、3 被进一步分解后才分配给人或计算器，而功能 4、5 被组合分配给计算器。为了降低操作技能的要求，复杂的运算和储存功能都分配给计算器。另外，该系统还采取了一些措施以提高作业速度和精度，如只需要按下"存"或"支"键，计算器自动完成运算并保持平衡数显示，以便使用人随时查阅。

2）平衡用户银行账户的人机系统的作业要求

该人机系统的作业需要满足以下四点要求：一是使用者不需任何正规培训，只要阅读使用手册；二是存款时计算器操作 15 s 以下完成，开支票付款时计算器操作 20 s 以下完成；三是读数错误率小于千分之一次；四是大多数用户对使用计算器满意。

12.2.4　人机界面设计

1. 人机界面设计的主要内容

人机界面设计主要包括显示设计、控制器设计以及涉及两者关系的作业空间设计，它应使设计的人机界面符合人机信息交流的规律和特性。

1）显示设计

该设计必须考虑四项主要因素：一是传递信息的内容和方式；二是传递信息的目的或功能；三是显示装置的类型；四是传递信息的对象。

2）控制器设计

控制器是指操作人员用来改变系统状态的装置，它的设计需要着重考虑以下因素：一是控制的功能；二是控制操作的作业标准；三是控制过程的人机信息交换；四是人员的作业负荷。

3）作业空间设计

作业空间也是人机界面设计的主要内容之一。作业空间设计主要参考人体尺寸的数据。在进行系统设计时，选取的人体尺寸必须保证样本与总体的一致性，根据使用者总体选择相应的人体尺寸。同时，还要注意动态作业空间、有效作业空间与一般人体尺寸的静态计算范围的差异。

2. 人机界面设计的例子

在平衡用户银行账户的人机系统中，该系统的人机界面设计主要解决三个问题：一是显示设计（视觉、听觉）；二是计算器和键的尺寸、形状、位置（布局）设计；三是人机对话设计。前面两项设计问题可根据前面章节的人因工程参数和设计原则加以解决，从而完成视觉与听觉设计，并确定计算器外部形式和布局；最后一项的人机对话设计是界面设计的重点，需要开展多方案设计与比选，从而保证整机性能和作业要求。平衡用户银行账户的人机界面设计的三种方案如下。

1）数字、字母键盘式设计

人机对话通过键盘输入，用数字键输入"存款"或"支票"款数，然后按英文的拼写字母，逐一键入英文字母"deposit"（存）或者"check"（支票）。

2）数字、缩写字母键盘式设计

该方案与第一方案基本设计形式一样，但是可以用缩写英文词，如"D"代表"deposit"，"C"代表"check"。

3）数字、功能键式设计

该方案仍用数字键输入钱数，但采用两个功能键分别标注"deposit"和"check"字样加以解决。

上述三种人机对话方案各具特色。第一种方案要求逐一键入字母，容易出现操作错误。但设计完整的字母键，有利于计算器完成其他功能，如必要时对计算器运算程序的调整等。第二种方案采用缩写形式，虽只按一次键，但要求使用者懂得缩写的含义。第三种方案采用功能键，十分有利于使用者完成操作，但也限制了计算器功能拓展。

人机界面设计是人机系统总体设计 TSD 各阶段中直接对产品的硬件进行设计，因此要求与其他专业设计相互配合。以往经验表明，人们会以各种理由来拒绝人因工程的要求，设计者应以国家已经颁布的人因工程标准据理力争，倡导为用户设计的原则。

12.2.5 作业辅助设计

为了获得高效作业，必须设计各种作业辅助技术和手段。作业辅助设计的内容包括两个方面：一是制定选择操作人员的标准；二是确定培训、使用说明，确定作业辅助手段。作业辅助是一个比较宽泛的概念，除了系统"本体"的硬件，所有用于保证人的作业效能的技术和手段都属于作业辅助的范围。作业辅助设计的要求必须明确、适量，即对作业的指导明确，但必须符合使用者需要，不能过多或太少。例如，对于平衡用户银行账户的专用计算器，其作业辅助设计的重点不是选择和培训操作人员，而是确定操作手册和操作说明书。而人机系统的操作说明书设计，应该分为解释说明书和现场提示操作说明书，前者详尽，后者具体简明。操作说明书都必须进行实际验证，不能认为设计师看得懂就可行，而应做到随机抽样选择若干使用者阅读后也可进行实际操作，以证实作业辅助的指导效果。

12.2.6 系统检验

系统检验是要验证系统是否达到系统定义和设计的各种目标。系统设计之后通过生产制造转变为一个实体，其中每一个生产环节、每一个部件（硬件、软件）都要经过检验，整个系统也需要检验。因此，设计、制造和检验是不可分割的过程。人机系统的验证应在系统开发的各个时期进行，如在人机界面的设计、作业辅助设计等阶段都可进行局部验证，在人机系统整体完成后进行用户验证。例如，银行专用计算器的显示部分、键盘布局可用模型或部件进行验证，而形成计算器样品后还要进行用户使用和可接受性验证，这样才能投入市场。人机系统的验证是以人的作业效能为主要验证标准，必须保证作业符合作业要求。

12.3 人机系统总体设计方法

12.2 节介绍了人机系统总体设计的阶段设计程序，并概要地说明了各个阶段的主要设计方法。本节将进一步重点讨论其中的功能分析与分配、作业分析以及作业辅助等几种重要设计方法。

12.3.1 功能分析与分配

功能是关于系统工作的描述，它的作用既是设计思维的要素又是必须物化的要素。如果系统的所有功能都正常完成，就能实现系统的目标。功能同时又是一个抽象概念，它的内涵是一定的，但是对系统而言它的实现方式是多种多样的。例如，提供动力的功能，可以完全依靠人自身的肌力，可以训练动物作为动力源，可以制造机器以提供动力。因此，功能也是人类理解世界的方式之一。

1. 功能化的设计思维

功能化设计思维的主要特征是将系统的工作与其工作机制分开。采用功能化的设计思维具有以下两个优点：第一，可以为各专业设计者提供通用设计语言。以"供能"这一功能为例，提供能量是大家都能理解的功能。然而，化工专家可能设想化学反应供能，电力专家可能设想电力供能，机械专家可能设想利用风力来供能。第二，可以为各专业联合设计提供方法论基础。著名人因工程专家司雷顿（Singleton）认为，目前多数设计本质上是按物理原理进行的，其他学科仅是作为补充，这是解决问题的临时办法。但功能化设计要求各专业设计者在系统功能定义和分析阶段就开展联合设计，按功能进行设计思维。

2. 功能分析

功能分析包括描述、确定和分解系统功能的过程。功能的描述和确定是根据系统目标进行的；功能分解的是保证功能分配有确切的功能含义，因此功能分解的程度取决于功能分配的要求。从方法论上讲，分解也包含设计师的主观判断和经验。12.2 节中定义平衡用户银行账户的银行专用计算器有五大功能的系统，这些功能反映了对系统目标和需求的理解，同时在进一步功能分配过程中，这五大功能又做了再分解或组合。

3. 功能分配

功能分配的主要任务是把分解了的系统功能逐一分配给人或机械。人与机械各有长短，人机系统进行功能分配时，要充分考虑和比较两者的特征（表 12-2），使得整个系统的功能达到最佳状态。在开展功能分配时，需要考虑以下两个主要问题。

表 12-2　人与机械的特征比较

项目	机械	人
（1）检测	物理量的检测范围广且正确 人检测不出的电磁波等也能检测	〔感觉器官〕具有认识能力 具有味觉、嗅觉、触觉
（2）操作	在速度、精度、力、功率的大小、操作范围大小以及持久性等方面远胜于人 操纵液体、气体、粉状物比人强，但是操纵柔软物体则不如人	〔运动器官〕人手有非常多的自由度，能进行各自由度微妙协调操纵。能从视觉、听觉、位移感、重量感等接收高精度的信息，可以灵巧地控制操作器官
（3）信息处理机能	按预先程序正确处理数据的能力比人强，记忆准确且不会忘记，取出速度快	〔思维判断〕具有高度的综合、归纳联想、发明创造等思维能力，能把经验记忆起来
（4）耐久性持续性	依靠于成本，且需要适当地维护 能胜任连续的、单调的、重复的作业	长时间维持紧张状态困难，要求必要休息 难以胜任刺激少、无兴趣以及单调的作业
（5）可靠性	可靠性与成本有关 对于预先安排的作业，可靠性好。对于意外事件，则无能为力	可靠性与人的意欲、责任感、身心健康、意识水平等心理、生理条件有关，个体差异大 个人经验丰富，可靠性好。若时间允许、精神有准备，能处理应急事件
（6）效率	具有复杂机能且功率大，适合轻、中、重各工作 作业形式单一时速度快 机械从设计、制造到使用需要一定时间 能在各种恶劣环境下工作	适合 100 W 以下的轻工作 作业形式多样，速度较机器慢 人的教育和训练需要时间 仅能在相对安全的工作环境
（7）适应能力	专用机械的用途不能改变 改造革新比较容易	由于接受教育、训练，能够适应各种情况 改造革新困难
（8）成本	有购置费、运营费与维修费	除工资成本外，对家庭成员要考虑福利待遇

（1）明确人和机械的基本限界。从表 12-2 中可以归纳出人的基本限界，它主要涉及准确度的限界、体力的限界、动作速度的限界以及知觉能力的限界。而机械的基本限界主要涉及机械性能维持能力的限界、机械正常动作的限界、机械判断能力的限界以及成本费用的限界。人和机器各有其局限性，所以人机间应当彼此协调、互相补充。例如笨重、重复的工作、高温剧毒条件下对人有危害的操作以及快速有规律的运算工作都适合于由机器（或机器人）来承担。而人则适合于安排指令和程序、对机器进行监督管理、维修运用、设计调试、革新创造、故障处理等工作。只有在机器、设备、装置的设计中兼顾人与机两方面的因素，这样才是具有最佳效果的设计思想，才能获得人机设计的最佳效果。

（2）功能分配必须遵循一定的原则。长期的设计实践，产生了一系列功能分配的一般原则，具体如下。

①比较分配原则。该原则是指比较人与机的特性，并据此进行客观合理的功能分配。20 世纪 50 年代著名的费兹表（Fitts List）就是典型的比较分配方法。例如在处理信息方面，机的特性是能够按预定程序准确、高速地处理数据，记忆可靠而且易提取，不会遗忘信息，而人的特性是有高度的综合、归纳、联想、创造的思维能力，记忆和识别力强。因此，设计信息处理系统时，就可根据人机各自处理信息的特性进行功能分配。

②宜人分配原则。该原则是适应现代人观念的一种分配方法。现代人要求一项工作要更多地体现个人的价值和能力，它必须具有某种"挑战性"和能发展人的技能，完成该工作能够证明一个人的价值。因此，功能分配要有意识地多发挥人的技能。

③剩余分配原则。该原则是指把尽可能多的功能分配给机（尤其是计算机），剩余的功能分配给人。

④弹性分配原则。该原则的基本思想是由人自行选择参与系统行为的程度，也就是说系统有多种相互配合的人机接口，操作者可以根据自己的价值观、需求和兴趣分配功能。这种分配方法一般只用于计算机控制的系统。例如对于现代民航客机，飞行员可在自动飞行或手控飞行上做多种选择，其系统的控制功能就是弹性分配的。

4. 功能流程图

将系统的各个功能按其输入和输出联系起来并用框图表示，进而获得描述系统的功能流程图。功能流程图的作用是描述系统、系统功能以及各项功能之间的关系，图 12-3 为发电厂的功能流程。

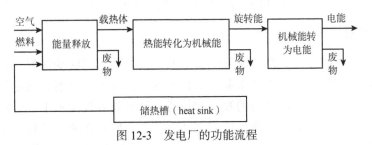

图 12-3　发电厂的功能流程

12.3.2　作业分析

作业分析是指对已分配给人的功能进行的分析，其目的是使作业与作业者之间建立协调一致的关系。作业分析和作业设计的思想最早由古典管理理论家 F. 泰勒提出，他认为：每一项作业都必须事先有计划，作业者必须得到明确的书面指导。这种指导文件必须说明作业者要做什么、怎样做以及什么时间完成。只有这样科学的作业管理，人才能获得高效率。从设计角度来看，作业分析可以使设计者更加深入地了解人机系统，特别是人机相互作用和人的作业，为人机系统设计提供了有效的分析方法。作业分析主要包括确定系统作业结构、确定作业、描述作业、建作业序四个主要部分，具体如下。

1. 确定系统作业结构

系统作业结构是指系统的作业和作业技能的整体要求，它是对作业者群体而言的。系统作业结构取决于设计，对于分配给人的系统功能，有的可以分解为几乎每个人都能做的作业，即分解为低技能作业；而有些功能则可以形成复杂的作业技能要求。因此，系统作业结构的分析和设计将决定未来系统对整个作业者群体的人员素质、培训计划等一系列系统运行的基本要求。

系统作业结构大体可分为三种基本形式（图 12-4）：一是"金字塔"结构。该结构的特征是以低技能作业为主，因此系统可用的人力资源多、人员上岗培训时间短且可从低技能作业者群体选择和培训高技能作业者。由于前者人数多于后者，因此选择过程完全可以在系统内部进行。二是倒金字塔结构。它以高技能复杂作业为主。由于低技能作业者群体人数有限，系统必须考虑从其他系统中转移来作业人员以完成复杂作业，否则人员上岗培训时间可能会相当长。三是菱形结构。它以中等复杂作业技能为主，低技能和高技能作业相对比较少，其特征介于前二种形式之间。

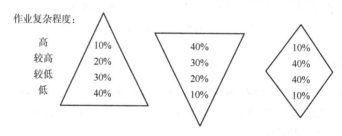

图 12-4　系统作业结构的三种基本形式

2. 确定作业

确定作业是指研究人员在完成分配给他的系统功能时的活动过程，并从作业管理角度给予一定的划分或规定人的作业，如作业的复杂程度。目前，确定作业主要涉及以下主要问题。确定人员已具备的知识和技能、划分作业技能水平、确定作业输入和输出、确定作业内容、确定作业与作业之间的关系、研究作业复杂程度是否与要求的技能水平相适应、功能分解为作业。其中，作业复杂程度和功能分解为作业尤为重要，具体如下。

（1）作业的复杂程度。确定作业复杂程度包括收集数据和产生划分原则两个方面，设计者必须收集系统未来使用者知识和技能水平的数据。为了能对未来系统进行作业复杂程度的划分，可先以目前同类系统的作业人员为对象划分作业复杂程度。图 12-5 为作业复杂程度分析，该图依据在公司工作时间长短和作业知识丰富程度将作业划分为 4 级复杂程度。4 级复杂作业必须由有 3 年公司工作经验的人承担，这些人的特征是经验丰富、了解自己的工作以及与该工作相关的其他方面工作。对于新系统的设计者，这样的作业分析可提供大量与设计相关的信息。

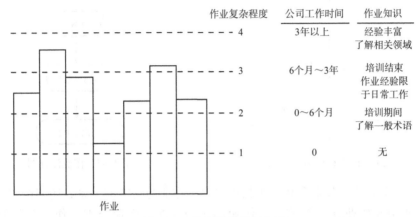

图 12-5　作业复杂程度分析

作业复杂程度的划分原则可根据具体情况分析，工作时间、应知应会考核、作业效能、学历要求等都可作为划分根据。设计者应注意按系统设计和功能要求，选取合适的划分原则。

（2）功能分解为作业。从分配给人的功能出发定义出若干作业，是确定作业的重要任务。一旦划分了作业复杂程度就可以开始确定作业，这是因为作业复杂程度可以作为分解功能的"止分原则"，即将功能分解到一定的作业复杂水平就可停止分解。

功能分解的过程通常为：首先将功能分解为子功能；然后根据子功能确定作业。在该过程中往往涉及不同层次的输入和输出分析。本书以"计算算术平均值"这一计算功能为例（图 12-6）加以说明。在该图中，计算平均值的功能以数值为输入和以平均值为输出，该功能又被分为数值累加、数值的个数计算和计算平均值三项子功能，完成这三项子功能就实现了算术平均值的计算。因此，分解子功能有两个原则：第一，子功能必须包括主功能的所有内容，当所有子功能完成，则主功能必完成；第二，子功能之间是相互独立的。

3. 描述作业

确定作业后，设计者需要用适当的形式描述作业，以便设计和管理时参考。描述作业的方法种类较多，这里介绍两种较常用的方法。

（1）作业流程图。作业流程图的作图规则与计算机程序框图相似，在设计作业流程图的过程中，设计者仍可对整个作业过程进行分析，必要时对作业进行调整。图 12-7 是图 12-6 的作业流程图。

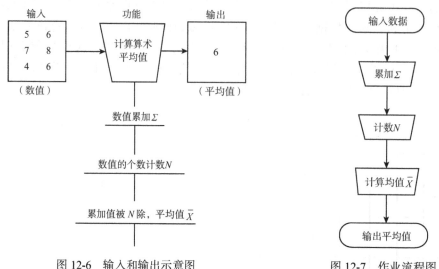

图 12-6　输入和输出示意图　　　　图 12-7　作业流程图

（2）作业分析表。作业分析表不仅可以表示作业与功能的关系，还能按照人机关系的特征说明引起作业动作的信号、作业动作的反馈、作业分类、作业动作的潜在错误、完成作业的时间限制、作业地点和技能水平等。控制喷气式发动机的作业分析表如图 12-8 所示。

功能：(F_1)	系统控制								
作业：(T_2)	控制喷气式发动机								

子作业 (T_3)	刺激 (4)	反应 (5)	反馈 (6)	作业分类 (7)	错误可能 (8)	时间（9）允许(a)	时间（9）必需(b)	作业地点 (10)	技能水平 (11)
3.1 调节发动机速度	4.1 速度表	5.1 向下按调速控制器	6.1 速度表指示增加	7.1 操作作业飞行员完成	8.1 a. 读数错误 b. 操作未达发动机速度	9a. 110 s	9b. 17 s	10.1 飞行员座椅	11.1 低技能

图 12-8　控制喷气式发动机的作业分析表

4. 建作业序

作业序是指某个作业者单独从事的一组作业。一个作业序可以由几个分配给人的功能分解出的作业组成。图 12-9 是一个作业序构成的例子，功能 1 和功能 2 被分解为若干作业，按一定规则可将作业组合为不同的作业序。虽然一个作业序可以包括多个作业，但一般认为不超过 7 个作业，其主要原因在于：确定一个作业时都要明确它的输入和输出，7 个以上作业组成的作业序的输入数量过多，作业者一般无法做到准确处理。

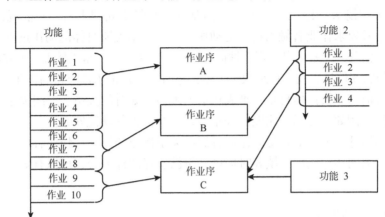

图 12-9　作业序构成举例

在组合作业为作业序时，考虑的主要关系包括作业的信息或数据关系、技能水平、顺序关系、时间安排以及人机界面关系。例如，处理同类信息或数据的作业应该组合；要求同级技能水平的作业应该组合，高技能作业与低技能作业组合是不经济的；作业性质相同并有顺序关系的作业可以组合，以获得合理工作流程；在同一时间区域内进行的作业可以组合；从人机界面设计角度考虑，在同一人机接口位置的作业可以组合。应该根据人机系统的整体要求和科学管理的要求，加以综合考虑和统一安排。

12.3.3　作业辅助

作业辅助是指一种"信息装置"或文件，它包含作业者作业时使用的信息。作业辅助只在作业过程中使用。虽然作业辅助与培训材料不同，但它们之间必须是协调的、互不矛盾的。

1. 作业辅助的分类

常用的作业辅助主要分为记忆辅助类和作业步骤类，具体如下。

（1）记忆辅助类。记忆辅助类的作业辅助主要用于帮助作业者在作业过程中记忆一些特定信息，如准备一张购物清单，然后再去商店准确购物。

（2）作业步骤类。作业步骤类的作业辅助用于指导作业者按步骤完成作业活动。常见的家电产品都备有装配图，可以帮助用户正确安装。由于大多数用户没有受过培训，因此这些装配图必须设计作业步骤类的作业辅助。现代民航客机的装配和维护也采用了作业步骤类的作业辅助，以避免在极为复杂细致的作业中出现任何错误。

2. 作业辅助信息的分类

作业辅助提供信息有多种方式，一般分为以下四类。

（1）提示信息。提示是以某种信号指导与要求作业者注意某特定信息、物体或情况。例如，采用箭头、标记、颜色提示作业者有两张不同的表格，不能混淆使用。提示也以某种信号要求作业者做出特定的动作反应，而不说明具体的动作过程。

（2）关系信息。关系信息是指一种信息转换的方法，如三角函数表、平方根表等。作业者在寻找与已知信息有关的详细数学关系信息时，通常采用该类型的作业辅助信息。

（3）模拟信息。模拟信息是一种表达抽象关系（如时间关系、空间关系或某种过程关系）的信息。例如，可以采用图形表示系统各个部件的功能联系。

（4）举例信息。举例信息是向作业者提供关于作业的例子，作业者可以参照例子中的方法处理同类问题。例如，填表时提供一份已填好的标准表，可以有效提高填表的准确性。

3. 作业辅助的设计

在条件许可的情况下，设计者应优先采用作业辅助，而不是说明书和培训材料。这是因为作业辅助具有制作费用低、容易修订且不容易"遗忘"的优点，更为重要的是，它可以提高作业者效能，同时可以有效缩短培训时间。目前，设计作业辅助应考虑以下问题。

（1）准确性。作业辅助设计必须依据作业分析的材料，同时广泛听取工程专家的意见，力争做到科学准确。

（2）可靠性。作业辅助设计不允许存在假设、估计的信息，如需要明确指出"需要使用 33 型 2 号终端"，而不能是"可能需要使用 33 型 2 号终端"。

（3）简明性。作业辅助要做到句子简短、文字通俗、分段明确，尽量采用图示、检查表、图表等形式，而减少文字使用。

（4）完整性。作业辅助应提供完整信息，特别是当作业十分复杂时，可以列出需要作业者参考的完整材料。

12.4　人机系统评价分析法

12.4.1　系统分析评价概述

人机系统由人、机械、显示器、控制器、作业环境等子系统构成，各子系统相互作用实现系统的目标。系统分析是运用系统论的方法对系统和子系统的可行设计方案进行定性和定量分析与评价，以便选择优化方案的技术。人机系统分析与评价可用于以下几个方面。

1. 系统功能分析

通过系统功能分析，研究系统要达到目标应具备哪些功能。功能分析包括功能描述、功能确定和功能分解。功能描述和功能确定根据系统目标进行，功能分解是保证功能分配有确切的含义。

2. 作业分析

作业分析是指对已分配给人的功能进行分析，其目的是使作业与作业者之间建立协调一致的关系。从设计角度看，作业分析可以使设计者更加深入地了解人机系统，特别是了解人机相互作用和人的作业，为人机系统设计提供有效的依据。

3. 确定制约因素

从人、机、环境各个方面分析影响系统功能、可靠性和安全性等方面的限制因素，并对系统的安全性和可靠性进行评价。

人因工程中系统分析评价的方法很多，其中定性分析方法主要包含人的失误分析法、操作顺序图法、时间线图法、连接分析法、功能流程图法等，而定量分析方法则主要涉及功能分析法、人机可靠性分析法、环境指数分析法、人机系统信息传递法、人机安全性分析方法等。本书主要介绍连接分析法、操作顺序图法以及人机系统评价三种方法。

12.4.2　连接分析法

1. 连接及其表示方法

连接是指人机系统中人与机、机与机、人与人之间的相互作用关系，它包括人—机连接、机—机连接和人—人连接等连接形式。人—机连接是指作业者通过感觉器官接收机械发出的信息或作业者对机械实施控制操作而产生的作用关系；机—机连接是指机械装置之间所存在的依次控制关系；人—人连接是指作业者之间通过信息联络协调系统正常运行而产生的作用关系。连接分析是指综合运用感知类型（视、听、触觉等）、使用频率、作用负荷和适应性，分析评价信息传递的方法。连接分析涉及人机系统中各子系统的相对位置、排列方法和交互次数，按照人机系统的连接性质和连接方式，主要有两种。

（1）对应连接。对应连接是指作业者通过感觉器官接收他人或机器装置发出的信息以及作业者根据获得的信息进行操纵而形成的作用关系。例如，操作人员观察显示器后进行相应的操作；厂内运输驾驶员听到调度人员的指挥信号进行的操作，这些都是由显示器传给眼睛或由声信号传给耳朵后进行的。这种以视觉、听觉或触觉来接收指示形成的对应连接称为显示指示型对应连接；操作人员得到信息后以各种反应动作操纵各种控制装置而形成的连接称为反应动作对应型连接。

（2）逐次连接。人在进行某一作业过程中，往往不是一次动作便能达到目的，而需要多次逐个的连续动作，这种由逐次动作达到一个目的而形成的连接称为逐次连接。例如，内燃机车司机启动列车的操作过程：确认信号（信号机的灯光显示与车长的发车指令）→司机与副司机呼唤应答（人与人连接）→手操纵列车制动器缓解→鸣笛→缓解机车制动器→置换向控制手柄于前进位→提主控手柄→打开撒砂开关→提主控手柄→关撒砂开关→置主控制手柄于运转的合适位置。这一复杂操作过程为一典型的逐次连接。

连接由连接关系图表示，连接分析通过连接关系进行。人机系统中的各种要求均用符号表示，其中圆圈表示作业者；方框表示控制装置、显示装置。方框与圆圈的对应关系根据连接形式用不同的线条进行连接。实线表示操作连接，点画线表示视觉观察连接，虚线表示听觉信息传递连接。

2. 连接分析的目的

根据视看频率和重要程度，运用连接分析合理配置显示装置与操作者的相对位置，以求达到视距适当、视线通畅，便于观察；根据作业者对控制装置的操作频率、重要程度，通过连接分析将控制装置布置在适当区域内，以便于操作和提高操作准确性；连接分析还可以帮助设计者合理配置机器之间的位置，降低物流指数。由此可见，连接分析的主要目的是合理配置各子系统的相对位置及其信息传递方式，减少信息传递环节，使信息传递简洁、通畅，从而提高系统的可靠性和工作效率。因此，连接分析是一种简单实用、优化系统设计的系统分析方法。

3. 连接分析的步骤及优化原则

连接分析的主要步骤如下。

（1）绘制连接关系图。根据人机系统列出系统的主要要素，并采用相应的符号绘制连接关系图。例如，在图 12-10 的控制台系统设计中，作业者"3""1""4"分别对显示器和控制装置"C""A""D"进行监视与控制，作业者"2"对显示器"C""A""B"的显示内容进行监视，并对作业者"3""1""4"发布指示。该系统的连接关系如图 12-11 所示。

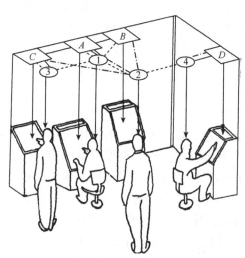

图 12-10　利用控制台的系统设计

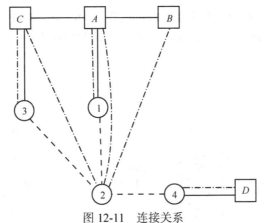

图 12-11　连接关系

注：点画线为监视和控制，虚线为发布指示

（2）调整连接关系。为了使连接不交叉或减少交叉环节，通过调整人机关系及其相对位置来实现。图 12-12（a）为初步配置方案，图 12-12（b）为修改后方案，交叉点消失，显然（b）方案比（a）方案合理。经过多次这种作图分析，直至取得简单、合理的配置为止。

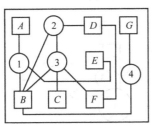
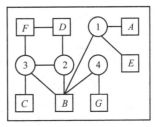

（a）初步配置方案　　　　　　　　　　　（b）修改后方案

图 12-12　连接方案的优化

（3）综合评价。对于较为复杂的人机系统，仅使用上述图解很难达到理想效果，必须同时引入系统的"重要程度"（邀请有经验的人员确定）和"使用频率"两个因素，并采用相对重要性和使用频率两者相对值的乘积大小进行评价优化。图 12-13（a）表示某连接图，连线上所标的数值是重要性和使用频率的乘积值，即综合评价值。在进行方案分析中，考虑到减少交叉点数和综合评价值，将图 12-13（a）的方案调整为 12-13（b）的方案，连接流畅且易使用。

4. 运用感觉特性配置系统连接

从显示器获得信息或操纵控制器时，人与显示器或人与控制器之间形成视觉连接、听觉连接或触觉连接（控制、操纵连接）。视觉连接或触觉连接应配置在人的前面，这由人的感觉特性所决定，而听觉信号即使不来自人的前面也能被感知。因此，连接分析除运用上述减少交叉、综合评价值原则外，还应考虑应用感觉特性配置系统的连接方式。图 12-14 描述了 3 人操作 5 台机器的连接，小圆圈中的数值表示连接综合评价值。其中，图 12-14（a）为改进之前的配置，而图 12-14（b）为改进之后的配置。此时，视觉、触觉连接配置在人的前方，听觉连接配置在人的两侧。

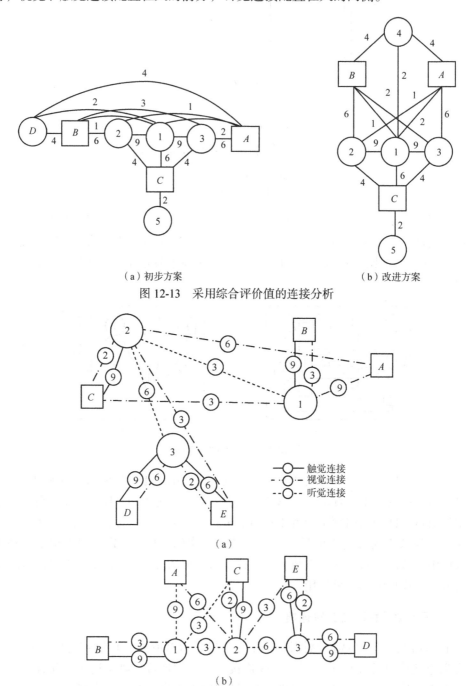

（a）初步方案　　　　　　　　　　（b）改进方案

图 12-13　采用综合评价值的连接分析

（a）

图 12-14　运用感觉特性配置系统连接

5. 连接分析法的应用

（1）对应分析。图 12-15（a）为某雷达室初始平面图。为了减少交叉和行走距离，运用连接分析法优化雷达室内人机之间的连接，利用连接图将图 12-15（a）简化为图 12-15（b）。雷达室内的机器以字母表示，作业人员用数字 1～4 表示。由图 12-15（b）可见 2 号联络员要从室内左侧穿过室内走到 F 处，又要到 G～L 处，而 1 号通信员要从室内右侧横穿室内走到左侧，这样布置使作业人员行走距离过远，延迟了作业时间，且整个雷达工作室显得狭小拥挤。图 12-15（c）所示为改进方案的连接图，改进方案的人机间连接关系与旧方案完全相同，但平面布置不同。改进方案的平面布置如图 12-15（d）所示，把原平面布置中位于最右侧 G 处的 VF 雷达与 F 处的 PD 面板并列，它们都由 2 号联络员操作；C 处的无线电面板设置在室内右侧下方，由 1 号通信员操作；把 H 与 M 移到最左侧，由检定员或候补检定员操作。这种改进布置方案，克服了原方案的不足。

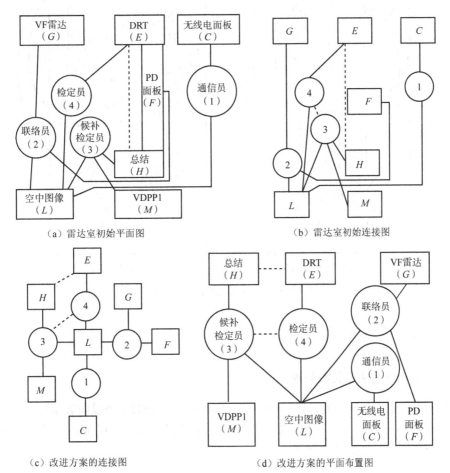

（a）雷达室初始平面图　　　　　　　　（b）雷达室初始连接图

（c）改进方案的连接图　　　　　（d）改进方案的平面布置图

图 12-15　雷达室平面布置设计

（2）逐次连接分析。连接分析可用于控制装置的布置。在实际控制过程中，某项作业的完成需要操纵一系列控制装置才能完成，并且这些操纵动作往往按照一定的逻辑顺序进行。如果各控制装置安排不当，各动作执行路线交叉太多，会严重影响控制的效率和准确性。现运用逐次连接分析优化控制盘布置，使各控制器的位置得到合理安排，从而减少动作线路的交叉及控制动作所经过的距离。图 12-16 是机载雷达的控制盘示意图，标有数字的线是控制动作的正常连贯顺序。其中，图 12-16（a）是初始方案连接图，图 12-16（b）为改进后的方案连接图。在初始设计图中，操作动作相对无序。分析该控制盘的各个"连接"，按每个操作的先后顺序画出手从控制器到控制器的连续动作，从而得出图 12-16（b）所示的控制器最佳排列方案，使得手的动作更趋于顺序化和协调化。

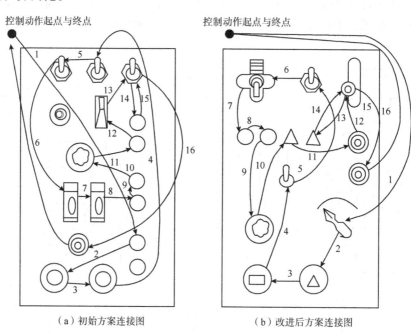

（a）初始方案连接图   （b）改进后方案连接图

图 12-16　机载雷达的控制盘示意图

12.4.3　操作顺序图法

1. 操作顺序图法及其符号表示

操作顺序图法（operational sequence diagramming，OSD）是以图表示信息—决策—动作组成的作业顺序，用于分析人、机器、操作之间逻辑关系的分析方法。绘制操作顺序图的有关符号如表 12-3 所示。

表 12-3　绘制操作顺序图的有关符号

符号		含义
⬡	⬡	操作者决策
▭	▭	动作
▽	▽	传递信息
○	◎	接收信息
▢	▢	记忆信息
■		没有动作或没有信息
◪		由于系统噪声或失误产生的部分不准确信息或不当操作

2. 操作顺序图法的分析步骤

（1）简单作业顺序描述。当表示接收信息后做出动作反应的作业顺序时，可直接运用符号加连线作用，如图 12-17 所示。图 12-18 表示作业者看到指示灯亮，获得信号之后按动开关的作业顺序。该作业顺序包括以操作者为中心描述和以系统为中心描述的两种情况，如图 12-19 所示。

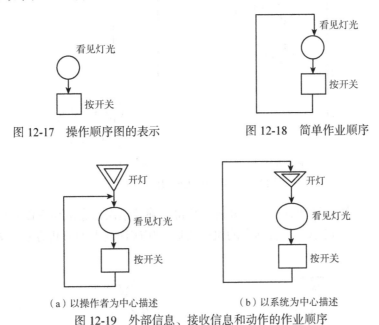

图 12-17　操作顺序图的表示　　　图 12-18　简单作业顺序

（a）以操作者为中心描述　　　（b）以系统为中心描述
图 12-19　外部信息、接收信息和动作的作业顺序

（2）存在误操作的作业顺序描述。图 12-20（a）表示信号灯亮，作业者看到信号灯后按动开关，这是正确的操作顺序。当信号灯虽亮，但作业者看不见灯，而未按动开关时，产生操作失误，或作业者能看见灯光，但没有按动开关也属操作失误。图 12-20（b）为信号灯未亮，但误认为信号灯亮而按动开关出现的误操作。

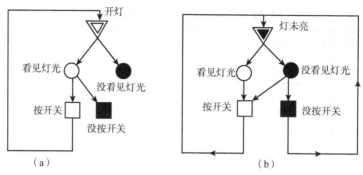

图 12-20　存在操作失误时的操作顺序

3. 操作顺序图法主要分析内容

（1）反应时间分析。反应时间分析是指在绘制操作顺序图基础上，引入时间要素进行反应时间分析的方法。图 12-21 表示操作者 A 对光信号反应迅速，但动作反应迟缓；操作者 B 对光信号反应迟缓，但按动开关时间比操作者 A 动作时间短的操作顺序。

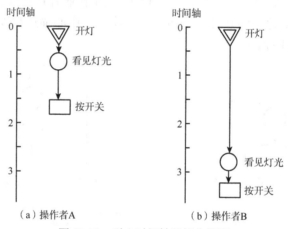

图 12-21　引入时间轴的操作顺序

（2）人—机系统可靠性分析。该分析是获得正确及错误信息的概率以及操作者正确操作或误操作发生的概率，并将确定的概率值标在相应连线上的分析方法，如图 12-22 所示。

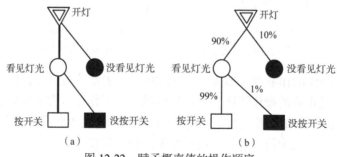

图 12-22　赋予概率值的操作顺序

操作顺序图法可与连接分析法结合，用于控制盘配置和作业空间分析，还可应用于人机系统的功能分析。

12.4.4　人机系统评价

1. 校核表评价法

校核表评价是指利用人因工程原理检查构成人机系统各种因素及作业过程中操作人员的能力、心理和生理反应状况的评价方法。国际人因工程学会提出的"人因工程系统分析校核表"的主要内容如下。

（1）作业空间分析。分析作业场所的宽敞程度以及影响作业者活动的因素，如显示器、控制器能否方便作业者的观察和操作。

（2）作业方法分析。分析作业方法是否合理，是否会引起不良体位和姿势，是否存在不适宜的作业速度，以及作业者用力是否有效。

（3）环境分析。对作业场所的照明、气温、干湿、气流、噪声与振动条件进行分析，考察其是否符合作业和作业者的心理生理要求，是否存在能引起疲劳或影响健康的因素。

（4）作业组织分析。分析作业时间、休息时间的分配比例、轮班形式以及作业速率是否影响作业者健康和作业能力发挥。

（5）负荷分析。分析作业的强度、感知觉系统的信息接收通道与容量的分配是否合理以及操纵控制装置的阻力是否满足人的生理特性。

（6）信息输入和输出分析。分析系统的信息显示、信息传递是否便于作业者观察和接收，操纵装置是否便于区别和操作。

2. 工作环境指数评价法

（1）空间指数法。作业空间狭窄会妨碍操作，作业者采取不正确姿势和体位会影响作业能力正常发挥，此时容易产生疲劳、加重疲劳和降低工作效率。狭窄的通道或入口还会造成作业者无意触碰危险机件或误操作，导致事故发生。因此，为了评价人与机械、人与人、机与机等相互的位置安排，引入各种空间指数评价值判断空间的状况，从而做出各种改进。

①密集指数。它表明作业空间对操作者作业活动范围的限制程度。查乃尔（R. C. Channell）与托克特（M. A. Tolcote）将密集指数划分为 4 级，如表 12-4 所示。

表 12-4　密集指数表

指数值	密集程度	典型事例
3	能舒服地进行作业	在宽敞的地方操作机床
2	身体的一部分受到限制	在无容膝空间的工作台上工作
1	身体的活动受到限制	在高台上仰姿作业
0	操作受到显著限制，作业相当困难	维修化铁炉内部

②可通行指数。该指数用以表明通道、入口的通畅程度，它也被分为 4 级，如表 12-5 所示。在实际作业环境设计中，可通行指数的选择与作业场所中的作业者数目、出入频率、是否可能发生紧急状态造成堵塞及这种堵塞可能带来后果的严重程度有关。

表 12-5　可通行性指数表

指数值	入口宽度/ mm	说明
3	>900	可两人并行
2	600～900	一人能自由地通行
1	450～600	仅可一人通行
0	<450	通行相当困难

（2）视觉环境综合评价指数法。该指数是评价作业场所能见度和判别对象（显示器、控制器等）能见状况的评价标准。该方法考虑照明环境中多项影响人的工作效率和心理舒适程度的因素，借助评价问卷主观判断并确定评价项目所处的条件状态，计算各项评分及总的视觉环境指数，从而实现对视觉环境的综合评价。该评价过程大致分为 4 步，具体如下。

①确定评价项目。确定对环境的第一印象：照明强度、眩光感觉、亮度分、光影、颜色显现、光色、表面装修与色彩、室内结构与陈设以及同室外的视觉联系。

②确定分值及权值。将各评价项目分为由好到坏 4 个等级，相应的分值为 0、10、50、100。项目评分计算：

$$S_n = \sum_m (P_m V_m) \Big/ \sum_m V_{nm}$$

式中：S_n 为第 n 个评价项目的评分；P_m 为第 m 个状态的分析；V_{nm} 为第 n 个评价项目第 m 个状态所得票数。

③计算综合评价指数：

$$S = \sum_n S_n W_n \Big/ \sum_n W_n$$

式中：S 为视觉环境评价指数；W_n 为第 n 个评价项目的权值。

④确定评价等级。将该指数值划分为 4 个等级，如表 12-6 所示。

表 12-6　视觉环境综合评价指数

视觉环境指数 S	$S=0$	$0<S\leqslant10$	$10<S\leqslant50$	$S>50$
等级	1	2	3	4
评价意义	毫无问题	稍有问题	问题较大	问题很大

（3）会话指数。该指数是指工作场所中的语言交流能够达到的通畅程度。通常采用语言干扰级衡量某种噪声条件下，某人在一定距离讲话必须达到多大强度的声音才能使会话通畅，或相反在某一强度讲话声音条件下，噪声强度必须低于多少才能使会话通畅。

3. 海洛德分析评价法

（1）人机系统可靠度计算。可靠性的数量指标为可靠度。为了获得人机系统的最高效能，在进行人机系统设计时除了考虑机器本身的可靠性指标，还必须设法提高人的操作可靠程度。人机系统的可靠度 R_S 主要由机器的可靠性 R_M 与人的操作可靠性 R_H 两部分组成，其计算方式为 $R_S = R_M R_H$。人机系统通常由多个子系统组成，各子系统连接的方式不同，其系统可靠度的计算方法不同。下面主要介绍串、并联系统和冗余人机系统的可靠度计算方法。

①串、并联系统的可靠度计算。

◆串联系统可靠度计算。一个人机系统如果至少有一个子系统发生故障，即可导致整个系统故障，或者各子系统都正常，系统才正常，这样的系统称为串联系统，如图 12-23 所示。

图 12-23 串联系统

串联系统可靠度的表达式为

$$R_S = \prod_{i=1}^{n} R_i$$

式中：R_S 为系统可靠度；R_i 为各子系统可靠度。

◆并联系统可靠度计算。一个人机系统若至少有一个子系统正常，系统即正常，或各子系统都不正常，系统才不正常称为并联系统，如图 12-24 所示。

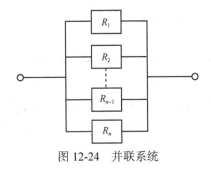

图 12-24 并联系统

并联系统可靠度的一般表达式为

$$R_S = 1 - \prod_{i=1}^{n} (1 - R_i)$$

式中：R_S 为系统可靠度；R_i 为各子系统可靠度。

②冗余人机系统的可靠度计算。把多余的要素加入系统中构成并联系统称为冗余系统。冗余系统可以使系统具有冗余度，这是提高系统可靠性的一种有效方法。例如由两人监视的控制系统，要求一旦发生异常情况应立即切断电源，其可靠度为

$$R_S = \left[1 - (1 - R_{H1}) \times (1 - R_{H2})\right] R_M$$

式中：R_S 为系统可靠度；R_{H1}、R_{H2} 为两操作者的可靠度。

（2）海洛德分析评价法。海洛德法（human error and reliability analysis logic development，HERALD）是人的失误与可靠性逻辑推演法。它采用计算系统的可靠性分析评议表、控制器的配置和安装位置是否适合于人的操作。该方法一般先求出人执行任务时的成败概率，而后对系统进行评价。人在最佳视野为水平视线上下左右各 15°的正常视线区域内最不容易发生错误。因此，在该范围内设置仪表或控制器时，误读率或误操作率极小。离该区域越远，则误读率和误操作率逐渐增大。表 12-7 表示了从视中心线为基准向外每 15°划分一个区域，在不同的扇形区域内规定相应的误读概率为劣化值 D_i。如果显示控制板上的仪表安排在 15°以内的最佳位置上，其劣化值为0.0001～0.0005；如果将该仪表安排在 80°的位置上，则相应劣化值 D_i 增加到 0.003。在进行仪表配置时，应该研究如何使其劣化值尽量小些。目前，采用有效作业概率表示系统可靠性的程度，其计算公式为

$$P=\prod_{i=1}^{n}(1-D_i)$$

式中：P 为有效作业概率；D_i 为根据各仪表放置位置的劣化值。

表 12-7 视线上下的角度区域的误读概率

视线上下的角度区域	误读概率
0°～15°	0.0001～0.0005
15°～30°	0.0010
30°～45°	0.0015
45°～60°	0.0020
60°～75°	0.0025
75°～90°	0.0030

例 12-1 某仪表显示板安装 6 种仪表，其中有 5 种仪表安装在水平视线 15°之内，有 1 种仪表安装在水平视线 50°的位置上，求操作人员有效作业概率。

解： 由表 12-7 查得在水平视线 15°之内 5 种仪表的劣化值 $D_i=0.0001$，查得在水平视线 50°的仪表的劣化值 0.002，则有效作业效率为

$$P=\prod_{i=1}^{n}(1-D_i)=(1-0.0001)^5(1-0.002)=0.9975$$

如果监视该显示板的人员除主操作者外，还配备了其他辅助人员，该系统中操作人员有效作业概率 R 可以用下式计算：

$$R=\frac{[1-(1-P)^n](T_1+PT_2)}{T_1+T_2}$$

式中：P 为操作人员有效地进行操作的概率；n 为操作人员数；T_1 为辅助人员修正主操作人员潜在差错而进行行动的宽裕时间，以百分比表示；T_2 为剩余时间百分比，$T_2=100\%-T_1$。

在例 12-1 中，$P=0.9975$，$n=2$，$T_1=60\%$（估计），$T_2=100\%-60\%=40\%$，计算 R 为

$$R=\frac{[1-(1-0.9975)^2](60+0.9975\times40)}{40+60}=0.9989$$

复习思考题

1. 人机系统总体设计包括哪些内容?

2. 在产品设计中人机系统设计有何重要性?

3. 试举例说明人机系统设计要求。

4. 何谓人机可靠度? 若设备的可靠度为 95%,人的操纵可靠度由 60%提高到 90%,则可靠度数值有什么变化?

5. 操作顺序图分析法的特点是什么?

参 考 文 献

曹琦. 1991. 人机工程[M]. 成都：四川科学技术出版社.

陈宝智，王金波. 1999. 安全管理[M]. 天津：天津大学出版社.

陈力华，李永平，王悦，等. 2012. 飞行人因工程[M]. 北京：清华大学出版社.

陈毅然. 1990. 人机工程学[M]. 北京：航空工业出版社.

程时伟，孙煜杰. 2017. 面向阅读教学的眼动数据可视化批注方法[J]. 浙江工业大学学报，45（6）：610-614.

丁玉兰. 2003. 人机工程学[M]. 北京：北京理工大学出版社.

郭伏，钱省三. 2005. 人因工程学[M]. 北京：机械工业出版社.

郭伏，杨学涵. 2001. 人因工程学[M]. 沈阳：东北大学出版社.

郭青山，汪元辉. 1995. 人机工程设计[M]. 天津：天津大学出版社.

韩映虹，李慧生，闫国利，等. 2004. 小学生快速阅读的眼动实验研究及对语文教学的启示[J]. 天津师范大学学报（社会科学版）（2）：72-75.

何杏清，朱勇国. 1995. 工效学[M]. 北京：中国劳动出版社.

胡海. 2010. LEAP-X发动机技术特点解析[J]. 国际航空（10）：43-45.

蒋祖华. 2015. 人因工程[M]. 北京：科学出版社.

孔庆华. 2008. 人因工程基础与案例[M]. 北京：化学工业出版社.

李芳丽，刘晓斌，刘沛清. 2012. 大型民机增升装置噪声分析[J]. 民用飞机设计与研究（4）：4-7.

饶培伦. 2013. 人因工程：基础与实践[M]. 北京：中国人民大学出版社.

宋文倩. 2015. 大型客机噪声水平评估[D]. 北京：中国民航大学.

孙慧. 2017. C919飞机噪声环境影响分析[D]. 北京：中国民航大学.

孙林岩. 2001. 人因工程[M]. 北京：中国科学技术出版社.

孙林岩，崔凯，孙林辉. 2011. 人因工程[M]. 北京：科学出版社.

孙庆兰，田水承，孙立群. 2017. 教学课件文字与背景色彩搭配眼动实验研究[J]. 技术与创新管理，38（3）：274-278.

王恒毅. 1994. 工效学[M]. 北京：机械工业出版社.

袁修干，庄达民. 2002. 人机工程[M]. 北京：北京航空航天大学出版社.

朱序璋. 1999. 人机工程学[M]. 西安：西安电子科技大学出版社.

Dobrzynski W. 2010. Almost 40 Years of Airframe Noise Research：What Did We Achieve？[J]. Journal of Aircraft，47（2）：353-367.

Newman R L，Greeley K W. 2001. Cockpit displays：test and evaluation[M]. Aldershot，England：Ashgate Publishing.

Newman R L，Rotary. 1999. Wing flight display test and evaluation[J]. Journalof Aerospace，108（1）：1298- 1311.

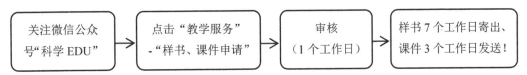

教师教学服务指南

为了更好服务于广大教师的教学工作，科学出版社打造了"科学EDU"教学服务公众号，教师可通过扫描下方二维码，享受样书、课件、会议信息等服务。

样书、电子课件仅为任课教师获得，并保证只能用于教学，不得复制传播用于商业用途。否则，科学出版社保留诉诸法律的权利。

关注微信公众号"科学EDU" → 点击"教学服务"-"样书、课件申请" → 审核（1个工作日） → 样书7个工作日寄出、课件3个工作日发送！

科学 EDU

关注科学EDU，获取教学样书、课件资源

面向高校教师，提供优质教学、会议信息

分享行业动态，关注最新教育、科研资讯

学生学习服务指南

为了更好服务于广大学生的学习，科学出版社打造了"学子参考"公众号，学生可通过扫描下方二维码，了解海量经典教材、教辅信息，轻松面对考试。

学子参考

面向高校学子，提供优秀教材、教辅信息

分享热点资讯，解读专业前景、学科现状

为大家提供海量学习指导，轻松面对考试

教师咨询：010-64033787   QQ：2405112526   yuyuanchun@mail.sciencep.com

学生咨询：010-64014701   QQ：2862000482   zhangjianpeng@mail.sciencep.com